# ごみを燃やさない焼却炉

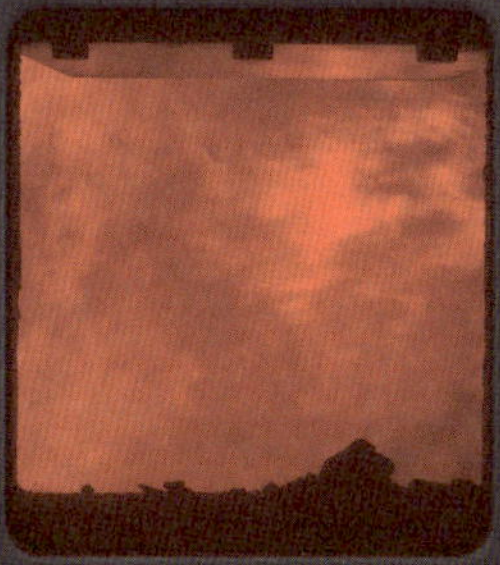

世界のあらゆる廃棄物を安定燃焼させる
奇跡の焼却炉は、いかに生まれたか?

株式会社プランテック
勝井征三

中央公論事業出版

# 目次

まえがき　8

序　章　11

イラスト（挿絵）の作者からのひと言　14

第一章

技術者への第一歩　15

最終章

# まえがき

本著は、私がごみ燃焼に懸けた六十年の道程を記したものである。高度経済成長が始まった昭和三十年代からごみ燃焼の仕事に携わった。ごみ質やそれを取りまく環境は、まるで生きているかのように変化を遂げてきた。時代や環境によって変化するごみを、いかに安定して燃焼させるか。日々、私は創意工夫を凝らしてきた。それぞれの時代に噴出した問題を解決し、そこから得た知識を糧として新たな技術の開発に繋げてきたのだ。

私の技術開発は、全て数多くの現場経験から生まれたものだ。壁にぶつかり、それを解決して次のステップに進めば、また新たな壁にぶつかる。人の百倍の失敗をした。試行錯誤の毎日であった。失敗は、挑戦へのバネだ。苦労は、成功への燃料だ。だからこそ、全く新しい技術を生み出すことができたと信じている。

例えば、東南アジアのごみは、日本の昭和のごみと似ており、先の技術を知るからこそ応用できることが多々ある。国内においても、災害廃棄物の混合ごみや、医療廃棄物の紙おむつなどとなると、教科書に記された技術知識だけでは対応が難しい。今後、廃プラスチックの国内処理が進み、ごみ質が高カロリー化していく。かと思えば、いずれ代替素材の普及によってまたも変化していくだろう。そのたびに既存の焼却炉は、右往左往を余儀なくされる。

もはや、廃棄物が炉を選んだり、炉が廃棄物を選んだりしている場合ではない。世界が期待するのは、あらゆる廃棄物を安定的に焼却して、その熱を余すことなく再利用し、有価物として扱うことではないか。廃棄物焼却を、静脈産業から動脈産業に変えてこそ、日本が初めて世界から認められる環境リーダーになれるのではないか。

過去から未来へ、ごみは常に変化を続ける。それに対応できる唯一の焼却炉が、私が提唱し続けてきた厚焚き通気燃焼方式を具現化し、『SLA燃焼技術（Super Low Air－Ratio＝超低空気比一次燃焼技術）』を取り入れた『バーチカル炉』（竪型ストーカ炉）だ。

私は、今まで環境装置業界で常識といわれてきたことの逆をやってきた。ごみを直接燃やさず、焼却炉の中で化石燃料化させて燃焼を安定させる焼却プラントだ。本著では、私がこの仕事に携わり始めた、廃棄物焼却の黎明期から『バーチカル炉』の完成、それをさらに昇華させて『SLA燃焼技術』を開発・確立させるまでを核として書き綴ることにした。私が六十年かけて学んだ廃棄物焼却の本質を、数時間で知得していただけるはずだ。本著が、焼却プラント製造に関わる方はもちろん、ごみ問題に憂悶されている自治体や環境関連企業の方、これからエンジニアとして技術開発を目指す学生の方にとって、ひとつの参考となれば幸いである。

なにより、私の燃焼技術が、日本のため、世界のために、幅広く活用されることを切に願う。

# 序章

大きく、ゆったりと流れる雲と雲の間から、時折真っ青な空が覗く。秋晴れとまではいえないが、式典には上々の空模様だ。

二〇一二年九月十五日、地元の方々にとっても、私たちプランテックにとっても特別な日になろうとしていた。宮城県の気仙沼市南三陸町に建設した、災害廃棄物処理のための仮設焼却プラントの火入れ式が、これから開催されるのだ。焼却炉の性能は、九五トン／日が三炉。合計二八五トン。プラントを見上げる私の背には、高さ五メートルはあろうがれきが山積みにされている。今後一年をかけて、南三陸町の復興を妨げるがれきを完全に燃焼させ、リサイクル資材として再利用するのが目標だ。

　二〇一一年三月十一日、十四時四十六分、三陸沖に発生した地震の規模は、マグニチュード九・〇。それによって宮城県内に生じた災害廃棄物と津波堆積物の量は、約一九〇〇万トン。未曾有の大地震は、がれきという大きすぎる障害物を残した。道路や家々、街を覆い尽くし、その莫大な量ゆえに処理が遅々として進まず、衛生面でも大きな問題となっていた。

　私は、災害廃棄物は医療廃棄物に似ているのではと考えていた。医療廃棄物には、薬品の残《ざん》渣《さ》や動物の死がい、ガラス瓶など様々な廃棄物が混在している。これを完全に燃焼させるのは、従来の焼却プラントでは至難の業だ。同様に、地震や津波による災害廃棄物には、倒壊家屋や流木、魚具、水産物、ヘドロなどが混在している。さらに、海水と土砂にまみれ、雨風にもうたれ、水分を多量に含んでいる。しかし、私が開発した竪型ストーカ炉『バーチカル炉』であれば、カロリーや性状の異なる廃棄物が混在していても、助燃剤なく完全に燃焼させることができる。

　東日本大震災が発生してから一年と半年。ようやく復興へ向けたお手伝いが始まる。私は、火入れが行われる三基のプラントをもう一度を見上げ、改めて胸をはった。

# イラスト（挿絵）作者から

ハイムーン　高月 紘

勝井会長と小生の付き合いはかなり長く、勝井氏が豊川鉄工の大阪出張所を立ち上げられた頃からである。当時、小生は京都大学の岩井重久教授の研究室の大学院学生でごみの処理の研究を始めたところでした。日立造船からの研究生の春山氏の下で焼却炉の現場で勝井氏から焼却技術について色々と教えてもらいました。

小生は後に京都大学の環境保全センターの職員となり、大学の環境管理に関わり、病院の医療廃棄物対策に取り組み、プランテックに京大病院において医療廃棄物専焼炉の設置をお願いしました。思えば、これがバーチカル炉の第1号機であり、その時すでにダイオキシン対策にプレコート式バグフィルタも採用しており画期的な焼却設備でした。その後は、本書で取り上げたように勝井氏の活躍は目覚ましいものがあり、ごみ焼却技術への情熱は尽きるところがありませんでした。

合わせて、本人の人柄もあってか、大変に人脈に恵まれた方で、一代で良くこれだけの会社を立ち上げられたものだと感心する次第です。そんなわけで、勝井氏をよく知るものとして、勝井氏のサクセスストーリーの挿絵を楽しく描かせていただきました。

**プロフィール**
本名：高月　紘
ペンネーム：ハイムーン、High Moon
公益財団法人
京都市環境保全活動推進協会　理事長
京エコロジーセンター 館長
京都大学名誉教授
日本漫画家協会会員

# 第一章

# 技術者への第一歩

## 空襲、病気。ガキ大将から、絶対安静へ

一九三七年の十月二十四日、私は大阪で生を享けた。後に「三人娘」と呼ばれた故美空ひばりさん、故江利チエミさん、雪村いづみさんと、同年の生まれになる。日華事変の始まった年であり、すでに日本は、太平洋戦争に向かって走り始めていた時であった。

私が生まれた後、父は川西航空機で飛行機製造に携わることになり、家族ともども兵庫県西宮市にある川西航空の社宅に住むことになった。当時、川西航空の社宅の近くには高射砲基地があり、戦争末期にはこれらを狙った空襲によって降りしきる焼夷弾の中、火の粉を振り払いながら逃げ回った記憶がある。燃えさかる家。燃えていく街。私が、炎の怖さと燃焼の強さを、身をもって経験した最初の記憶だ。

空襲から逃げるため、西宮北小学校へ入学するも、すぐに石川県の能登中島へ疎開。そこで終戦を迎えた。

私が大阪へ戻ってから、父は阿倍野で乾物店を開いた。私は、大阪市立常盤小学校へ二年生から編入。常盤小学校は大阪を代表する進学校であり、戦後の新たな教育を模索・研究する近畿新教育実験学校でもあった。学業では他の生徒たちに全く適わなかったが、数学と体育と腕

私が３歳の頃。兄の啓二と一緒に。

っ節には自信があった。毎日がケンカ三昧であり、いわゆるガキ大将であった。しかし、六年生に進級した頃に体調を壊す。リンパ腺結核である。終戦後の物資が乏しい時であり、栄養失調と重なって一時は生命の危機状態にあったと後に聞く。

一九五〇年に大阪市立文の里中学校へ入学したものの、体調はなかなか良くならない。一年生の時は、二十三日しか出席できなかった。二年生に進級するも、学校にほとんど行けず、休んでばかりであった。そんな時に、当時の学校医の先生から「牛の心臓を食べなさい。安くて栄養があるから」といわれ、そのいいつけ通りにすると、徐々に体調を取り戻していくことができた。

三年生に進級はできたが、一、二年と全く通学できなかったことから授業に追いつけない。そのため、卒業後は就職を考えていたが、柔道家で警察学校の指導者でもあった叔父から「高校だけは出ておきなさい」と熱心に勧められ、受験勉強を始める。しかし、受験科目である英語が私には最も苦手で、学校の先生からは「この成績では、公立は無理だ。私学ならどうにかなるかもしれない」といわれた。もちろん、私学に通うお金など我が家にはない。そんな中で、大阪市立生野工業高校を受験する。受験した理由は、英語の試験がなかったからだ。大して自信がないままの受験であったが、思いのほか試験は簡単だった。そして合格。一九五三年、生野工業高等学校機械科に入学し、設計や旋盤作業を主に学び始める。

## 図面を書く。消す。書く。消す。そして書く

生野工業高校では、設計・製図が半分で、職業訓練が半分。そのため、高校を卒業すると、設計関連などのソフト面で就職する人と現場の職人になる人に分かれた。当時は、いわゆる鍋底不況の真っ只中で、学業成績の芳しくなかった私には、なかなか就職先が見つからない。なんとか、汽車製造株式会社（現・川崎重工業）に臨時社員として滑り込んだ。一九五六年のことである。汽車製造は、社名の通り鉄道車両メーカーで、機関車車両を製造しており、現在の此花区安治川口付近にあった。

生野工業高校の機械科３年生の頃。

私が配属された部署は、「ボイラ設計部第二課」の馬渕班で、当時最先端の技術力を持った部署といわれていた。班を率いていた馬渕修氏は、社内でも一目置かれる存在であり、後の汽車製造

汽車製造時代。とにかくがむしゃらに働いていた。

と川崎重工業の合併後に川崎重工工場長に就任されたと聞いている。

私は、ここで徹底的に「生きた設計」を学ぶ。私の起こした設計図は、馬渕班長や私の上司であった中島伸一氏によって、徹底的に赤（赤鉛筆による修正指示）を入れられる。書き込まれた赤文字にひたすら消しゴムをかけながら、修正しては書き起こす毎日だ。一度書き込まれた赤鉛筆の文字は、簡単には消えてくれない。ある時は、工場担当者から呼び出され、「お前の書いた図面で製品になるわけがない！」と叱責を受ける。机上の理論では、思い通りにいかない設計の難しさを、身をもって経験した。

私が担当していたのは、木くずから出たパルプ廃液（黒液）を噴霧して燃焼させる廃黒液燃焼ボイラの開発である。いかにして、黒液を噴霧しやすいノズルを設計するか。私が初めて「バイオ廃熱ボイラ」を経験し、初めて新しい技術を開発したのがこの時である。

汽車製造に在籍したおよそ三年間で、図面の書き方を徹底的に学ぶことができた。私の今の設計製図の基礎は、この汽車製造時代に培われたといってよいだろう。

## ボイラから築炉へ。がむしゃらの毎日

汽車製造で働きだして二年ほど経った頃、築炉会社で働く友人から「人が足りなくて困っている。手伝ってくれないか」と頼まれた。平日の昼間は汽車製造で働き、夜と土・日に炉の設計・施工を行う。そんな二重勤務が続いた。しばらくして汽車製造では正社員になれないことがはっきりとしたことから臨時社員の職を辞し、その築炉会社に仮籍を置くことになる。

腰を落ち着けるつもりではなかったのだが、昼は据付工事、夜は築炉設計と、一日に十六〜十八時間働き、土・日の休みもなかった。とにかくがむしゃらに働いた。目が回るような忙しさの中にも、工業窯炉の燃焼技術や煉瓦材、煉瓦積、コンベア、電気制御などの知識を実践的に学んでいくことができたことは、自分の中で大きな自信へと成長していった。

今から考えると、高校の時の設計・製図から、汽車製造でのボイラ、そして工業窯炉の技術

など、現在のごみ焼却炉開発に通じる知識を、期せずして最短距離で身につけることができたと感じている。

二年間ほど、昼夜を問わず働き続けていたある日、高校時代の恩師から「今はどうしているのか？」と連絡をいただいた。「三和動熱工業という会社が、勝井くんを雇いたいといっているのだが、どうだろう」というお話であった。早速三和動熱工業株式会社を訪ねてみると、もともと汽車会社でボイラ設計をされていた船橋吉太郎社長に出会う。船橋社長は、京都大学工学部の出身で、石炭の中でも燃えにくい「亜炭」燃焼の専門家であり、逆送式ストーカで特許を取得していたほどの、燃焼の大家であった。当時三和動熱工業は、京都大学工学部衛生工学教室教授の岩井重久先生とともに焼却炉を研究開発中であり、岡山県玉島市（現・倉敷市）に一五トン／八時間の、日本初の機械式焼却炉を受注した直後であった。今では、そのために築炉を勉強していた私が呼ばれたのではないかと思っている。

船橋社長の熱意にほだされ、私は三和動熱工業への入社を決意。その時、一九五九年。皇太子殿下と美智子様のご成婚によって、日本中が喜びに満ちあふれていた年だ。

もちろんその時は、五十年の年月を経てまさか私が殿下（現在の上皇さま）に拝謁することができるなど、露いささかも思っていなかった。

## 日本初の機械式焼却炉をどう造るか？

三和動熱工業はもともと石炭を燃やすストーカの工事会社であり、設計専門の担当者はほとんどいなかった。炉の大きさを定めるための「炉負荷」（ｋｃａｌ／㎥／ｈ）や、火格子の大きさを決める「火床負荷」（ｋｇ／㎡／ｈ）など、築炉の世界では当たり前のように使われている言葉を誰も知らなかったことに驚かされる。こんなことでよく受注したなあと、半ば呆れ、半ば感心した。

私が三和動熱工業に入社して最初の仕事が、愛知県にあったストーカの製作会社である株式会社三龍社を訪れ、ストーカ（二・四ｍ×六ｍ）の上に藁を載せて移送実験を行うことであった。しかし、エンドレスチェーン式ストーカの先端部のホイール部分は丸いアールになっているため、広がった隙間に藁が落ちてしまう。そのために、ホイールの径に合わせて平面火床板をアール状に曲げ、先端にボンネットをつけて対応したが、これもまたボンネットと火床板の間に藁が挟まり、うまくいかない。何度も工夫やテストを重ねて、ようやく製品らしきものが完成し、玉島市の現場に送ることができた。

いよいよ現場での設置である。玉島市のプラントは、溜め池の側にある土手部分と地面を跨

右：三和動熱工業が最初に製造した実験ストーカ。
左：エンドレスチェーンストーカのホイール径に合わせて、平面火床板をアール上に加工。

いで設置することになった。なぜなら、当時はダンプカーなどがほとんどなく、ごみの投入には人力が必要であった。しかし、多くのごみを投入ホッパー（焼却炉の入口）まで持ち上げることはあまりに人手がかかる。そのために、土手と地面との高低差を利用したのである。土手上にホッパー上部を設置し、そこからごみを直接投入するといった具合だ。ストーカ後部には、わずかに上下運動する揺動ロストルがあり、計画ではロストルを上下に動かすことで灰を落とすことになっていた。ロストル後段には、炉前の出入り扉があり、小さな「のぞき窓」もついている。煉瓦は、耐火煉瓦が一枚、赤煉瓦が半枚の計一枚半構成。炉天井はアーチ構造。煉瓦のセリ受けフレームは、チャンネル（形鋼）で構成し、煉瓦外側はケーシングなしの赤煉瓦むき出しという簡単な構造であった。

いざ、運転開始という時に、続々と問題が噴出する。実際にごみを入れてみると、ホッパーが詰まる。ストーカ上の、ごみの移送ができない等々。燃焼以前に、その場で投入ホッパーから投入

日本初の機械式焼却炉であった玉島プラント。

ゲート、ストーカ、ボンネット、揺動ロストルまで、ほとんどを造り直すはめになる。さらに現地のごみには、低カロリー（カロリーとは熱量のことで、一kcalは、一kgの水を一℃上げるために必要な熱量）のものが多い上に、根に土のついた草などが多く混ざっており、土を振るい落とすための機械も取り付けなくてはならなかった。燃焼に入ってからも、バーナーを使用しても炉内の温度が三〇〇℃程度にしか上がらない。燃焼というより、蒸し焼きに近い状態であった。

なにはともあれ、これが私にとって、初めてごみ燃焼プラントの設計から材料調達、工事、引き渡しまで全てに携わった仕事であった。同時に、日本初の機械式焼却炉の誕生である。

直す。燃えない。直す。燃えない。その時！

運転を始めて四カ月。機械自体はなんとか稼動していたが、燃焼がなかなかうまくいかない。

低カロリーごみのためだ。そんな折り、東京都清掃局の方々が玉島市のプラントを見学に来られるという連絡が入った。しかし、見学前日にまたごみが溜まる。夜を徹して燃焼を行った。それでも、私とプラントの周りには、いつものようにカロリーが低く、燃えにくいごみが依然として山高く積まれていた。

翌日の朝、心配した玉島市役所の課長補佐が現場にやってきた。徹夜の作業で疲れ切った私の顔を見て、彼はなんと、プラント内にあった燃えにくいごみを外へ運び始めた。さらに「これなら東京都のごみに似ているのでは?」と、近くの商店街から、カロリーが高く、燃えやすいごみをわざわざ集めてきてくださったのだ。ありがたい。助かった! 結果、東京都清掃局の方々が来られた時は、明々と燃える焼却炉を見せることができた。玉島プラントでの成功が、後に東京都大崎でのテストプラント(三〇トン/八時間)他、足立区(二〇〇トン/八時間)や葛飾区(二〇〇トン/八時間)での大型焼却プラント受注に繋がり、三和動熱工業の焼却炉の歴史が始まる。

次に担当したのは、岡山と九州門司のプラントである。岡山のプラントは、六〇トン/日の稼動。玉島プラントでの経験を踏まえ、一段であったストーカを二段に改善し、燃焼と乾燥を分けることで、より完全燃焼に近づけることができた。

私が三和動熱工業時代に手掛けた東京都・葛飾清掃工場（上）と足立清掃工場（下）。

門司のプラントでは、搬入された製缶製品の質が悪く、製造した鉄工会社に突き返したところ、会社同士のトラブルに発展。板挟みとなって苦い経験をしたが、逆に門司市および社内で私の品質管理の姿勢が認められ、大きな信頼を得た。

九州の門司プラントでは、市役所建築課の方々が全面的に協力してくださった。

苦労は多かったが、妻と生後六カ月の娘と、門司で借りた小さなアパートでリンゴ箱を囲み、ウニやてっさなど格安で手に入る地元の美味を楽しんだことは、懐かしい思い出でもある。

これらのプラントでは、カロリー差によるごみの燃焼特性を深く学んだ。焼却炉の運転では、ごみが九〇〇kcal／kgを超えると高カロリーでよく燃えるが、七〇〇kcal／kg以下やマイナスカロリーの場合は、助燃剤が必要であった。ちなみに、石炭はおおよそ一万kcal／kg、紙は四〇〇〇kcal／kgぐらいである。低カロリーのごみをどう燃やすか。毎日毎日が、新たな実験の日々であった。

## 私を大きく変えた、岩井先生と春山さん

三和動熱工業の船橋社長は京都大学の卒業生であったことから、同大学の先生と盛んに共同研究をしておられ、その実験に私も足繁く通っていた。その頃、三和動熱工業に京都大学出身の春山鴻さんが入社する。春山さんは、

京都大学との実験にて。
写真右から岩井先生、春山さん、西田さん、同志社大学の磯谷君。

当時京都大学衛生工学教授であった岩井重久先生の教え子であり、後に日立造船・技術研究所にて数々の論文を発表する。岩井先生は、ごみの特性や水分・カロリーの測定方法、ごみと焼却灰の通気抵抗、水分乾燥速度、燃焼速度、灰の熱しゃく減量（炉から炉外に持ち出される灰中の未燃量を表す）などを研究し、プラントを数値的に解明していく実験を始めておられた。

私が実験装置を製作・実験し、春山さんが測定・計算。岩井先生が全体の指導と学問的な解明を行っていく。この実験は、今までの経験から得られた私の知識にプラスして、理論面からの知識を得る貴重な学びの場となった。また、実験後に、岩井先生いわく「アルコールによる体内消毒」があり、二十歳代半ばであった私もお付き合いして毎回浴びるほどビールとウイスキーを痛飲したことを追懐する。

そのような実験を重ねるうちに、お二人との親交はどんどん深くなっていった。ある時、岩井先生と春山さんと私で、大阪府守口市の固定式バッチ炉のコンサルタントを引き受けたことがある。おそらく、焼却炉のコンサルタントとしては日本初であっただろう。

この時、私は、焼却炉で初めてダクタイル鋳鉄（球状黒鉛鋳鉄）に目を付けた。当時、火格子などの耐熱部品は普通鋳鉄で造られており、永久歪みによって膨張するトラブルが多々発生していた。ダクタイル鋳鉄は、黒鉛組織が球状で膨張しても元に戻る。鋳造も容易だ。製造元である島津金属工業株式会社に依頼し、ダクタイル鋳鉄にシリコンを注入してさらに耐熱性を増したハイシリコンダクタイルを製造。反対の声もあった三和動熱工業社内には、他の鋳鉄と比較した結果を提示することで採用に持ち込むことができた。

鋳鉄にシリコンを注入すると耐熱性は向上するが、もろくなる。どれだけの数値で注入すれば、最適な耐熱性と強度を保てるか。材料にも「セオリー」は存在せず、毎回新たな模索や製造を強いられた。

普通鋳鉄では、5〜6カ月でボロボロになった。

## 常識の傘の下では、アイデアは生まれない

様々な技術が発達した現在では、優れた材料・部品がインターネットや電話一本で見つかり、お金さえ出せば入手することができる。しかし、当時は、全てが試行錯誤の連続であった。機械はもちろん、材料を選ぶ、時には材料そのものを造ることから始めなければならない。例えば、煉瓦は耐スポーリング性（水分に熱が加わることで膨張し、もろくなる）に優れ、耐熱性の高い材料を、自ら探さなければならない。それによって、草木が根を伸ばすように知識の幅を広げることができたともいえる。

玉島プラントでは、苦労は多かったが、工事監督としての仕事を含め、最初から最後まで焼却炉の「基礎の基礎」を学べたことに、今、非常に感謝している。続けて担当した岡山、門司のプラントでは、門司市役所建築課の方々から、「現場工事とは何か」を徹底的に学ばせていただいた。これらは、今日の私の、大きな糧のひとつとなっている。

設計と現場工事、そしてプラント全般を経験したおかげで、知識の増加に比例し、三和動熱工業での私の仕事はさらに激務となった。設計課長と工事課長を兼務することになり、毎日が

現場と会社の往復である。プラント引き渡し前の調整や試運転、性能運転、そして支障対応だ。引き渡し前の試運転では、燃焼するごみ質に合わせて機械の変更や改造を速やかに行う必要がある。例を挙げれば、横浜の青果市場向け焼却炉だ。先輩の前任者がなかなか引き渡しできず、立ち往生しているとの連絡を受けて、私が調整に向かった。

青果市場のごみには、野菜を包む藁など非常に速く燃えるものと、スイカ丸ごと一個などほとんどが水分であるようなものと、極端なカロリー差のごみが多かった。同じ燃やし方では、当然水分の多いごみは燃え残る。いろいろな方法を試みたが、全て失敗に終わった。常識では考えられないことだったが、最後の手段としてストーカスピードを通常の十倍にし、燃焼しやすいものを途中で燃やさずに後燃焼ロストルの上で燃焼させる方法を試みた。するとなんとか対応することができ、無事に引き渡すことができた。

壁にぶつかった場合、常識にとらわれたままでは打破できない。思い切った考えでやり方を変えていくことが必要だ。このカロリー幅の異なるごみの燃焼に対応できる方式を考え出したことが、後にストーカ上ではなく最後に固定火格子を設置して燃焼を完結させる燃焼完結装置と、廃棄物を竪に高く積み上げ、その下部から空気を通気させて熱分解・燃焼させる厚焚き通気燃焼方式の基礎となり、やがて、独自の『ＳＬＡ燃焼技術』を用いた竪型ストーカ炉『バーチカル炉』の開発に繋がっていく。

## 大きな注目を浴びた大崎プラントの陰で

一九六二年、いよいよ東京都大崎で、実験炉の建設が始まった。足立区、葛飾区での大型プラント建設計画へ向けたテストプラントである。三和動熱工業はもちろん、東京都も大変な熱の入れようであった。

このプラントでは、国産の焼却炉では初めて『ピット・アンド・クレーン』を採用した。これは、一度ピットの中にごみを貯め、ワイヤーロープ式のクレーンバケットでごみを摑み、ホッパーへ投入するシステムだ。炉本体は、天井を低く設定し、そこから仕切り壁を数カ所垂らして、排ガスをストーカ上のごみ層にできるだけ多く接触させるという構造である。

試運転を始めてすぐに問題が起こった。クレーンである。ワイヤーロープ式なので荷重が少なかったため、バケットが軽くてピットの中のごみに食い込まない。想定していたより水分を含んだごみが多く、ピット内で固まってしまったのだ。今では決して許されない危険行為だが、職員がバケットの上に昇り、足で踏みつけて荷重を掛け、ピット中のごみに食い込ませることもあった。そのために、バケットの爪が湾曲したり、すぐに摩耗してしまう問題が続いた。

このことからバケットの摑みを油圧式にし、爪をモリブデン鋼の溶着仕様へ変更した。その

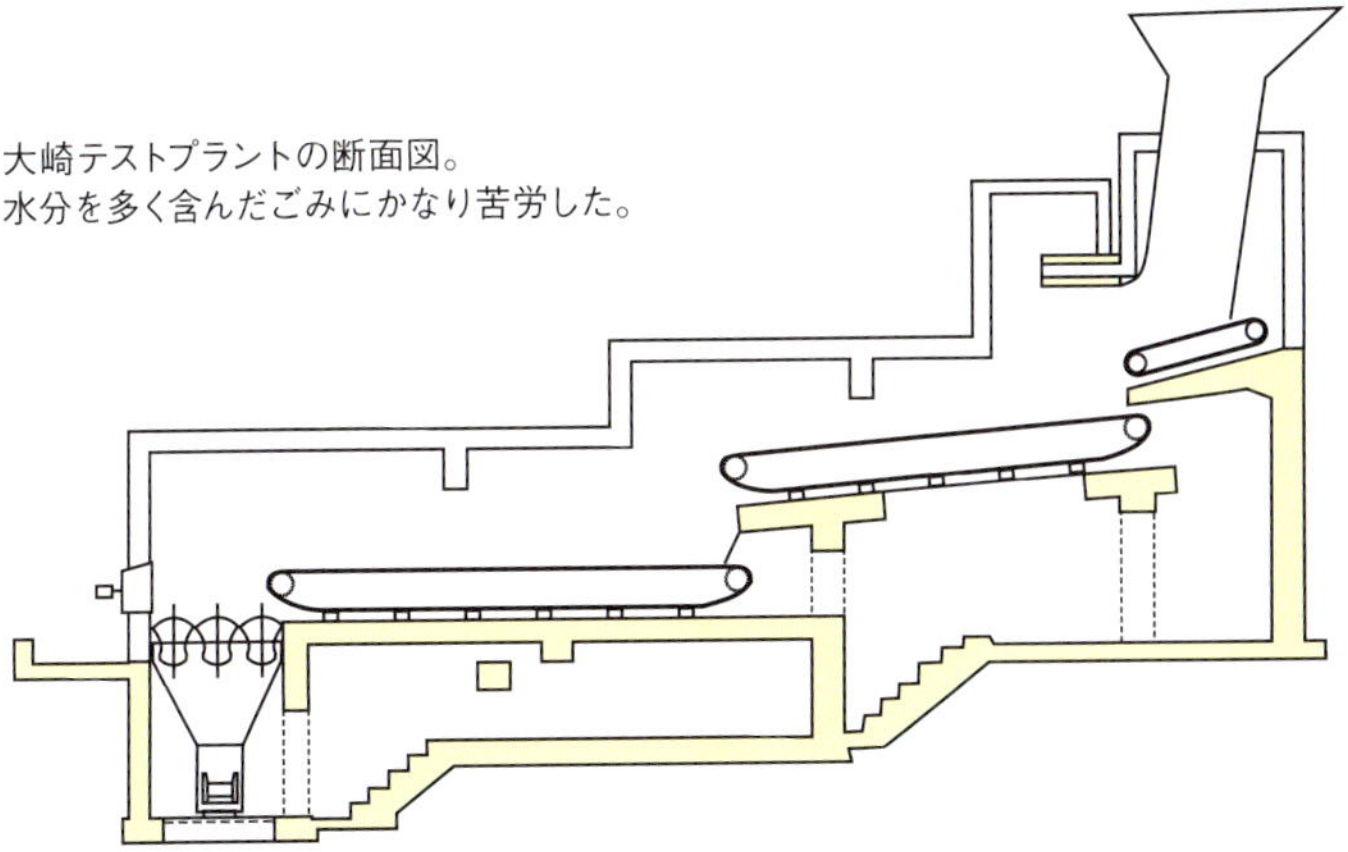

大崎テストプラントの断面図。
水分を多く含んだごみにかなり苦労した。

頃の家庭ごみはナイロン袋に包まれておらず、軒先にある木製のごみ箱にそのまま捨てられていた。もちろんそれを運ぶ収集車に屋根はない。つまり、雨が降った日のごみは水分を非常に多く含み、重く、固くなる。そのためにホッパー出口のストーカ上でごみが固まり、ストーカ駆動用のギアに荷重がかかりすぎてギア歯が割れ、運転がストップすることもしばしばであった。燃焼もさることながら、まず、機械に故障が起こる。失敗を重ねながら改善をしていくのが日常であった。

大崎テストプラントの完成後、多くの諸先生、業界関係者が見学に訪れた。今では焼却炉の大手メーカーとなっている某企業の方々が訪れた時のことだが、彼らは巻尺を取り出し、炉のサイズなどを測りだしたのだ。つまり、複製しようとしたのである。もちろん、丁重にお引き取りいただいた。それだけ、当時の関係各社から注目を浴びたプラントであったといえる。

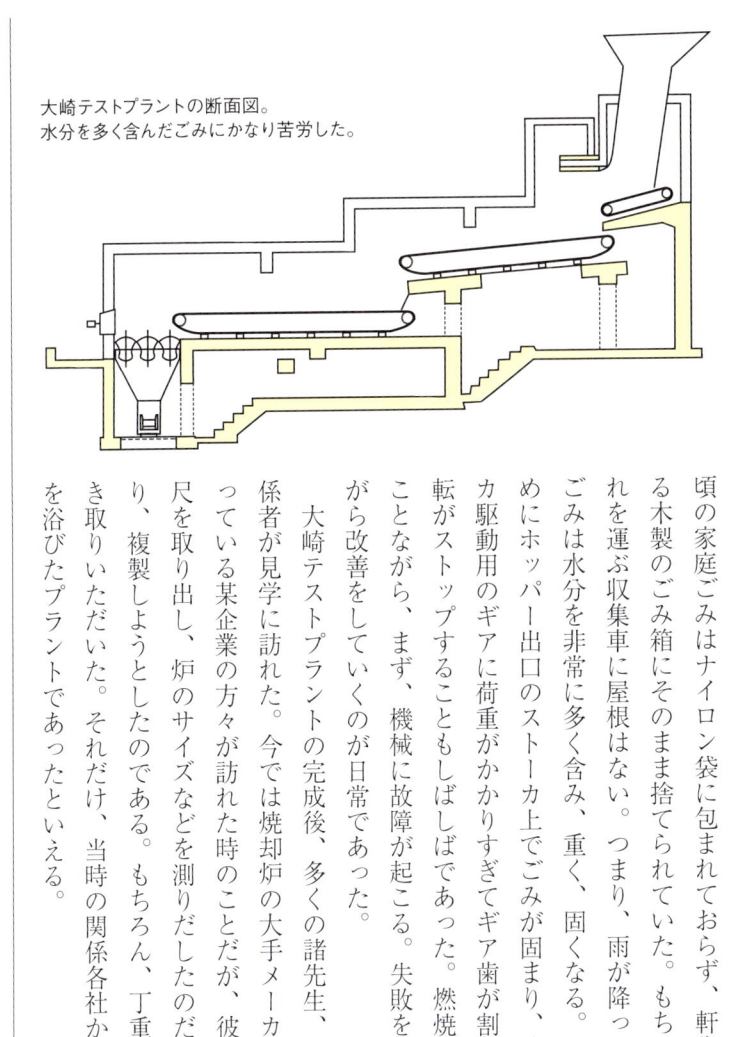

## 従来のストーカに、限界を感じ始める

大崎プラントを経験後、私の中に壁がじわじわと高く浮かび上がってきた。エンドレスチェーン式ストーカの表面燃焼方式の限界である。エンドレスコンベアが回り続けることで、ごみが落下して無くなったアールの部分から、どうしても空気が吹き抜ける。ごみを載せる火格子の表面積を、ひたすら広くしてごみ層を薄くする従来のやり方では、根本的な問題が解決されないと感じ始めたのだ。実際に多くのプラントを経験したことから、日本の既存の技術に限界を見たのである。

私は、船橋社長に技術の変更を直談判する。しかし、社長はもちろん社内の技術者幹部から猛反対を受けた。逆送式ストーカは、社長の特許であり、異なるやり方を導入することは会社として難しかったのであろう。

その頃、焼却炉の分野では、三和動熱工業とT社が大手であった。三和動熱工業は、ストーカの段数を多くして上段から下段へごみを落下させ、ほぐす方式を採用。T社は、ごみの表面をかきならし、ごみを攪拌させる方法を採用していた。どちらも表面燃焼が主体で、ごみの表

面積を広げる考えである。

また、時を同じくして、焼却プラントに食指を動かしたメーカー数社が名乗りをあげた。どのメーカーも表面燃焼を考えた装置で、いかにストーカ上でごみを反転・攪拌させるかを競っていた。ほとんどの企業は、現在この業界から姿を消しているが、中には今でも反転・攪拌を売りにしている会社がある。しかし空気供給を燃焼に応じて臨機応変に調整できない以上、必然的に空気の過不足が起こり、燃焼が安定しない。つまり、一酸化炭素（CO）が異常発生したりする原因となる。残念ながら、そのような会社はごみの燃焼を理解できていなかった。

三和動熱工業社内にて。この頃から表面燃焼方式に限界を感じ始める。

## 衝撃を与えたレシプロ式ストーカ

私は海外プラントの勉強を始めた。例えば、スイスのフォンロール社のレシプロ式ストーカだ。フォンロール社は、後に丸紅株式会社・日立造船株式会社と提携し、日本デ・ロール社として日本に初めて上陸する。

レシプロ式は、固定火格子と可動火格子が往復運動を行うことでごみを移送・燃焼させるため、エンドレスチェーン式ストーカのような空気の抜けが少ない。私はこの燃焼方式の優位性を社内で進言したものの、日本と海外のごみ質の違いやロイヤリティの問題を理由に、受け入れられなかった。

一九六五年、日本で初めての本格的なボイラ発電付き焼却炉が、日立造船によって大阪市西淀川区に建設された。しかも、私の推奨するレシプロ式のストーカを採用しているという。運良く、知人の紹介によってそのプラントを見学することができた。第一印象は、「すごい設備だ！」材質の違い、構造の違い、基本的な考え方の違い。至る所で日本式との文化の違いを感じた。当時のベンツと国産大衆車との違いといえば伝わるだろうか。建設金額は、国産プラントの数倍かかっていると思えた。衝撃であった。私の中で、「日本のプラントは、このままではダメだ」という思いがさらに募っていく。京都大学の岩井先生と春山さんにその思いを伝えると、やはりお二人とも同じ憂いを感じておられた。

私は会社に十項目の要望書を提出した。レシプロ式ストーカの採用やその他の装置の問題点改善に関する内容である。この条件が、一年以内に受け入れられなければ、三和動熱工業を去ることを伝えた上での提案であった。しかし、そのほとんどは採用されず、私は、三和動熱工業を退社することにした。もちろん、話し合いの末の円満退社である。一九六六年、高度経済成長の真っ只中であった。

退社前後から岩井先生と春山さんに再就職について相談に乗っていただいていた。先生から「福岡にある築炉会社がレシプロ式ストーカに興味を持っている」と伺い、その築炉会社を訪ねてみると、新しく設立する大阪支店の支店長として採用したいとのお話であった。ただ準備があるので六カ月後とのこと。生まれて初めて、私は失業保険を受給するはめになる。

しばらくして、再び会社を訪れてみると、最初の話とかなり違う。これはダメだと話を白紙に戻し、後から岩井先生と春山さんに了解を得た。

その後に、大阪で豊川鉄工株式会社の寺部三雄氏と運命的な再会を果たし、理想とする焼却炉へ向けた長い道のりが始まることになる。

公私ともに相談にのっていただいた春山氏（写真左）。

## 三和動熱工業で、私が得た財産とは？

七年間にわたる三和動熱工業での仕事から去ることになったが、今の私があるのは、三和動熱工業に在籍していたからこそである。社内で、最も多くの仕事をやり遂げ、最も多くの失敗を経験した。プラントの製造にあたっては、毎回トラブルだらけで途方に暮れてばかりであった。誰も助けてくれない。教えてくれない。逃げることもできない。しかし、人は難しい局面に立った時にこそ、アイデアが湧いてくる。現場で図面を引き、材料を手配して製造に取りかかる。そしてすぐに性能テストを行い、引き渡しを完了する。三和動熱工業では、私にしかできない仕事であった。

結果的に、ほとんどの引き渡し性能テストを私が担当することになった。船橋社長はプラント建設が終わるたびに、高級クラブや温泉などで私の労をねぎらってくれた。

また、当時「三和三羽ガラス」と呼ばれ、私より年長・上役であった総務経理部長の村松正造氏、設計部長の林田甲子男氏、工事部長の西俊一氏の三氏を始め、優秀な技術者の方々が、後に私が代表となった豊川鉄工へ移籍してくださり、大きな力を得ることになる。これは、三和動熱工業時代の私の考え方と働きを、皆さんが支持してくださっていたからではと思う。今

写真前列左から林田氏、私、船橋社長、西氏。三和動熱工業の社員旅行にて。

でも、感謝の念は絶えない。この頃の経験がその後の私の財産となり、私に与えた影響は計り知れないものがあった。

# 第二章

# 新会社を設立

三和動熱 退職
新会社 設立
フィリピン
ケソン
マニラ
廃棄物焼却炉 300t/d 建設
豊川鉄工 大阪出張所
4F
社員3名
High Moon

## 偶然から始まった、長く険しい道のり

三和動熱工業を退職した私は、複数の大手企業から誘いをいただいた。しかし、どの会社もエンドレスチェーン式ストーカを主流としており、私の理想とする考えを受け入れる土壌はないように感じられた。まして、大企業の中に入ってしまえば、個人の考えなど受け入れられるはずもない。

複雑な心境の頃、大阪の街をぶらりと歩いていると、偶然、豊川鉄工株式会社の寺部三雄社長に出会う。豊川鉄工は、三和動熱工業が三龍社に代わるストーカ製造会社として取引をしていた愛知県豊川市の会社であり、寺部社長とはもともと顔馴染みであった。すると、彼から「会社を辞めたらしいな。良かったらウチに来ないか。今、大阪に出張所を立ち上げようと考えている。それを任せたい」と切り出された。

詳しく聞くと、豊川鉄工は三和動熱工業以外に新たな得意先を探しているところであった。悩みはしたが、任せてもらえるのであれば、レシプロ式ストーカの実現など思い通りの仕事ができるのではと感じた。そして、豊川鉄工への入社を決意する。

三和動熱工業退社から豊川鉄工入社にあたって、私についていくといってくれた人がいた。同社技術部の磯谷紘君である。彼は、私が京都大学の岩井重久先生や春山鴻さんと実験を繰り返していた頃にアルバイトとして参加していた同志社大学の学生で、卒業後に三和動熱工業に入社。私とは部署が異なったが、炉の測定やテストの時に何かと手伝ってもらっていた。実験を重ねるうちに磯谷君も、エンドレスチェーン式ストーカの限界を感じるようになり、私とよく論議を交わしていた同志だ。

気持ちはありがたかったが、私は先の見えない大阪出張所を立ち上げるという不安定な進路を選んだため、彼には安定した道を歩んで欲しかった。そのことから、磯谷君には日立造船株式会社への就職を推薦する。彼はその後、日立造船の環境設計部部長を務め、同社が東京都に納入する初めてのレシプロ式焼却プラントのプロジェクトマネージャーを経て、日本で初めて焼却ＰＦＩ（Ｐｒｉｖａｔｅ　Ｆｉｎａｎｃｅ　Ｉｎｉｔｉａｔｉｖｅ：民間資金主導で公共事業を運営する会社）の社長となった。その三十八年後、磯谷君には、プランテック（豊川鉄工の現社名）の技術担当役員として手腕を振るってもらうことになる。巡り合わせとはおもしろいものだ。

豊川鉄工大阪出張所のあった鶴橋の幸伸ビル。

## たった四坪の事務所。わずか三人の社員

一九六六年の五月、愛知県の豊川鉄工株式会社大阪出張所が誕生。私が二十八歳の時だ。岩井先生のご紹介で日立造船との取引が始まりつつあったことから、同社設計所との交通に便の良い、大阪環状線の鶴橋駅近くの幸伸ビル四階に事務所を構える。たった四坪程度の広さに、元三和動熱工業にいた宮崎君と事務の李田さんの三名で、大阪出張所は始まった。

出張所を開設した当初から、私は日立造船との付き合いを考えていた。岩井先生のつてを頼ってご紹介いただき、なんとか取引を始めさせていただくことに成功する。

日立造船は、既にスイスのフォンロール社とレシプロ式ストーカ炉のごみ焼却プラントの技術提携を結んでいたため、日本デ・ロール社の図面をもとに各取引先へ発注を行う。取引各社は、それを新しいプラントに合うように試算し、承認図面を提出して製造・納入するという流れだ。しかし、そのままの仕事では納得しないのが、私の性分である。徐々に、私独自の考えを機器設計に反映させていった。

例えば、煙道のステンレス製エキスパンション（熱によって膨張・収縮する部材間を調節するクッション材）だ。金属製エキスパンションの場合は、縦の膨張と横の膨張に対応させるため、二カ所にクッションが必要である。そこで、縦と横と両方に伸縮し、柔軟性のある耐熱布を使用したエキスパンションを開発した。つまり、ひとつの部材で済む。労力は半分になり、コストも今までの約五分の一とダウンした。現在ではこの業界で当たり前のように使用されている方式だが、最初に日立造船に提案した時は、「そんなことが可能なのか？」と驚かれたほどであった。このような独自の創意工夫によって、国産焼却炉の現場経験で学んだコストダウンなどを次々に提案し、同時に豊川鉄工としての製品化を進めていった。

## 新生豊川鉄工設立。助走から、飛び立つ

豊川鉄工大阪出張所を開設してから約一年間、そのような仕事が続き、社員は四名に増えた。しかし、実質的な経営状態は、お世辞にも良好とはいえなかった。

一年目からの黒字経営は早計だとは思う。しかし、豊川鉄工本社から突然の通達を受ける。大阪出張所を本社から分離し、株式会社として独立採算にするというのだ。本社でも余裕がな

創立1年目の豊川鉄工メンバー。すでに東谷町ビルに移転している。

かったのであろう。一九六七年十月四日、出張所時代の経費二三〇万円を肩代わりする形で資本金とし、別法人の豊川鉄工株式会社（大阪）を設立する。テレビに青島幸男氏演ずる『意地悪ばあさん』が登場し、人気を博し始めた頃だ。ちなみに十本入りのピースが四〇円であった時代である。

豊川鉄工株式会社（大阪）は、社長に豊川本社の寺部三雄氏、私が専務という形でスタートした。実質上は、私と社員三名、計四人での運営である。ただでさえ黒字経営ではなかったうえに、これからは自分たちだけで賄っていかなければならない。始まったばかりの日立造船との取引はまだ微々たるもので、社員の給料日前になると友人を訪ね、金策に走っていた。

ただ、私たちには、わずかな光が見えていた。三和動熱工業時代から懇意にさせていただいていた京都大学教授の岩井先生からお話のあったフィリピン・ケソン市のプラントである。この時点では、まだ雲を摑むような話ではあったが、後にこれが、私たち豊川鉄工の劇的なターニングポイントとなる。

日立造船の伏見栄喜常務（写真左）。後に豊川鉄工との業務提携を英断。

小さいながらも会社を設立し、最初に行ったことは、日立造船幹部への設立挨拶であった。まず、環境事業部部長の倉本芳造氏を訪ねる。日立造船社内に入る前に、受付入門証に社名等々を書き込まなければならない。二十九歳の誕生日を迎えたばかりの私は、軽く見られてはいけないと思い、「三十六歳」と書いて入門した。いわゆる〝年齢詐称〟である。その入門証をご覧になった倉本部長は、「君は三十六歳か。若いんだなあ」とおっしゃった。どうやらそれ以上の年齢に見えたようだ。

一通り話が終わると、倉本部長から「君、マージャンはできるか？」と尋ねられた。「並べる程度なら……」と答えると、「午後からマージャンをやろう」と誘われる。

その二、三日後、今度は日立造船常務、伏見栄喜氏を訪ねることになった。従業員二万人企業の常務である。倉本部長にお会いした時以上に緊張したが、思いのほか丁寧に対応していただいた。さすが大企業の役員は違うなと感心して帰ろうとした時、秘書の方がツカツカと近づいてくる。「マージャンはされますか？　常務とお手合わせ願います」その日も、またマージャンである。恐れ入った。後から考えると、卓を囲むことで私の性分を見極めようとされていたのだと思う。どうやら私は、マージャンではお眼鏡に適ったようだった。

## 初めてのプラント受注が、フィリピンのケソン！

話は少し遡る。会社の分離独立が決定し、十月の設立に向けて準備を進めていた頃だ。まだ鶴橋にあった事務所へ、京都大学の岩井先生が訪ねてこられた。そして「勝っちゃん、フィリピンでボイラ発電付きの焼却炉建設の話があるんやけれど、どこかこのプラントを任せられる会社知らんか？」

詳しく伺うと、建設場所は当時フィリピンの首都であったケソン市。規模は三〇〇トン／日。ケソン市側から日本側に問い合わせがあった結果、燃焼の権威であり、ＷＨＯ（世界保健機関）の日本代表メンバーでもあった岩井先生に相談が来たという。

かなり大きなプラントになるのでいろいろ考えたが、当時の日本では、海外と技術提携したメーカー以外は、レシプロ式ストーカ炉の技術をもっていなかったことから、こう答えた。

「先生、エンドレスチェーン式ストーカを扱っている会社ではだめでしょう。ほら、目の前にいるじゃないですか。国産でレシプロ式ストーカを提案できる唯一の人間が。ぜひ、私にやらせてください！」

岩井先生も以前からエンドレスチェーン式ストーカの限界をご存じであり、レシプロ式に興味をもっておられたことから、「そうか、その方向で考えてみよう」とお返事をいただいた。

しばらくしてフィリピンより基本設計計画作成の指示があった。岩井先生のご協力のもと、前述の春山さんと相談しながら作成した基本計画書を提出。私の、生まれて初めての海外旅行はフィリピンとなる。

この企画のエージェントをしてくださったのが、岩井先生と、先生と親交のあった梶山産業機械株式会社の大平専務である。梶山産業機械は、日立製作所の代理店であり、大平氏はフィリピンとの貿易に精通しておられた。現地で行われた基本計画書のプレゼンテーションは、大平氏と、海外でも教鞭を執られていた岩井先生にお任せし、私はもっぱら図面の説明を担当した。図面は世界共通である。英語が苦手な私でも問題はない。おかげでこの企画はトントン拍子に進んでいった。

進行途中にフィリピンから政府関係者が幾度となく来日し、打ち合わせを行ったが、技術的な部分は全て京都大学と豊川鉄工に任せていただくことになり、仕事は非常に進めやすくなった。驚いたことに、フィリピン政府はボイラ発電による熱回収や空き缶のリサイクルを視野に入れていた。日本では、リサイクルを重要視する考えがほとんどなかった時代である。

余談だが、大平氏は大変優秀なビジネスマンであると同時に、大阪北新地では〝帝王〟と呼ばれるほどの粋人。私もその極意をとくと教わり、遊びの面でも素晴らしいエージェントであった。

## 信じられぬ早さで図面を起こす「七人の業師」

やがて、フィリピン・ケソン市でのプラント受注の、正式採用の連絡が入った。社員全員が「やった！」と歓声を上げた。うれしかった。設立したばかりのこんな小さな会社によくぞ発注してくれたと感謝した。このプラント受注には、日本の大手専門メーカー数社が動いていたと後に聞き、岩井先生のご尽力と梶山産業機械の営業力が大きかったのではないかと思う。ともあれ、新生豊川鉄工にとっては、それこそ一大事業であり、私の念願であったレシプロ式ストーカをこんなに早く、しかも大規模なプラントで施工できることは夢のようであった。

お祝い気分も束の間、私たちは厳しい現実に立ち戻る。受注をしたものの、豊川鉄工としては、過去に製作したプラントがないのである。つまり、製作図面がたった一枚もない。通常であれば、過去に製作したプラントの標準図があり、容量的な変更カ所を訂正して新しい図面を

ケソンのプラント設計を手伝ってくれた業師たちと束の間の休息。

起こすのが常套である。

私は、以前お世話になった工業窯炉の会社の友人に助けを求めた。窯炉技術に精通した藤本氏、図面起こしが誰よりも早かった村岡氏、経験豊富な森氏、きめ細かな図面が持ち味の久保氏、後に豊川鉄工に入社する川崖君など、そうそうたる技術者が集結してくれた。半年強で六〇〇枚の図面。当時、大企業でも考えられないスピードだ。まさに職人技。七人の侍ならぬ「七人の業師」である。

さらに、国内どころか海外である。ケソンプラント建設は、豊川鉄工にとって何もかもが初めてであった。しかも愛知の豊川鉄工はもちろん、多くのメーカーと共同作業で進めねばならない。発電設備（廃熱ボイラ）は株式会社よしみね、発電機は東洋電機株式会社、焼却炉築炉・煉瓦は東芝セラミッ

ケソンプラントに使用した軸流マルチサイクロン。

クス株式会社、空き缶プレスは日本エヤーブレーキ株式会社など、知りうる限りの友人やそのつてを頼り、協力していただいた。炉本体とレシプロ式ストーカ、軸流マルチサイクロン、リサイクル用磁選機などの設計は当社の担当だ。どの会社も、豊川鉄工との取引は初めてである。この時ほど、友人のありがたみが身にしみたことはない。さすがプロというべく、テキパキと仕事を進めてくれた。

業界関係各社でも、豊川鉄工の受注は相当話題となったと見える。「そんな小さな会社で本当にできるのか?」の声を耳にしたり、直接当社へ「お宅では難しいでしょうから、私たちが代わりにやりましょう」と申し込んでくる某社もいた。機器を搬出すれば、莫大なキャッシュが当時の取引銀行であった三和銀行上本町支店に入金される。その額に驚いた支店長が慌てて当社へ挨拶に来られるなど、上を下への大騒ぎであった。

## 初めてのレシプロ式ストーカ炉が成功

いよいよフィリピン現地での施工である。私と、すでに当社社員となっていた川崖君とで海を渡った。仕事は、職人探しから始まった。

現地で募集をかけるとすぐに大勢の自称職人が集まってくる。あまりの多さに、初日はその中から半分をふるいにかけ、翌日さらに半分に減らしていく。必要人員を選ぶだけで数日をかけるはめになった。またそこから各作業に適切な職人をあてがわなくてはいけない。日本では考えられない手間だ。残った職人の技術レベルも、日本に比べて数段劣る。四六時中、監督できるものではない。結局、日本から職長クラスの職人を呼びよせ、細かな指導にあたってもらうことにする。

作業が始まると、またも驚かされた。ほとんどみんな裸足なのだ。安全靴どころか靴さえ履いていない。作業で破れてしまった靴を私が捨てると、みなでそれを奪い合う。現場のガードマンは、昼にピストル、夜にライフルを常備。一九六五年のマルコス政権誕生以降、フィリピンは経済対策を講じていたが、まだまだ不安定な状態であった。

最初はどうなることかと危惧があったが、工事は着実に進んでいった。逆に、非常に助けら

様々な面で私たちを助けてくれたケソン市職員の方々と一緒に。

れたこともある。ケソン市の担当職員の方々だ。何ごともなく工事を終えられたことは、彼らの協力によるものが大きい。親日家が多く、第二次世界大戦で覚えたカタコトの日本語で通訳してくれるなど、現場工事を様々な面で応援してくれた。

いよいよ焼却炉の試運転という時、運ばれてきたごみに、思わず目を丸くした。トラックの荷台に、大木が一本。「これがごみか?」と首を傾げれば、今度は今にも壊れそうなトラックでごみとともに作業者が運ばれてくる。もちろん、ダンプは一台もない。ピットにごみを投入するのは手作業だ。雨が降った後のごみは水分が多く、ひどい異臭を放っている。日本と最もごみ質が異なる点は、フィリピンでは空き缶が多かったことだ。計画の段階で空き缶の選別機・プレス機が盛り込まれたことの意味が

ケソンプラント外観。私にとっても、初のレシプロ式ストーカ炉だ。

ケソンプラントの設計図。このプラントの成功は、業界の注目を集めた。

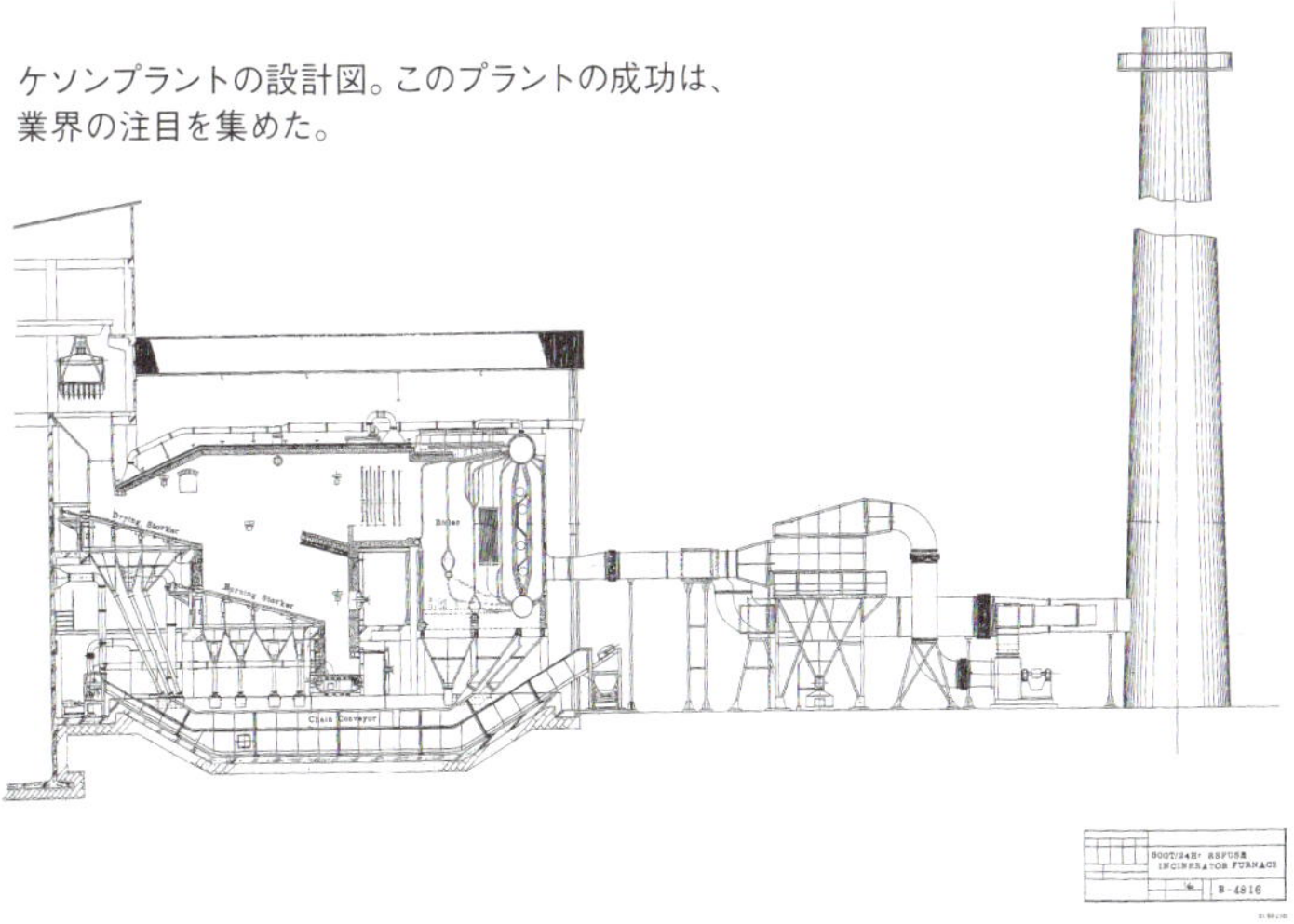

よくわかった。

やがて、焼却炉の中で燃焼が始まった。ごみのカロリーは想像していたより高く、空き缶が多く混入していたことから燃焼空気の通気性は良好だ。エンドレスチェーン式ストーカの燃焼とは異なる炎が、まっすぐ上に、勢いよく伸びていく。やがて、ストーカの半分ぐらいの位置でほとんどが灰となる。燃えた！　初めて製作したレシプロ式ストーカが成功したのだ！　身震いするほどの感激が、私の体を駆け巡った。

さらに、マルチサイクロン、空き缶選別装置、ボイラ、タービンなども順調に稼動し、性能テストに合格。無事引き渡しを完了することができた。

この性能テストには、京都大学の学生が参加していた。その中の一人、浦邊真郎氏は、後に環境コンサルタントとして株式会社アーシンを率い、プランテックとも深く関わり合っていく。

## 日立造船との業務提携。そして、新たな出会い

日本国内でもケソンプラントへの関心は高く、数社の企業が見学に訪れた。中でも非常に興味をもったのは日立造船だ。会社を代表して日立造船の担当課長が現地を訪れ、焼却炉の性能をつぶさにチェックされた。このことをきっかけに、豊川鉄工の技術が日立造船内で充分に認

められ、同社との業務提携へ進むことになる。

その後、中小都市向け焼却プラントにおいて、計画段階から引き渡しまで全てを豊川鉄工に任せるという業務提携の契約書を日立造船と交わす。忘れもしない、一九七〇年十一月十七日のことである。

当時、日立造船は資本金一九〇億円。豊川鉄工は資本金二三〇〇万円。社員は六名である。比べれば、雀の涙のような会社が、ほぼ対等の立場で提携を結べたことは、画期的であった。日立造船側としても異例であっただろう。当初、日立造船は、その規模の違いから愛知の豊川鉄工元本社との契約を求めていた。しかし、それでは私たちが認められたことにならない。私は日立造船側に、「ハードかソフトか、どちらを必要とされているのでしょうか？　ソフトであれば、私たちを選んでください」と申し入れた。英断された日立造船の伏見常務には、今でも頭が下がる思いだ。いずれにしても、豊川鉄工のケソン市大型焼却プラントでの成功は、日立造船を含め、日本中の業界関係者に大きなインパクトを与えたことは間違いない。


ケソン現地で、日立造船の担当課長（写真右）に説明する私。

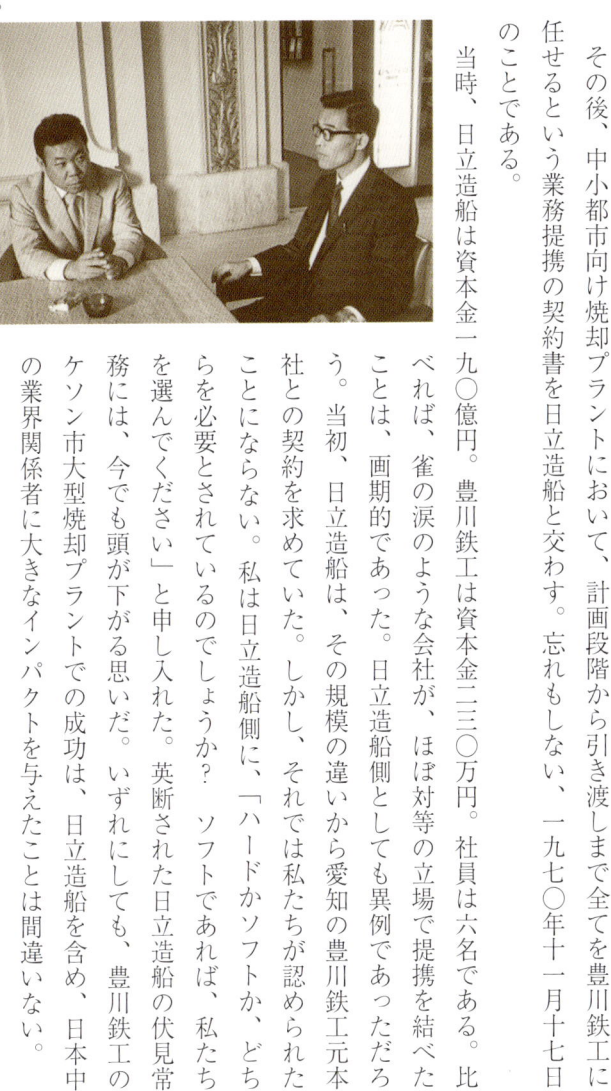

ケソンプラントは、別の面でも私に影響を与えた。京都大学との新たな繋がりである。岩井先生は、京都大学工学部衛生工学教室で教鞭を執っておられ、京都大学からの要望によって、プラスチック専焼炉や混焼炉などの実験炉を私が受注し、京都大学が実験。燃焼データ取得などの研究が行われるようになった。

そんな中で懇意となったのが、当時岩井先生に師事し、衛生工学教室の学生であった高月紘先生である。春山さんと高月先生とは、実験が終わるたびに、京都大学近くにあったスナック『ミック』で、コップを焼却炉に見立てて夜更けまで侃々諤々と燃焼論議に花を咲かせた。三和動熱工業時代に岩井先生や春山さんと実験を繰り返した時と同じように、私はまた新たな知識を蓄えていくことになる。

高月先生は、後に京都大学環境保全センター教授を経て同センター長に就任され、現在は、公益財団法人京都市環境保全活動推進協会の理事長を務められている。また、日本漫画家協会に所属し、ペンネーム『ハイムーン』の名で、環境をテーマにした漫画を数々発表するなど多才ぶりを発揮。高月先生は私の考えの良き理解者であり、その後も仕事を通じて親交が続く。そして、後に私の理想を具現化した竪型ストーカ炉『バーチカル炉』一号機が設置された京都大学医学部附属病院の医療廃棄物焼却施設の成功へ繋がることになる。

## 厚焚き通気燃焼方式を採用したプラントが完成

日立造船との業務提携の後、私は日立造船の営業担当者とともにセールスエンジニアとして各都市を回ることになった。

望んでいた業務提携であったが、その契約内容に驚かされる。「設計施工性能保証」での発注だ。今でいうＯＥＭ（委託先のブランド名で製品を製造する）のようなものだ。通常、発注元が設計した装置の各機器を豊川鉄工のような取引先が製造・納入し、発注元で組み立てるというやり方である。設計や施工ばかりか、性能保証まで任せるという発注方法は、まだ生まれたばかりの豊川鉄工にはかなりのプレッシャーであった。

日立造船社内でも、同社の名前で顧客に提供するものの性能保証まで取引先に任せるという契約内容については、「他社にプラント全てを任せて、何かあった時の責任は誰が取るのか？」「日立造船が技術導入している日本デ・ロール社との関係はどうなるのか？」と、相当物議をかもしたという。無理もないといえばそうだが、このような声によって私たちは先に進むに進めず、プラントの見積もりさえ出せない状態がしばらく続く。

私が初めて特許を取得し、ロングセラーとなった『H型火格子』。

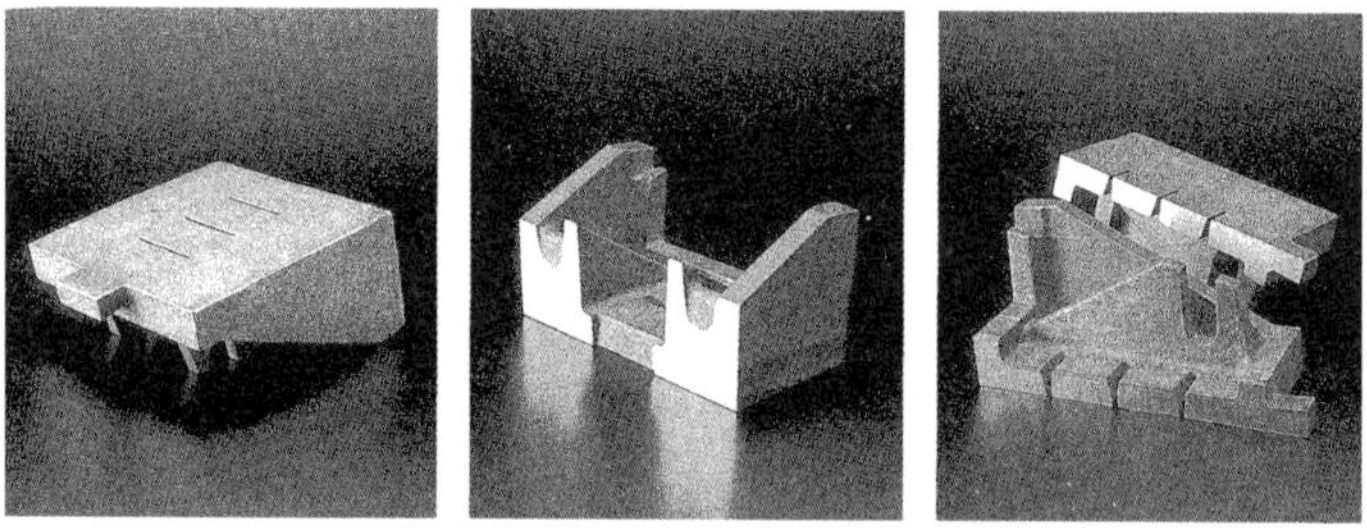

最終的に日立造船環境事業部としては、デ・ロール炉のような大型プラントだけではなく、三〇〇トン／日以下の中・小型（一五〇トン×二基）もターゲットにしていかなければ事業が成り立たないと判断。豊川鉄工方式の炉を『ノン・デ・ロール式焼却炉』として販売することで社内が一致した。

その頃から、私は開発した装置に特許を申請することを考え始め、日立造船と豊川鉄工の共同で取得することにする。この処置を取ったことによって日立造船の冠が付き、営業面で契約に結びつく可能性が高くなった。

このような体制の中、一九七一年に、第一号機を受注。千葉県我孫子市のクリーンセンターだ。規模は一五〇トン／日の一炉。ストーカはレシプロ式である。火格子は、ケソンで使用した型とほぼ同じ仕様の『H型火格子』。これは、私が開発した初めての特許火格子であり、現在でも使用されているロングセラー製品である。材質には、第一章で先述したハイシリコンダクタイル鋳鉄と耐熱鋳鋼を組み合わせた。

このプラントでは、持ちうる技術知識を全て取り入れ、私の燃焼理論である厚焚き通気燃焼方式を、日本の自治体向けで初めて採用した。『バーチカル炉』の原型モデルである。結果、当時の国産プラントの中では群を抜いて優秀であり、通常十七年程度といわれているプラント寿命をはるかに超える四十五年もの間、稼動し続けている。

## 独自の付加価値で、一歩先を行く

化学プラントや製鉄プラントであれば、既に大企業が歳月をかけて積み重ねてきた技術データが存在した。しかし、当時の環境装置は、まだ世の中に求められていない分野であり、造船や製鉄がメインの大手企業にとっては企業内シェアが少なく、陽が当たることがなかった。そのため、自ら新たなプラントを開発せずに、ドイツやスイスからの技術輸入に走ったため、技術データは皆無であった。実験と経験を重ねるしか道がない。

ごみは、地域・季節によって異なり、年

我孫子市の焼却炉は、『バーチカル炉』の原型といえる。

我孫子市のクリーンセンター。外観は建て替えられている。

ごとにその質も変化していく。対象物が一定しないのだ。技術者の中には、焼却の基本となる廃棄物の変化を数値として机上で判断していた者もいたが、まるで生きているかのように変化していくごみには、「〜のはず」は通用しない。

ケソン、我孫子のプラントを完成させ、自分の考えに自信を深くしたが、まだ私の厚焚き通気燃焼理論は、全くといっていいほど認められていなかった。火格子面積を半分近くまでコンパクト化することは、当時としては常識はずれであったのだ。そんなやり方で燃えるはずがないといわれたこともある。

その原理としては、そう複雑なことではない。『どんど焼き』をイメージしていただきたい。落ち葉を集めてその下部に空気を入れる隙間をつくる。その上に落ち葉を積んでいけば濡れ落ち葉もやがて乾燥し、全てが燃えていく。落ち葉を広げて、一度に火をつければどうなるだろう。乾ききっていない落ち葉が、ところどころで燃え残るはずだ。

理論面だけではない。焼却炉には、設計から運転まで、連鎖した技術が必要とされる。燃焼の基本的な原理を設計に反映させ、その意図を理解した上で廃棄物に応じた運転を即座に現場で行わなければならない。全ての工程をマネジメントできる応用力が求められるのだ。各工程がセクションごとに分かれている大企業ではなかなか難しいことである。

中でも運転技術には、経験に基づいた究極のファジー制御が必要である。まさに、プラント成功の鍵を握っているといっても過言ではない。あるプラントから「燃えない!」と連絡があり、私が駆け付けて運転するとすぐに燃える。運転担当者いわく「ごみ質が急に変わったのですね」私は苦笑いで応えることが幾度となくあった。

三和動熱工業時代から、私は焼却炉の仕事に最初から最後まで携わってきた。現場に行くお客様と直接話をする。故障が起きれば、すぐに飛んでいって修理する。だからこそ、頭と体で学んだ技術だ。小さな会社だったからこそ、必然的に全ての工程で経験を積むことができた。中・小企業だからといって、決して劣る分野ではない。私は、日立造船との提携の中でも、海外メーカーや日立造船の技術をコピーするのではなく、常に独自の付加価値を提案してきた。

与えられた仕事をこなしさえすればいいという甘えは微塵もなかった。豊川鉄工がオンリーワン、ナンバーワンとして成り立っていくために、常に一歩先を行く。それが、私の考えであった。

# 第三章

# 技術開発への情熱

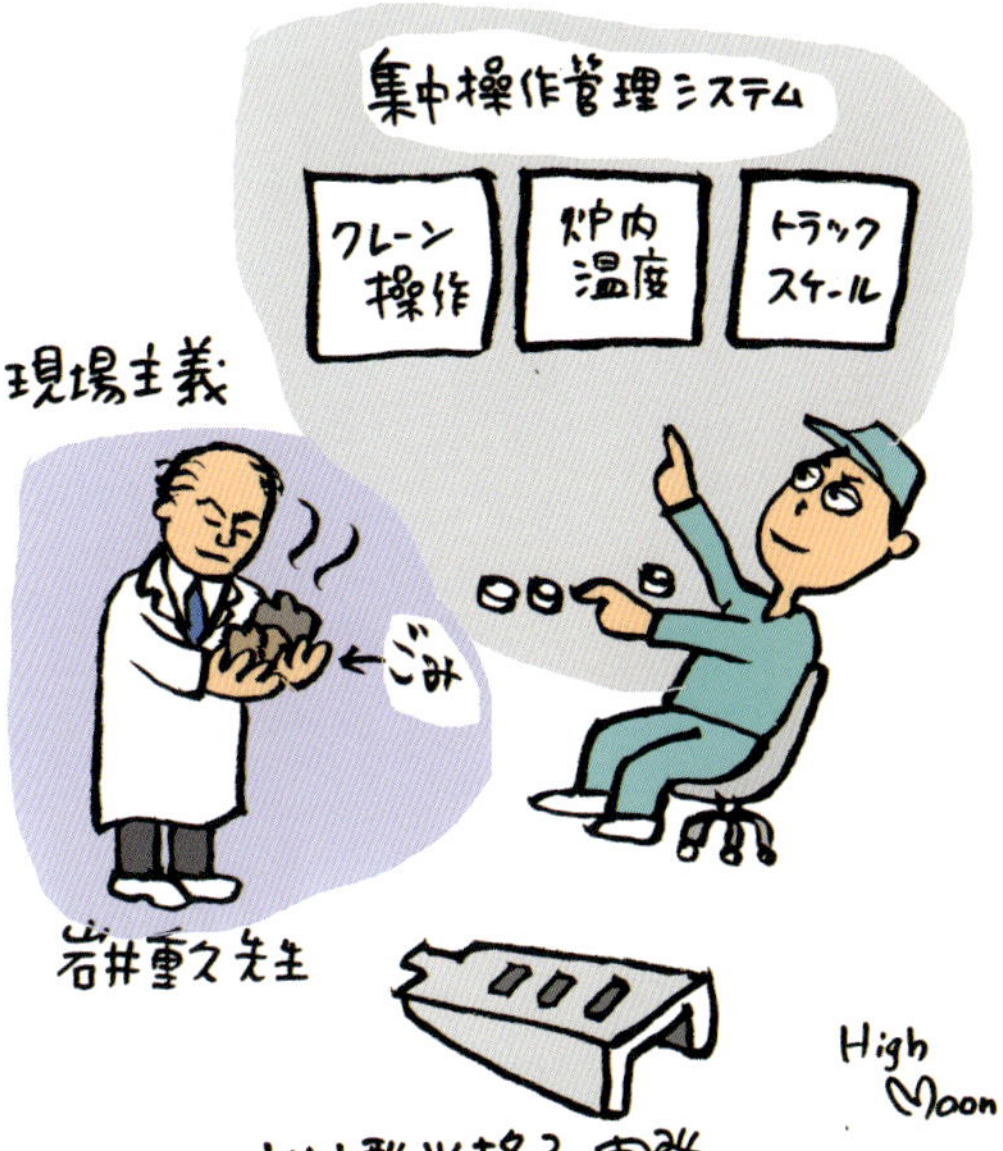

## 受注が相次ぐ中、次々と新開発を進める

一九六〇年に日立造船株式会社は、丸紅株式会社とスイスのフォンロール社と提携し、日本デ・ロール有限会社を設立。製造は日立造船、営業は丸紅が担当していた。さすがに総代理店である丸紅の営業力は凄い。創立五年目ぐらいから、山口県周南地区の下松清掃工場、岩手県胆江地区の胆江地区衛生センター、群馬県沼田市の沼田清掃工場、福岡県久留米市の上津清掃工場と、軒並みにプラント受注が相次ぐ。

私は、プラントの技術開発を進めながら、並行して周辺機器を開発していった。二次公害防止のために『プラント内汚水無放流システム』や『ごみ汚水蒸発処理装置』が生まれ、続けて完全蒸発により余剰水がゼロとなる『ガス冷却塔』や管内空気管外ガス方式の『ガスエアヒーター』など、開発にいとまがなかった。経営状態も順調になり、上がった利益を次の技術開発へ投資する。今後を踏まえて、技術の蓄積を常に考えておきたい理由もあった。

そして『KH型火格子』が生まれる。先に開発したH型に勝井の頭文字Kを加えた。ごみの燃焼を安定させるためには、炉内に入れるごみ量を均一にする必要がある。しかし、ごみの水分比重によって、火格子とごみとの摩擦抵抗が変化する。まず、これを安定させなければなら

ない。また、厨芥主体であったごみの水分が火格子下シュートに落ちると異臭が発生する。これらを解決するために開発したのが『KH型火格子』だ。簡単にいえば、火格子の通気孔を無くし、ごみを押し出す形にしたのだ。これは揺動式レシプロ式火格子と、プッシャー式火格子の両方の長所を取り入れたものである。

揺動式とプッシャー式の長所を取り入れた『KH型火格子』。

## 多くの問題を解決した『集中操作管理システム』

この時期の最も大きな技術開発は、『中央制御室　集中操作管理システム』である。クレーン操作室・トラックスケール（計量）室・中央制御室の、三室の一体化だ。これは最初から目標としていたわけではない。個々の開発を行った結果、総体的に成立したものだ。

始まりは、『ホッパレベル表示装置』の開発であった。ごみ投入ホッパー内のごみレベルによっては、ごみの重圧のために摩擦抵抗が変わり、炉内に供給されるごみ量に変動が発生していたことから、ホッパー内を通過するごみレベルをできるだけ平均化する必要があった。それは、ホッパー内の正確なごみレベルを感知できれば解決できる。様々な手法を試みた結果、最もシンプルな空気背圧式を選んだ。ホッパー内を三つのゾーンに分け、ブロワで空気を供給。背圧の変化を感知する。それを電気信号に置き換え、クレーン操作盤上のパネルに点滅させる仕組みだ。偶然できた空洞を誤認知しないためにも、三回目に表示する余裕を持たせた。

これが様々な副産物的メリットを生んだ。ホッパー内の上下にごみが詰まり、中間部分に隙間ができるブリッジ状態や、空焚き、ホッパーへの燃焼ガスの逆流出などの問題が、一度に解決されたのだ。また、従来は、ホッパーの上にカーブミラーを置き、クレーン室から運転者が肉眼で確認していた。つまり二十四時間稼動であれば、一日中の監視が必要である。無精な運転者が大量のごみをホッパーに詰め込み、そのまま放置するなどの人的問題も同時に解決されたのである。

## 『ノン・デ・ロール』から『デ・ロール』へ

『ホッパレベル表示装置』は、クレーンの半自動化にも大きく貢献した。『ごみクレーン区間自動制御装置』の開発である。これらを組み合わせることで、今まで個々に離れた場所に設けられていたクレーン操作室・トラックスケール室・中央制御室を一室化する『集中操作管理システム』が、日本で初めて生まれることになる。

そして、長年の開発結果の集大成ともいえるプラントが完成した。秋田県雄勝郡（現・湯沢市）の貝沢ごみ処理施設である。このプラントは、『KH型火格子』から『ホッパレベル自動監視装置（ブリッジ警報装置・空焚き警報装置）』『ごみクレーン区間自動制御装置』『クレーン操作・トラックスケール・中央制御室　集中操作管理システム』『カラー監視モニター』などを備えた画期的な焼却プラントとなった。

『集中操作管理システム』概念図。

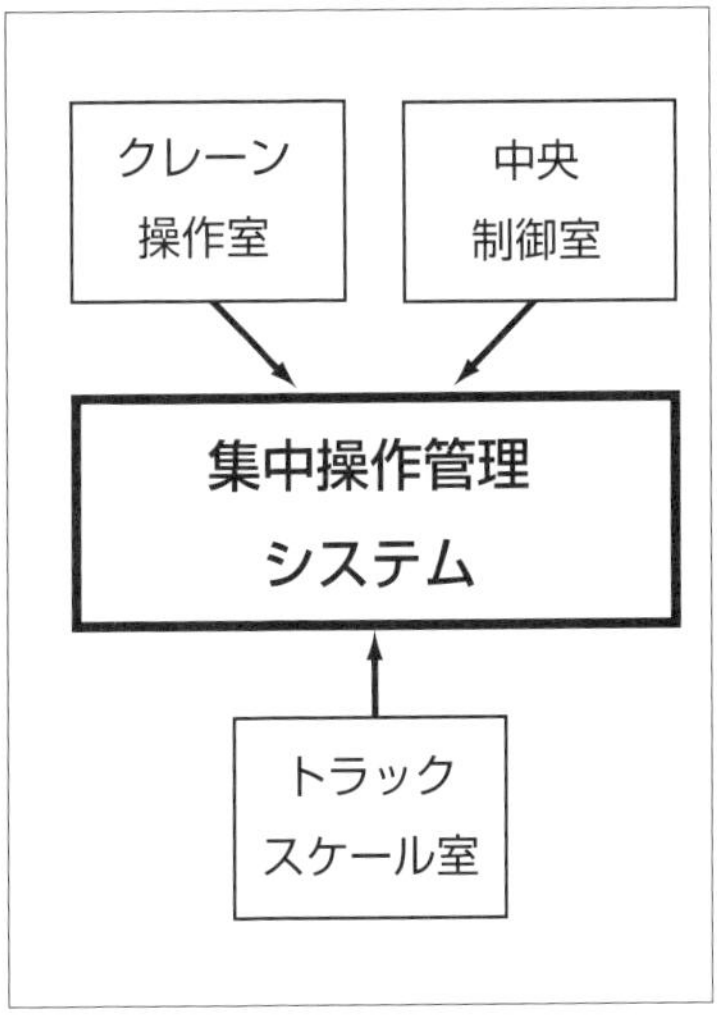


このプラントは、日立造船はもちろん、業界関係者にも大きな影響を与えた。見学に訪れた日本デ・ロール社のF・W・エルメル社長は、「日本の焼却炉への認識が変わった」と話し、私の考案した焼却炉に対して、今後『デ・ロール』のブランドが付けられることになった。『ノン・デ・ロール』として出発した私の炉が、『デ・ロール』として正式に認められたのである。

八面ごみ処理施設を見学に訪れた日本デ・ロール社のエルメル社長（写真右端）と私（写真中央）。中央制御室にて。

一九六五年に建設された日本デ・ロール社の大阪市西淀川清掃工場は、私に大きな感動を与えた。その二十七年後、私の考案した焼却炉が、日本デ・ロール社に感動を与えることができたのである。それが、何よりもうれしかった。まさか私の開発した焼却炉が『デ・ロール』になるとは、夢にも思っていなかった。社員数十名の中小企業の国産技術が、当時世界最高レベルといわれていた焼却技術と肩を並べたことになる。

いよいよ、私の開発した焼却炉に『デ・ロール』の名称を付けて売り出すことになった。私は日立造船のセールスエンジニアとして、積極的に地方自治体へ出向き、厚焚き燃焼や通気燃焼の利点を説明して回った。その後、三十四年間の間に日立造船のOEMとして納入した焼却プラントは、合計百十四プラント。『ノン・デ・ロール』が四十八炉、『デ・ロール』が六十六炉となる。

並行して開発にも力を注ぎ、一九七六年に『傾斜反転ロストル形式後燃焼装置』を開発。これを基に、翌年、熱しゃく減量を大幅に低減し、未燃分をゼロにする画期的な『燃焼完結装置』を開発する。徐々に、私の理想とする厚焚き通気燃焼方式の完成形へと向かっていった。

## 再び物議をかもした「設計施工性能保証」

日立造船との業務提携によって順調にプラントを受注していたが、時が経つにつれて、日立造船の中にまたもや不信の声が沸き上がってきた。

大企業では、毎年のように人事異動が行われる。日立造船内でも私たちが共に仕事を進めてきた事業部長を始め、頻繁にメンバーが入れ替わった。新しく担当となった方々にとって、豊川鉄工との「設計施工性能保証」の契約を理解することができない。「技術企業として日本を代表する日立造船が、なぜ、豊川鉄工のような小さな会社に任せたままにするのか？　なぜ、自社内でできないのか？」といった声が起こり、社内で物議を醸したという。

これらの声に対し、日立造船の社内では反論できる人がいなかった。「業務提携があるから」

「豊川鉄工は日立造船幹部と通じているから」など、臆測の声が飛び交い、豊川鉄工の技術力を認めてくださる方は少なかったと聞く。さらに、豊川鉄工が開発・考案し、営業上、日立造船との共同特許とした技術まで、「あれは日立造船が開発した独自技術だ」という意見もあったらしい。よく考えればわかることなのだが、もし、日立造船が独自に開発したものであれば、共同特許にする必要は全くない。

人事異動が起こるたびに、新しく担当となった方へ豊川鉄工と日立造船の関係を説明するが、なかなか理解していただけない。仕事を通じて、やっと私たちを認めていただけたと思えば、また人事異動である。堂々巡りだ。ならば、今以上に技術の研鑽を重ね、より付加価値の高い製品開発によって認めてもらうしかない。私は、さらに技術力の強化に努めていった。

## ジレンマから救ってくれた倉本氏の入社

そんな時期に、日立造船の関連会社に社長として出向していた元環境事業部部長の倉本芳造氏から「君の会社に行くから」と電話をいただいた。「どうぞ、どうぞ。何時頃にいらっしゃいますか?」と答えると、「いや、会社に寄るということではなくて、君のところで働くという意味だ」驚いた。冗談かと思ったら、どうやら本気らしい。これは大変だ。慌てて日立造船の総務に真偽を確かめると、本人が行くといって聞かないという。ありがたい。日立造船で一番の切れ者といわれている倉本氏が豊川鉄工に来てくれる。後で理由を尋ねると、「自分の好きなように仕事をしたかったから」と話されていた。

このニュースは日立造船内でも話題となったらしく、「あの倉本さんが入った豊川鉄工」として、当社の株が大いに上がったと後に聞く。

倉本氏は、まるで戦車である。仕事をバリバリとこなしていく。現場で何か問題が起こると、水を得た魚のようにすぐに飛んでいって解決してくれた。大企業では、できる人ほどはみ出してしまうことがある。その点で「一人三役」をキャッチフレーズとしていた当社にはぴったりな人材であった。中でも、日立造船との交渉などに率先して動いていただいたことで、大いに助けられたことを記憶する。

私は人に恵まれている。豊川鉄工を設立してから、三和動熱工業から、私の上司であった村松氏、林田氏、西氏が、次々と入社してくださった。そして倉本氏という俊傑の加入だ。「ジャスト・イン・タイム」であり、「ジャスト・イン・マン」

プランテック退社後の倉本氏。私が最もお世話になった方の一人だ。

である。

倉本氏には、別の面でもお世話になった。ことのほかゴルフを得意とされており、私はよく手ほどきを受けた。私が、ゴルフでシングル（ＨＤ八）になれたのも、倉本氏のレッスンと、古くからの親友であった国際アマの塩田昌男氏（ＨＤプラス二）のお陰である。

## 現場主義を貫いた京都大学教授の岩井先生

豊川鉄工が建設した焼却プラントの性能テストには、京都大学工学部衛生工学教室の学生が参加していた。私の発案で、実習の場として学習課程に組みこむことになったのだ。今後社会人となる学生たちに、現場を体験しておいて欲しかったからである。衛生工学教室の岩井重久先生は徹底した現場主義。無論、紛う方ない。今でいう産学協同、インターンシップのようなものである。

徳島のプラントで、京都大学の学生たちと性能テストを行っていた時のことだ。突然岩井先生が、サムソナイトの特大旅行鞄を抱えて現場に現れた。ヨーロッパ出張からの帰りに、ご自宅にも寄らず、そのまま飛んできたとのこと。「学者」と呼ばれる方の中で、ごみ焼却の現場までやってくる人は少ない。岩井先生は実地的な面を重要視する数少ない学者であった。ある

日本環境工学の先駆者で、環境技術の発展に貢献された京都大学の岩井先生。

時は、ご自分でごみを摑み、ある時は、汚れを気にせず炉内へ上半身を乗り入れる。また、し尿の浄水実験では、自らが浄水を味見して確かめる。その水で金魚まで飼っておられた。

「大企業はプラントを望遠鏡で見ている。学者は顕微鏡で見ている。どうして現場で直接見ないんだろうね」岩井先生のお言葉である。何ごとも自分で体験しないと気が済まない方であり、私も非常に多くのことを学ばせていただいた。

家族で京都へ遊びにいった時である。私の長女が中学三年生で、高校受験の最中。次女は中学一年生。長女が京都大学を見たいとせがむので、見学に連れて行くことにした。

丁度、岩井先生が教室におられると聞き、挨拶がてら立ち寄ると、「勝っちゃん、今度私と高月（紘）君、花嶋（正孝）君、佐合（正雄）君で、廃棄物処理に関する本を出すんやけれど、その中の〈焼却炉の設計と運転〉という項を書いてくれへんか」とおっしゃる。その頃の工業書の類は、総花的でカタログを集めただけというものが多かった。私が「同じ書かせていただくなら、方向性をはっきりと示した指導書にしたい」とお答えすると、岩井先生も同感だとおっしゃる。それならと執筆を受け持たせていただくことにした。同席していた私の妻や二人の娘は、京都大学の教室に入るだけでもオロオロしていた上に、私が執筆を依頼されたのを目にして、かなり驚いていたようであった。

この本は、一九七九年に『廃水・廃棄物処理　廃棄物編』のタイトルで講談社より出版され、当時の廃棄物処理業界のバイブルとなった。

## 人生において、私に感銘を与えた黒岩重吾先生

仕事とは関係ないが、思いがけない出会いもあった。私は大阪の北新地にある小さなバーを気に入って通っており、そこでお会いしたのが黒岩重吾先生である。

黒岩先生は、ご自身の闘病生活をヒントにした『背徳のメス』で直木賞を受賞された作家。以前からお見かけしたことはあったが、非常にストイックな方で、バーの中で誰かが声をかけると、黙ってスーッと店を出ていくような人であった。

ある日、そのバーへ行くと、たまたま客が多く、カウンターの隅で飲んでおられた黒岩先生の隣に腰を降ろすことになった。私は、どちらかというと口べたである。最初は気まずい心持ちであったが、何かのきっかけで、黒岩先生の作品『さらば星座』の主人公、春日正明の話に

なった。その小説は、当時週刊誌に連載中であった。いつのまにか、先生と話を始めて二時間が過ぎていた。

黒岩先生が店を出られた後、バーのママが「先生と二時間も何を話していたの？」と不思議がる。「いろいろ話が弾んで、私の会社で講演をしていただく約束をしたよ」と答えると、ママは驚いて「勝井さんの会社って、従業員は何人？」当時の豊川鉄工社員はおよそ三十名。さらに「先生に従業員の数を伝えた？」と訝しげに尋ねる。私が首を縦に振ると、ママは呆れ顔でこういった。「普通、二百人以上の会社でないと、先生は講演してくれないわよ」

後に黒岩先生がママに話したところによると、「俺はロマンのある男が好きなんだな」と目を細めていらっしゃったという。

せっかく黒岩先生にお越しいただくのだから、社員三十人だけの講演会ではもったいない。取引会社にも声をかけ、約六十名が来場することになった。だが東谷町ビルにそんな大部屋はなく、取引銀行であった三和銀行の会議室を借りることにする。

黒岩先生はご自身の人生をテーマにお話ししてくださった。その内容は、学徒出陣での満州出征から、株の暴落での貧窮、全身まひによる病苦、ドヤ街での生活など、それこそ小説のような話で、私は大きな感銘を受けた。

黒岩重吾先生（写真左）と一緒に、大阪北新地の『バー万（まん）』で。

その後、バーでお会いすると、先生から声を掛けていただけるようになり、苦手にしておられたカラオケなどをご一緒するなど、好誼をいただいた。その頃、私は四十六歳、黒岩先生は五十九歳。先生は、徹底した現場取材に裏打ちされた素材をもとに、歴史小説を次々に発表。二〇〇三年に逝去されるまで、数多くの名著を世に残された。

この本を執筆しながら改めて感じたことだが、私は、自分より年長で、中でもある年代の方々に良くしていただいたように感じる。なぜだか理由ははっきりとはわからない。おそらく、人を裏切らない、約束を必ず守る、チャレンジ精神といったことを、常に心がけていたからだろうと所懐している。

# 第四章

# 新たな道のり

新社屋の完成
社名変更
株式会社
プランテック
浦邊先生設計
医療廃棄物処理用
プラント開発に着手!
バイオハザード
High
Moon

## 効率性と美観に優れた新社屋の着工へ向けて

豊川鉄工設立以来十七年間、社員増加や機能拡張などに合わせて、大阪市中央区の東谷町ビル内にゲリラ的に部屋を増やしてきた。しかし、事務機器の近代化によって電気設備や配管設備に限界がきたのだ。ビル内に点在する各部屋に機能が分散してしまい、効率が悪いことも問題であった。

新社屋の用地は、当時四つ橋筋にあった日立造船本社から徒歩で二〜三分にある大阪市西区京町堀一丁目。約五十坪の土地である。

建設にあたって、私はビルの作業効率と、美観を最も重要視していた。廃棄物を扱うという仕事だからこそ、美しい会社でなければならない。友人であった一級建築士に私のアイデアや希望を事細かに伝え、設計を依頼するも、建築設計のセオリーから外れた私の要望は、消防法の規制などを理由になかなか受け入れてもらえない。結局、その建築士とはもの別れに終わる。

どうしたものかと思案していると、名古屋工業大学の浦邊真郎助教授のことを思い出した。浦邊先生は、京都大学の学生時代にケソンプラントの性能テストに研修生として参加された方で、ご尊父が日本を代表する建築家であった。

その建築家とは、倉敷の『アイビー・スクエア』などの設計で高名な浦邊鎮太郎先生である。日本建築界の第一人者、丹下健三先生と比較されるほどの方であった。早速名古屋へ連絡を入れ、ご紹介していただくことにする。しかし、あまりにも大先生。こちらは小さなビルである。とりあえず話をして、どなたか適切な建築士を推薦していただこうと思っていた。

その日の朝、私は、自分の考えをまとめた資料とボーリングデータなどを風呂敷に包み、恐る恐る梅田の浦辺建築事務所（現・株式会社浦辺設計）を訪ねた。

浦邊先生は、ひと通り私の話を聞かれると、傍らにあった一冊の週刊誌を机の上に置き、こう切り出された。「勝井さん、この週刊誌は百円だが、この雑誌が置かれている土地面積の価格は十万円になる。この高価で限られた土地を使って、いかに効率の良い建物を考えるか。それが、建築士の仕事なのです。よくぞ提案してくれました」そして次から次へとスタッフの方を部屋に呼ばれ、私のアイデアを説明された。

## 私の希望を具現化してくださった浦邊鎮太郎先生

その場で話が進み、昼食を経ておよそ五時間。すでに会長職を務めておられた浦邊先生は、

高効率と美観を目指し、浦邊鎮太郎先生に設計いただいた新社屋。

「このビルは、最後の仕事として私自身が担当します」とまでおっしゃってくださった。

しかし、ひとつ条件があるという。「私の作品は、大林組か竹中工務店でなければできない」というものだ。大林組、竹中工務店といえば、日本を代表するスーパーゼネコンである。こちらの予算で賄えるものではない。その旨をお伝えすると、「どちらか決めていただければ、金額は私に任せてください」とおっしゃる。「では大林組で」と恐縮すると、浦邊先生は即座に電話の受話器を手に取られた。おそらく相手は大林組幹部の方ではなかっただろうか。受話器を置くと、「話がつきましたよ」と笑みを浮かべられた。

当時の豊川鉄工は、社員五十名程度の規模。その社屋建築に、設計は浦邊鎮太郎先生、建設は株式会社大林組という、夢のような組み合わせであった。

設計段階で、私は浦邊先生に様々なアイデアをぶつけた。先生は「他業界の方の考えることはおもしろい」と、私の無理難題を受け止めてくださった。
この社屋建設で私が考慮したのは、
（一）エンジニアリング企業として、各部署の作業効率を考慮した設計
（二）徹底したペーパーレスシステムと、それに代わる大型映像システム
（三）電子出退勤システムによる総務業務の効率化
（四）容積率の徹底した利用
（五）美観と作業改善
の五つである。

新社屋落成式でご挨拶いただいた浦邊鎮太郎先生。

例えば、ペーパーレスにすれば、ビルへの荷重が変わる。解決策として、社員五十名に一部ずつ配っていた書類の保管場所を決めて閲覧できるようにすれば五十分の一で済む。その代わりに大型映像システムを導入。小さな画像や書面では記憶に残りにくいが、大きな画像は記憶に残る。テレビと映画の違いに着目し、書類ではなく、大画像で記憶できるようにしたのだ。
また、当時、電子出退勤システムの導入は画期的なもの

であった。後に再びビルを建て替える際、最新の出退勤システムについてアドバイスをもらおうと専門家を呼んだ。その専門家は、当社の従来システムを見てこういった。「えらい新しい考えを導入されてますなあ」最新システムの提案を期待していた私は、拍子抜けさせられた。

## 陶壁画の展示にも、異業種からのアイデアを

設計とは別に、私にはひとつのアイデアがあった。玄関に、煉瓦か陶磁の壁画を飾ることである。私たちの仕事に通じる「焼き物」という表現手法を、新しいビルの顔にしたかったからだ。

その頃、豊川鉄工が耐火煉瓦を購入していたのは、岐阜県の多治見市である。そこへ訪れるたびに美術館などにも足を運んでおり、多治見市在住のある陶芸家の作品に心を惹きつけられていた。その作家の陶壁画を飾ればどうだろう。古代ペルシア陶器の色彩や造形、釉調を手法とし、後に人間国宝（重要無形文化財保持者）となられる加藤卓男先生である。

早速加藤先生を訪ね、建築図面を見せてお願いすると、「浦邊さんの作品なら喜んで」と快諾をいただいた。これも浦邊先生のご高名のお陰である。

この陶壁画制作にも、私のアイデアが取り入れられている。陶壁画は、個々に焼かれた陶片

を組み合わせて作られる。従来、その設置工程は、完成した壁画を一旦ばらし、設置場所で再度陶片を壁に貼り付けていく手法をとっていた。

聞けば、三名の職人が現場に三日間泊まり込んで作業するという。これは大きなコストである。私は、鉄工所にステンレスのパネルを作らせ、「宿泊費にお金をかけるより、作品を良くするためにお金を使いませんか？」と、陶器工場内で水平に寝かせたパネル上に陶片を並べていく方法を加藤先生に提案した。作業時間は三分の一に減り、職人の宿泊コストも不要となる。ゆがみやミスも少なくなり、非常に見栄えの良い陶壁画ができあがった。

パネルの状態で運ぶので輸送も簡単だ。完成壁画を再度バラバラにする必要もない。設置時間や輸送の理由から展示数に限りのあった百貨店での展示会にも、作品の制約がなくなった。こ

人間国宝、加藤卓男先生の陶壁画『樹下園遊』を新社屋玄関に。

のアイデアによって、展示場が見違えるほど豪華になったと加藤先生に喜んでいただいた。

異業種からのアイデアは、非常に大切だと思う。専門の技術者は、なかなか枠から抜けられない。その業界では常識であっても、他の業界では素晴らしいアイデアになることがある。若い技術者の方には、いろいろな世界を見たり、他業種の人と触れあうことで、頭を柔軟にすることを学んで欲しいと願う。

## 豊川鉄工から、「株式会社プランテック」へ

新社屋完成に先駆け、豊川鉄工は、大きな変化を遂げた。社名の変更である。もはや当社は、鉄工会社ではない。せっかく近代化された社屋が建つのだからという声が社内からも挙がり、当時はまだ珍しかった「CI（コーポレート・アイデンティティ）」を導入することになったのだ。

新社名は、「株式会社プランテック―PLANTEC―」プラント（PLANT）と、プラン（PLAN）、そしてテクノロジー（TECHNOLOGY）を合わせた造語である。さらにロゴタイプ、シンボルカラーを採用し、社是、スローガン、企業理念などを制定。一九八四年、新しく生まれ変わったプランテックとしてスタートする。

新社屋竣工式にて。京都大学の岩井先生や高月先生、日本デ・ロール社のエルメル社長にもご列席いただいた。

並行して社屋建設は進み、着工から約八カ月を経て完成。一九八五年十月四日に開催した竣工式では、来席された大林組の大岡副社長から「究極のインテリジェントビル」と賞賛のスピーチをいただいた。

新社屋については、多くの方々から祝っていただいた。中には、「えらい儲かってますな」と皮肉をいう人もいた。ねたみは受けたくないものだが、それこそ、ビルに恥じぬよう中身をしっかりとしていかなければと心肝したのも確かである。

余談だが、この年に阪神タイガースが二十一年ぶりに優勝。その十八年後、新たにビルを建て替えた年に、またもや優勝。熱狂的なトラファンの方から「毎年社屋を建て直してくれ」という声をいただいた。残念ながら、そういうわけにはいかない。

## 批評や模倣から、新しいモノは生み出せない

新しい技術を開発すると、よく「コロンブスの卵的な発想だ」や「アイデアマンですね」といわれる。しかし、私にとってこれらの言葉は、何か偶発的なフラッシュアイデアから生まれたかのように聞こえる。プランテックの技術・特許のほとんどは、私が考案・取得したものといっても過言ではない。しかし、私はそれらを偶然から生みだしたつもりはない。今まで、人の数倍もの失敗を積み重ね、その中からようやく答えが見えるようになってきたものだ。

かつて読売ジャイアンツの黄金時代を築き、赤バットで有名な野球選手の川上哲治氏は「ボールが止まって見える」といった。私は焼却炉の図面や仕様書を見ると、いつしかその装置やプラントの動きが立体的に見えるようになってきた。すると、各部分の開発や部下に対する指示も的確にできるようになったのである。やがて失敗がほとんどなくなったが、失敗しないことイコール簡単であるように捉えられることも増えた。

外側だけを見る人は、その内容や意図を半解したまま技術を批評したり、ひどい時はそのまま模倣する人もいる。批評や模倣は簡単だ。新たに何かを創り出す人の方が、苦労も多く、優れた技術を持っているはずである。映画評論家に、良い映画が創れないことと同じであろう。

自分で考えることなく、安易に権威を頼って海外技術を導入したり、美しく装丁された文献に飛びつこうとする。しかし、教科書に載っていることは、すでに他の人が創り出した過去のアイデアである。そのルール通りに考えていては、新しいアイデアは生まれてこない。ノーベル医学生理学賞を受賞された本庶佑氏は「教科書を信じない。自分の目で見る」と話されていたが、私も同じだ。教科書と呼ばれた当時のストーカ炉の問題点を数多くの失敗の中で見てきたからこそ、その上を考えたのだ。

若い技術者には、自分自身の目と頭と経験で真贋を見極め、開発に携わって欲しいと思う。

# 第五章

# バーチカル炉の完成

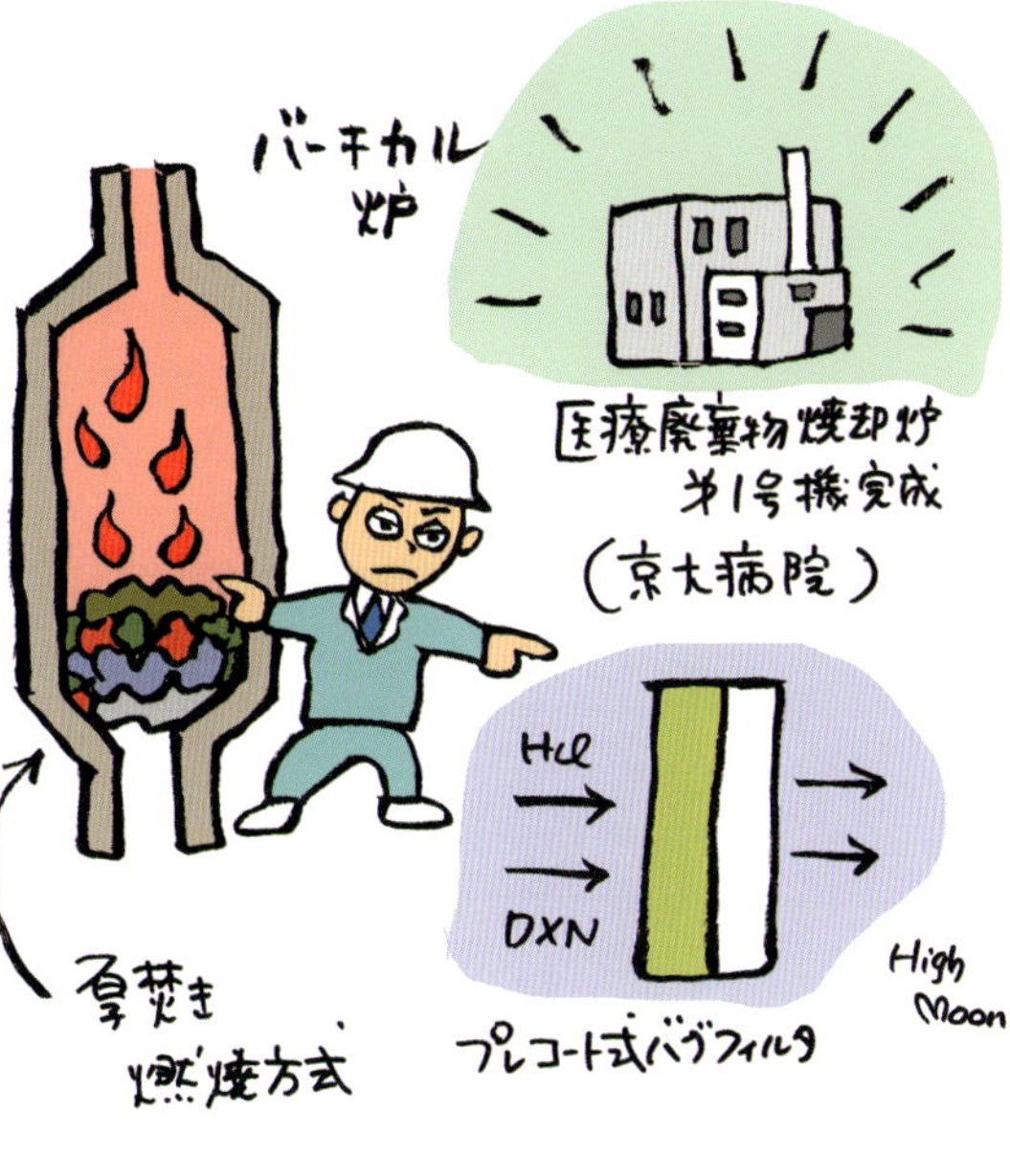

## 時代が求めた『プレコートバグフィルタ』の開発

プランテックへの社名変更後、最も大きな開発に『プランテック式プレコートバグフィルタ』（乾式反応集じん装置）と、医療廃棄物焼却炉（竪型ストーカ炉『バーチカル炉』）がある。

焼却炉の排ガス処理装置は、初期のサイクロンからマルチサイクロンへ進化し、その後、電気集じん機の時代が長く続いた。そのほとんどは煤じんの捕集が主目的である。大気汚染の問題が表面化するにつれ、排ガス中の窒素酸化物（ＮＯｘ）、塩化水素（ＨＣｌ）、硫黄酸化物（ＳＯｘ）の除去の必要性が高まってきたのである。しかし、電気集じん機では除去率が低く、これに代わるものとして湿式洗煙装置が用いられたが、高価であるとともに後の水処理、塩処理が大変であった。

そんな時、カナダ国立科学研究所オタワ大学客員教授の工藤章工学博士から、私のもとに資料が送られてきた。工藤博士は京都大学の元衛生工学教授で、大阪府熊取町にあった京都大学原子炉実験所（現・京都大学複合原子力科学研究所）で原子力放射性廃棄物処理装置の研究をしていらっしゃった時に知己を得、豊川鉄工時代には当社の顧問も務めていただいた方だ。

その資料は、一九八七年にカナダの焼却炉の排ガス処理においてバグフィルタを使用して実験し、成功したとの内容であった。資料を読み進めると、電気集じん機の約十倍の除去率が可能とある。日本でもバグフィルタの時代が来るはずだ。すぐに私はその研究に取りかかった。

問題は、当時の焼却炉とガス冷却装置（炉から出る排ガスを水冷却する装置）の性能では、バグフィルタに対するタール分やミストのアタックが多すぎることであった。それによって、バグフィルタのろ布が徐々に目詰まりを起こし、閉塞してしまうのだ。短期間の実験では成功するが、長時間運転の実用化にはまだ不向きであると思われた。その矢先に、粘着性発生ガスに強いバグフィルタが大阪八尾市にあると耳にする。早速その特許を取得している株式会社環境設備エンジニアリングの山本友次社長を訪ねた。

その技術は焼却炉向けではなかったが、考え方やプレコート式に非常に魅力を感じ、すぐに焼却炉への特許使用権を取得。テストプラントを建設し、実験を重ねた。また、燃焼と冷却装置（ボイラー）、バグフィルタは三位一体の要素が高いため、そこに留意しながら、同時に燃焼装置とガス冷却装置の改善を進めていった。

このプレコートバグフィルタの開発によって取得した特許・実用新案は国内外を合わせて二十数件に及ぶ。その後、当社の焼却炉は、このバグフィルタによって数多くのダイオキシン性能テストでも期待を上回る性能を示し、厳しいダイオキシン規制値をすべてクリアした。しか

期待以上の性能であった『プランテック式プレコートバグフィルタ』のテストプラント。

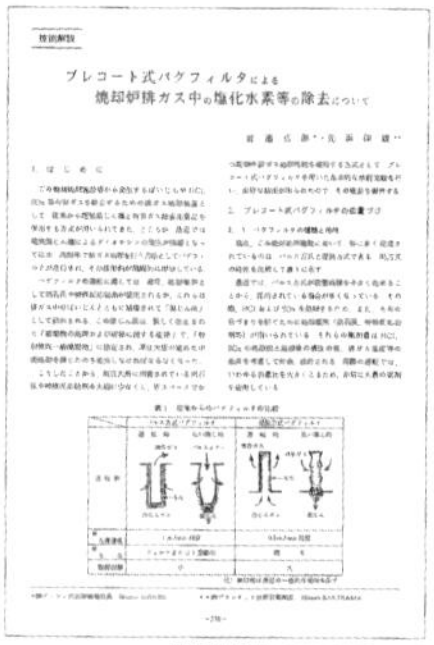

技術解説

プレコート式バグフィルタによる
焼却炉排ガス中の塩化水素等の除去について

環境技術1993.5.VOL.22
(抜粋)

も、従来型に比べてランニングコストも安価だ。研究を始めてから完成までおよそ四年。ようやく『プランテック式プレコートバグフィルタ』を、一九九四年に竣工する新潟県東蒲原の奥阿賀クリーンセンターへ納入することができた。

ローマは一日にして成らず。これも、小さな積み重ねから生まれた技術である。

## 医療廃棄物という、「未知のごみ」への挑戦

それは、「たまたま」から始まった。豊川鉄工設立時、私は奈良県の近鉄線・学園前駅近くの団地に住んでいた。線路を隔てた向かいに学園前公務員官舎があり、京都大学教授の高月紘先生が居を構えておられた。その頃は都度、先生宅にお邪魔していたが、私が住まいを大阪に移してから、しばらくの間疎遠になっていた。

「たまたま」近くを訪ねる用があり、その足で高月先生を訪ねた。すると「勝井さん、医療

廃棄物の焼却炉を考えてみてもらえませんか？」とおっしゃる。詳しく伺うと、一般の焼却炉と異なり非常に難しいらしい。しかし、その時点ではこれといって私に考えは思いつかなかった。

一九八八年にニューヨークで医療廃棄物が海面に浮き、水泳が中止になったと日本の新聞で大きく報道され、国内でも医療廃棄物の処理が問題視され始める。

翌年四月、高月先生を団長とする米国医療廃棄物処理調査団に私も参画し、主にニューヨーク周辺の施設を調査。結果は、医療廃棄物の収集・運搬・貯留については学ぶべき素晴らしい設備であったが、焼却炉においては問題がまだまだ多く見受けられるというものである。やるべきことが見えてきた。私は、本格的に医療廃棄物専焼炉の開発に取り組み始めた。

医療廃棄物専焼炉の開発にあたって、次の八項目を最重要課題と考えた。

（一）完全燃焼。未燃分をゼロにする

（二）人間が廃棄物に直接触れることなく、焼却炉に投入できるシステム

米国医療廃棄物処理調査団の団長を務められた京都大学の高月先生（写真右）と私。

（三）容器の密封状態での投入
（四）ガラスやアルミのような低温溶融物対策
（五）九〇〇℃以上の高温燃焼
（六）排ガスの無害化
（七）難燃物の長時間の高温焼却
（八）ガラスなどによるクリンカ（一度溶融したガラス類が炉内壁などに固着・肥大化してしまう現象）防止

私は、火格子面積から炉負荷、炉型式、排ガス混合、灰出し方法、ごみ運搬など、全ての既成概念を取りはずし、ゼロから出発した。そこに、今まで経験したことの集大成を積み上げていこうと思ったのだ。

電車の中でも、食事中でも、寝床についてからも、考え続けた。枕元には、ペンとメモ用紙を置き、何か思いつくとすぐに記録しておく。そんな日々がしばらくの間続いた。

## 全身全霊をかけて完成させた医療廃棄物専焼炉

一九九二年、愛知県の豊川鉄工内に建設していた医療廃棄物のテストプラントが完成。約四カ月をかけて、様々なデータ取得テストを行う。結果、改善カ所はほとんどなく、実験は成功する。

しばらくして、京都大学医学部附属病院から医療廃棄物専焼炉の引き合いがあった。競合は、炉メーカー三社と、大手焼却炉メーカー三社である。炉メーカー三社の専焼炉は、固定炉に近い炉。当時の医療廃棄物専焼炉は、まだそのレベルである。大手焼却炉メーカーの中には、日立造船の名前もあった。

今までのいきさつから、日立造船に対して私が開発中の新たな焼却炉を用い、プランテックとの共同名義での入札を提案する。三和動熱工業時代の後輩で、当時日立造船の環境設計部部長となっていた磯谷君を始め、関連する全ての技術部長から承認をとっていたが、一部の人から私の考えた炉を認知できないとの声が挙がり、共同入札は座礁。結局、プランテック単独で入札に参加し、落札に成功する。

私は全能力を集中させて、このプラントの成功に尽力した。廃棄物の中でも、最も燃焼が困難な医療廃棄物の焼却であり、何もかもが新しい試みである。計画設計から実施設計、全てを入念にチェックした。

炉本体には、私の理論であった厚焚き通気燃焼に燃焼完結装置を組み入れた、独自の竪型ストーカ式の焼却炉を用いた。設計上最も困難だったのは、ごみを廃棄物ピットから自動で炉に投入する装置であった。これは京都大学衛生工学教室から特に要望があった。医療廃棄物には、血液のついたガーゼや包帯、注射器やカテーテルなど、感染や受傷の危険性を持つ廃棄物が多い。クレーンを使えばピット内でそれらが収納された容器共々破壊されてしまう可能性があり、攪拌や圧縮などもできない。もちろん人力での投入は危険行為である。そのために、自動化が必要であったのだ。難産の末、後に『ピットフィーダ』と名付けた自動投入装置が完成する。

京都大学の医療廃棄物焼却処理施設は、一九九四年に竣工。全ての性能テストを一度でクリ

内外からの見学者が相次いだ京都大学医学部附属病院の医療廃棄物焼却処理施設。

後に、廃棄物学会誌（Vol.7）に同焼却施設の報告論文が掲載された。

アした。これが、竪型ストーカ炉『バーチカル炉』完成形の第一号機である。

このプラントには新しく開発した多くの技術を取り入れ、国内外で十件の特許・実用新案を取得。また、この施設には、国内はもちろん世界中から二千人を超える見学者が来訪。東南アジアでは医療廃棄物専焼炉のスタンダードモデルとなった。

## 私が考えた厚焚き通気燃焼方式の基本原理とは?

こうして、最難燃物である医療廃棄物焼却で一酸化炭素（CO）の発生率がゼロ、『プランテック式プレコートバグフィルタ』でダイオキシン除去率九九・九％という、従来炉の性能を大きく上回る完全燃焼・排ガス完全処理のプラントモデルが完成した。

ここで、『バーチカル炉』の原理である上向きの厚焚き通気燃焼方式の基本原理を紐解いてみよう。

先に紹介したが、落ち葉を集めて焼く『どんど焼き』をもう一度思い出していただきたい。集めた落ち葉に火をつけ、その上に湿った落ち葉を積み重ねていく。最下部は灰、そして上に向かうにつれて、良く燃えている層、燃えだした層、最上部は、拾い集めたばかりの湿った層だ。最下部に棒を入れて隙間をつくるとそこから空気が入り、上向きに燃えながら上部の水

【厚焚き通気燃焼の基本原理】

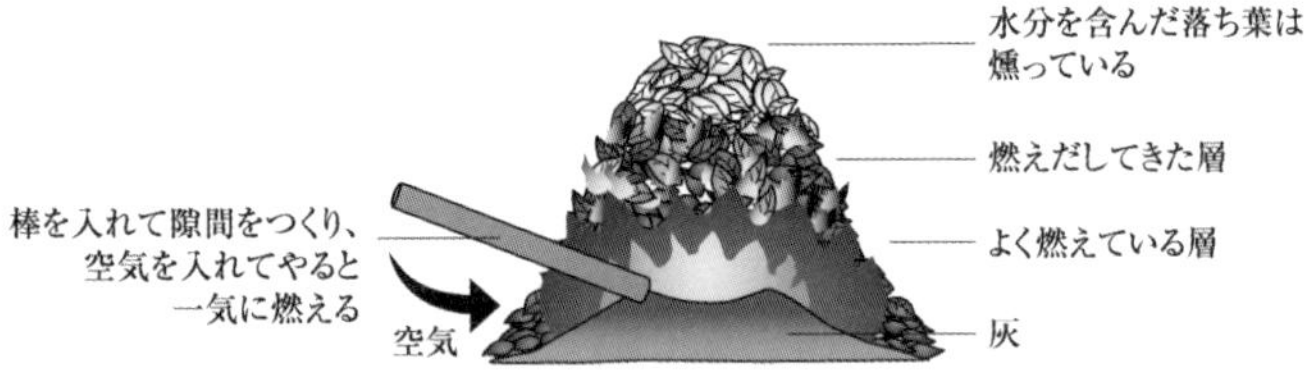


【マッチによる比較】

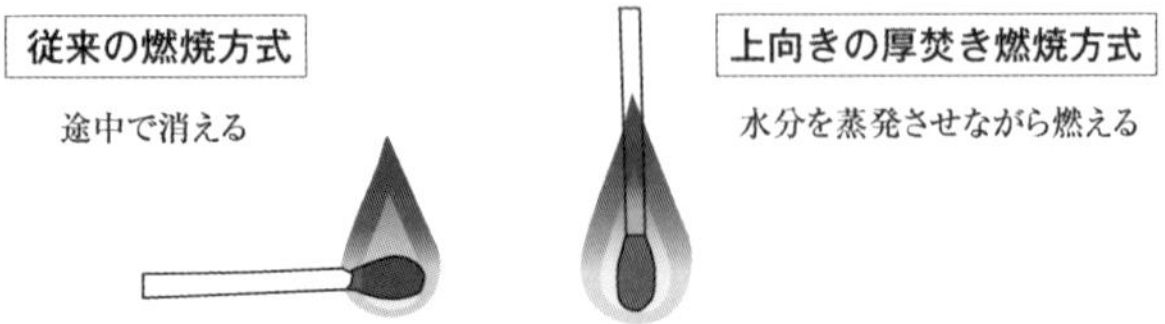


分を飛ばしていく。これが基本原理である。従来のストーカ式は、落ち葉を広げて全体に火をつける。乾いて燃えやすい落ち葉は先に燃えるが、湿った落ち葉は燃え残ってしまう。実に簡単な原理なのだ。

さらに単純にいえば、マッチの炎である。マッチの火もとを下に向けると持ち手の部分の水分を蒸発させながら上向きに燃えていく。これが上向き燃焼である。マッチの火元を上にするとどうなるか。おそらく途中で消えるだろう。ぜひ、実験をしていただきたい。ただし、火傷にはご注意を。

私が、この厚焚き通気燃焼を最初に考えついたのは、三和動熱工業時代に担当した横浜の青果市場向け焼却炉の時であった。野菜を包む藁などと、スイカ丸ごとなど極端なカロリー差のごみを燃やすために、ストーカ上で燃やすのではなく、後燃焼ロストルの上で燃焼させる方法を試みた経験だ。十五メートルもあるストーカ上ではごみが全く燃えず、後燃焼だけで完全焼却できた。市場の担当者が「この十五メートルは要らないんじゃないか」と冗談をいったぐらいだ。

それまでのストーカ式焼却炉は、ごみ層を薄くし、炉内の輻射熱を利用して燃焼させる考え方が主流であった。この方式にのっとり、私が初めて製作したエンドレスチェーン式ストーカ炉では、ごみの表面から先に燃焼してしまうと同時に、カロリーが高いプラスチック類が先に燃えてしまい、ストーカの後半では燃えにくいごみだけが残ってしまう失敗に終わった。燃焼時間の早いごみと遅いごみは別々の時間帯で燃える。高カロリーのごみは、焼却の最初の段階である乾燥帯で早くも燃えてしまい、炉温度を上げる効果はあるが、低カロリーのごみの燃焼助長にはあまり役立たない。全てはそこから始まっている。

京都大学医学部附属病院の医療廃棄物専焼炉では、それまでの焼却炉の常識を覆し、厚焚き通気燃焼を主体として後燃焼装置そのものを竪型のストーカ炉にしてしまう大胆な発想であった。炉の中に廃棄物を詰めこみ、二十四時間蒸し焼きのような状態にするバッチ炉が原型になっている。

長い経験の中で数多くの失敗を積み重ねながら、ごみの完全燃焼を追求してきた。その中で、廃棄物を竪に積み上げ、その下部から燃焼空気を上方向へ通気させる厚焚き通気燃焼理論を考え出した。結果、医療廃棄物専焼炉に必要な特性と個々の仕組みを組み合わせた集大成が、京都大学医学部附属病院で初めて完成させた竪型ストーカ炉『バーチカル炉』だ。

『バーチカル炉』は、完全燃焼が最も難しいといわれていた医療廃棄物の完全焼却に成功した。つまり、廃棄物の種類を問わない。あらゆるごみに対応できるということだ。

## たった五分の一の薬品量で高効率に

『プランテック式プレコートバグフィルタ』の原理は、『バーチカル炉』と似ているところがある。層を厚くすることで、成功した点だ。

開発当初、プレコート式の目的は塩化水素（ＨＣｌ）の高効率除去に加え、ろ布の保護であった。バグフィルタの理想としては、焼却によって発生した排ガス内のダストやタールを、できるだけ平均的かつ効率的に、薬品と接触させて捕集することにあった。そのために、ろ布に吹き込む薬品を均一の層にして、ダストなどのアタックを防ぐことが必要である。また、排ガスと薬品の堆積層を払い落とした後、裸になったろ布部分への排ガスの通り抜けも、防がなくてはならない。この二点が課題であった。

従来型の連続吹き込み式バグフィルタは、運転中に排ガス中に連続して薬品を吹き込む。そして、ろ布上のダストや薬品の堆積層を取り除くために、およそ二時間ごとに各ブロックのろ布表面からそれらを払い落とす必要があった。

例えば、六ブロックであれば、二十分ごとに順を追って払い落とさなければならない。ということは、各ブロックのろ布に付着している堆積層厚は、〇～一〇〇％の間で六段階の厚差が生じる。必然的に、部分ブロックでは、二十分に一カ所ほどろ布が裸になってしまう部分ができ、そこにダストなどを含んだ排ガスが集中。ガス状の有害物質が通り抜けてしまい、除去されにくくなってしまう。煙道中の除去効果を考えるなら、電気集じん機とあまり変わらない。

さらに、薬品との接触が目的であるにも関わらず、吹き抜け現象が多いために非常に効率が悪い。しかもその時点で最も層厚のある（濾過効率の良い）ブロックから、払い落としていくのだから、弱りものだ。

『プランテック式プレコートバグフィルタ』は、運転前に薬品を一気にろ布へ全面付着させ、充分な厚みのあるプレコート層を形成させる。そのために、薬品層の凹凸がなく、均一だ。払い落としが必要となるのは、四～十時間に一度と驚異的な長さである。従来型バグフィルタと同じ量で同じろ布面積に薬品を吹き付けた場合、二時間に一回の払い落としと、十時間に一回の払い落としでは、最も厚いところでは五倍の差となる。従来型バグフィルタの払い落とし直後では十数倍の差になるだろう。

従って『プランテック式プレコートバグフィルタ』では、ろ布面積を従来の約七〇〜八〇%に縮小でき、薬品量も約五分の一以下で高い効果を得ることができた。ろ布面積を少なくした場合、ガス通過圧力は上がるが、薬品のろ布付着量は数段高くなる。ろ布全体への薬品付着量（厚さ）も平均化されるのだ。さらに、払い落としの回数が少ないため、ろ布のダメージが減少し、ダストなどによる目詰まりも少ない。ろ布の大幅な長寿命化が可能となった。

【連続吹き込み式バグフィルタ】
運転中、排ガス中に連続して薬品を吹き込む。

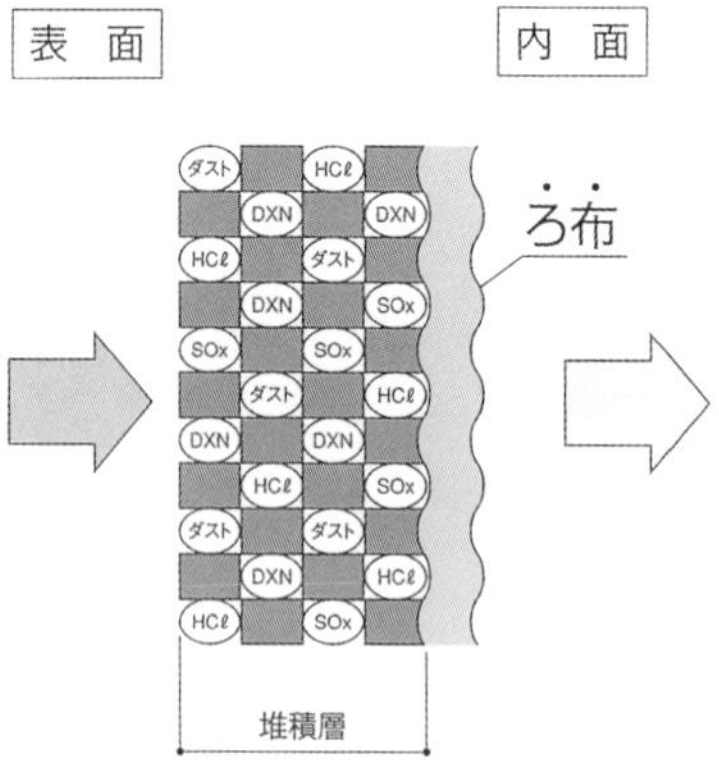


【プランテック式プレコートバグフィルタ】
払い落とし直後、短時間で薬品を吹き付け、プレコート層を形成。

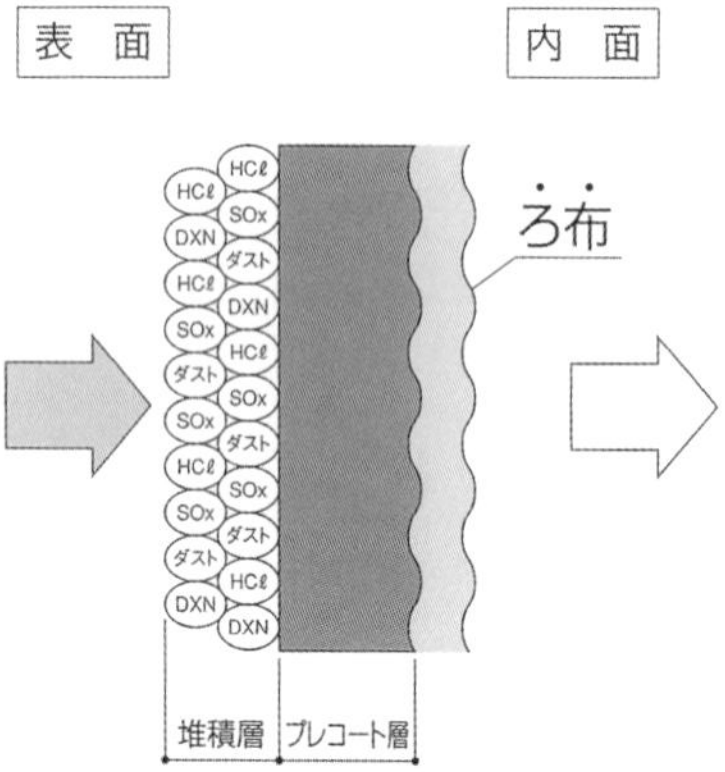

同時に『プランテック式プレコートバグフィルタ』による厚い薬品層は、通常のバグフィルタでは払い落とし時にあっさりとろ布を通過してしまうナノ単位のダイオキシンを、九九・九%まで抑制することができた。その糸口となったのは、先述した環境設備エンジニアリングのプレコートである。ここにもまた、異業種からのアイデアがあった。

## 「大きいからいい」から、「小さくていい」へ

『バーチカル炉』では、火格子面積が従来式の約五分の一と小さくなっており、『プランテック式プレコートバグフィルタ』でも七〇～八〇%の縮小を実現している。しかし、性能的には従来を大幅に上回っている。

昔、「大きいことは、いいことだ」というコマーシャルがあった。国の規制値も大企業の考え方も、規模を大きくすることで効果を上げようとするきらいがあった。現在では「小さいことは、いいことだ」である。

従来型バグフィルタを例にとると理解していただきやすいと思う。開発当初、集じん性能を高めるために排ガスのろ布通過スピードを落とし、ろ布を大きくして薬品の塗布面積を広げてはという意見が多くあった。しかし、薬品を排ガスに乗せて運ぶ従来型では、スピードが遅く

なれば薬品のろ布への付着率が落ち、ダイオキシンの反応効率も悪くなる。また、吹き付ける薬品量が同じであれば、面積が広いだけ塗布層が薄くなるのは当然だ。さらに、排ガスが平均的に付着しにくく、薄い場所から通り抜けて効率が悪くなる。ここまで説明すれば、この原理が火格子にも通用したことがわかっていただけるだろう。

このような新たな技術を開発できたのは、私が医療廃棄物焼却炉を始め、産業廃棄物焼却炉を手掛けたことが、そのバックボーンになっている。一般廃棄物の焼却炉に比べ、産業廃棄物向けは比較的自由な設計が可能だ。性能保証さえできれば、いろいろな新技術に挑戦できる。火格子面積が従来の五分の一しかり、バグフィルタのろ布濾過スピードが従来より速い一・二～一・三m／秒しかりである。産業廃棄物向けでは、小さくしてコストを下げながらも、効率を上げる方法が求められる。そこで実績を積んだ技術には、一般廃棄物向けにおいても進化させることができる要素が多く含まれている。

## 大企業が「無茶だ」と思うことに意味がある

実は『バーチカル炉』の開発にあたって、プランテック社内からも疑問の声が挙がった。火格子面積を従来のストーカ式の五分の一にする考えに、社内の技術者のほとんどが目を丸くさせた。高学歴で優秀な技術者ほど「無茶だ」と反対する。その声を聞いて、私はこの技術はモノになると確信したのだ。なぜなら、社内の技術者が私の発想に対して「社長、それはいいですね」と理解を示したとすれば、優秀な人材の多い大企業では何人もの技術者が私の上をいく発想を考えつくはずだ。それでは、プランテックのような小さな会社は太刀打ちできなくなってしまう。反対の声が挙がると、私は逆に安堵した。社内の技術者はそれを見て、さらに怪訝な表情を覗かせていたが……。

無理は、不可能ということである。しかし、無茶には、少しの可能性が残っている。大企業が無茶だと考えることを私たちが手掛けていくことで、オンリーワン、ナンバーワンに結びつくのではないだろうか。

理論や理屈から始めるのでは、机上の発想で終わってしまう。絵に描いた餅だ。決して新しいものは生まれない。アイデアをもとに手足を使い、実験し、現場経験と紡ぎ合わせて考えを飛躍させることが、新しい発想を生むのだ。成功した後に、その要因となった理論を考えればいい。

その時は、社内でさえ、反対派の多い状態であったから、業界関係者のほとんどは、私の考えを突拍子もないことだと感じていただろう。実際、海外からの技術を含め、従来のやり方を肯定していた人々にとっては、面積が五分の一に縮小された火格子を認めるには相当な抵抗があった。私が説明しようとすると「お宅の宣伝を聞いている暇はない」といわれる始末だ。

しかし、近年、数々の実績を築き上げてきたことと、従来式を大幅に上回る性能データを実現させたことから、徐々に周りからの評価が変化してきた。意外なことに、環境プラント関連ではなく、燃焼やエネルギー、機械、化学など、他分野の学会から多くの賞をいただくことが増えたのだ。焼却炉について知識のない業界外の方に説明すると、「なぜ、この技術が今まで評価されなかったのですか?」と不思議がる人が多い。そのことからも、日本の旧慣習やしがらみのない海外でこそ、私の考えが通用するのではと考えている。

# 第六章

# 提携解消の決断

## 話が下手な営業マンは、どうすればいいのか？

元来、私は語学が不得意である。それで、技術系に進路を決めたほどだ。人前で話すことはなおさら苦手であった。しかし、営業社員のいなかったプランテックでは、私が営業責任者である。日立造船へ打ち合わせに行くと、「営業の方は？」と尋ねられる。「私が営業担当です」と答えると、「では、技術者の方は？」と返ってくる。「それも私です」大抵は、不思議そうな顔をされた。大企業の場合、営業職と技術職は、完全に分離しているものと思われていたのだ。

一九七〇年に日立造船との間で交わした業務提携では、自治体向けの営業を日立造船に完全に委託することになり、プランテックで私だけが日立造船の担当者と一緒に客先を回る奇妙な業務を続けていた。

平成に入ってなお、二十年近くの間、セールスエンジニアと社長業を兼ねて仕事をしてきた。その間に痛切に感じたことは、同じ製品を同じ金額で売るのであれば、話の苦手な私は他の営業マンに負けてしまう。何か別のことで補う必要があった。それは技術力しかない。しかし、説明が下手な私は、優れた技術を持っていても、お客様を説得するための話術を備えていない。嘘もつけない。かといって、媚びを売るのは真っ平である。このような複雑な現状に対しては、技術開発に邁進する他に道がなかった。それで、お客様に対して、何か付加価値を与えられると思っていた。

残念ながら、そう上手くはいかない。新しい考えや技術を開発しても、多くの場合「実績があるのか?」「データは揃っているか?」という問いかけが返ってくる。今までなかった新しい技術なのだから、実績のあるはずがない。このような答えが返ってくる理由は、その多くが相手に新しい技術を理解しようとする前向きさがなく、現状を維持すれば良いといった保守的な考えからである。

何かを変えた時のプラスの効果よりも、マイナスの責任を恐れる。変えることをしなければ、問題も失敗も起こらないからだ。成功よりも出世を選ぶ。大きな企業ほど、御身安全を第一に考えることが多いように感じる。

そういう理由から、革新的な会社と成長が停滞したままの会社で、技術力に大きな差がついてくる。特に、私たちの携わっている環境装置分野において海外からの技術導入が多いのは、外国かぶれもあるが、何かあった時の責任転嫁をしやすいという面があるからではないだろうか。

## 信頼から確執へ。薄れゆくパートナーシップ

日立造船に営業を全て委ねることは、まるで目隠しをして空を飛んでいるような不安定な経営状態だ。業務提携についてのいざこざから、徐々に、日立造船とのパートナーシップが薄れていく。やがて、日立造船にとってプランテックは、一般の業者と同じような扱いを受けることになる。

ある時、私の懸念していたことが起こった。日立造船が、その一〇〇％子会社であるエンジニアリング会社に、私たちのプラントのコピーもどきをつくらせたのだ。さらに、プラントの中心部分である火格子の製造だけをプランテックに発注してきた。これは、両社間の契約内容や今までの付き合いから考えれば、契約違反だといっていい。しかも、そのプラントはすでに工事途中にあり、火格子製造をプランテックが断ると大変なことになるという。

詰め腹を切らされる思いで納品したが、その後、同じような発注が何度も続く。それまでは計画段階から私たちが関与するのが通例だったが、事前に相談もなくプラント建設が進められていった。「今回だけだから」と言葉を濁しながらも続いていくやり方に、私は、自分の体をバラ売りされるような痛みを感じていた。

プランテックの良き理解者であり、ゴルフでは私の好敵手でもある戸田氏（写真左）。

同時に、焼却炉のディテール（製作図）提出を強く求められた。ディテールは、私たちエンジニアリング企業にとって、命より大切なものといっていい。数十年間をかけた技術開発の集大成である。簡単に渡すわけにはいかない。提出するのであればと、私はプランテックへの発注保証や、無断製造の不許可といった条件を出したが、受け入れられない。結果的にディテールの提出は免れたが、両社の間に大きなしこりを残すこととなった。今から考えると、この時ディテールを渡していたら、今のプランテックは確実に存在していなかっただろう。

日立造船との間に不協和音が続いたことで、業務提携の破棄寸前まで進む。その時に両社間の調整に入ってくださったのが、日立造船の藤井義弘社長である。もともと三和銀行の副頭取であった方だ。藤井社長は、これまでのプランテックの実績や私たちの主張を深く理解してくださり、環境事業部営業部長であった戸田亥三男氏を交渉役に任命された。

戸田氏は非常にバランス感覚の優れた方で、双方の立場を考慮しながら両社の関係改善に尽力してくださった。

後に戸田氏は、環境事業部事業部長を経て副社長に就任される。戸田氏と私の交流は今なお続き、マージャンでは全く歯が立たないが、ゴルフでは好敵手として勝ち負けを繰り返している。

## ダイオキシン対策に貢献したバグフィルタ技術

一九九〇年十二月に当時の厚生省によって「ダイオキシン類発生防止等ガイドライン」が策定され、一九九九年七月に「ダイオキシン類対策特別措置法」が施行。焼却炉の排ガス中にダイオキシンが大量発生して人体に影響を与えると新聞などで報道され、社会的な問題となったことを受けた形である。確かにそれまでは、焼却炉は燃やしさえすればいいという安易な考えを持つメーカーが多かったことも事実であった。やがて技術レベルの低い焼却炉メーカーは、徐々に淘汰されていく。

各自治体においても、全ての焼却プラントのダイオキシン排出基準の見直しに取りかかり、旧式の電気集じん機の付いたプラントを、バグフィルタに切り替え始めた。焼却炉本体についても、ダイオキシン発生量が多いものは設備の建て替えが行われる。二〇〇三年三月までの対応が義務付けられていたため、既存プラントを製造した焼却炉メーカーに『ダイオキシン特需』と呼ばれる大量の切り替え工事が発注された。プランテックもこの恩恵に浴し、通常年の二倍近くの受注をいただく。人手が足りず、アウトソーシングを初めて活用したのもこの頃だ。

ここで主役になったのが、当社が開発した『プランテック式プレコートバグフィルタ』である。これが、会社に大きな利益をもたらした。

ほとんどのメーカーが外注していたバグフィルタ設置を、プランテックは自社製品としてプラントに組み込むことができた。本職であるプラント改善は当然のこと、バグフィルタによるダイオキシン対応まで、プランテックは一社で扱うことができ、システムとしての技術も大きく向上する。

『プランテック式プレコートバグフィルタ』は、まるでダイオキシン対策のために生まれたような性能を持ち合わせていた。その開発タイミングには、我ながら驚いている。「芸は身を助ける」というが、これこそ「技術は会社を助ける」である。

『科学技術庁長官賞』の賞状とメダル。この頃から新聞・雑誌の取材が相次ぐ。

## 『科学技術庁長官賞』を受賞！　新社屋建設へ

二〇〇〇年、朗報が私のもとを訪れた。『科学技術庁長官賞』の受賞である。『バーチカル炉』と『プランテック式プレコートバグフィルタ』によって医療系廃棄物焼却処理施設の開発に貢献したとして、私が長官賞を拝受することになったのだ。業界内では、なかなか認めてもらえなかった技術を、分野外から評価されたことは素直にうれしかった。ひとつの冠をいただいた気分であった。また、あまり陽の当たることのなかったごみ焼却の分野が、権威ある公的機関から注目されたことに喜びもひとしおであった。

二〇〇一年に完成した千種クリーンセンター（千葉県市原市）の焼却プラントでは、公害規制値を大幅にクリアする高性能で引き渡しを終えた。この『バーチカル炉』が翌年の『ウェステック２００２（廃棄物処理・再資源化展）』で注目され、関係者による現地見学が相次ぐ。今までは机上での資料説明が多かったが、実際に『バーチカル炉』の燃焼や運転状況、数値データを見ていただくことで、その高性能・高価値を理解していただくことができた。結果、数年前から引き合いのあった廃棄物中間処理企業数社からの受注に成功する。


この頃のプランテックは、社員の増加から本社ビルを含めオフィスを三カ所に分散しており、作業効率が悪かった。この不具合を改善するため、同じ場所に新社屋の建設を決定する。

設計・施工は、前回同様、浦辺設計と大林組にお願いし、私の意見を多く取り入れていただいた結果、エンジニアリング企業として素晴らしい社屋が建設できた。

二〇〇三年九月二十四日の竣工式には、中国の伝統楽器、京胡奏者であり、かねてからの友人であった呉汝俊（ウー・ルーチン）氏、そしてシンクロナイズドスイミング（現・アーティスティックスイミング）の日本代表ヘッドコーチであった井村雅代先生を迎え、それぞれ京胡演奏と講演をしていただくなど、華やかな竣工式を開催することができた。同年、呉汝俊氏は

第十七回日本ゴールドディスク大賞で『日中国交正常化三十周年特別賞』を受賞される。

また、井村先生の率いるシンクロチームは、翌年のアテネオリンピックで見事にメダルを獲得。凱旋報告で大阪府庁に次いでプランテックにもお寄りいただき、私は四つのメダルを首に掛ける幸運に恵まれた。社員たちもメダリストからオリンピックのお話を伺うとともに、ずっしりと重いメダルの感触に顔をほころばせていた。

## 三十四年間の業務提携を、白紙に戻す決断

業界では、大いに盛り上がった『ダイオキシン特需』であったが、日本中の焼却プラントが短期間で整備を終えてしまったため、二〇〇三年から、まるで灯りが消えたように整備事業が行われなくなる。

同時期に、自治体から発注された土木建築や橋梁、環境事業などにおいて、談合などの不正が多く発覚。社会的に大きな問題となった。もちろん環境業界にも影響を与え、各メーカーも今までのやり方を問われる形となる。合わせて、業界全体の受注量・受注額が減少し始めた。

それはもちろん、大企業である日立造船にも影響した。すると、日立造船だけで仕事が進められたり、こちらが全く採算の取れない金額を提示してきたのである。このままでは、会社が

写真左から、井村先生、立花美哉選手、私、武田美保選手。

成り立たない。私は、最終決断を下した。日立造船との業務提携の終了だ。

両社での協議の結果、一九七〇年から二〇〇四年まで約三十四年続いた提携を白紙に戻すこととなった。

業務提携を続けた三十四年間、苦しい時もあれば、うれしい時もあった。その時々に、様々な方にお世話になり、助けていただいた。

豊川鉄工を創業して間もない頃、こんな小さな会社を理解して提携を結んでくださった日立造船常務の伏見栄喜氏。当時の環境事業部事業部長であり、後にプランテックで陣頭指揮を執っていただいた倉本芳造氏。豊川鉄工時代の焼却プラントを軌道に乗せていただいた環境事業部部長の古川順一氏。日立造船と問題が起こるたびに、間に立って私たちを庇最後まで関係修復に努めてくださった日立造船の藤井氏（写真右）。

ってくださった日立造船社長の村山利雄氏。確執が修復できない状態となっても、両社の関係改善に尽力くださった藤井義弘氏。そして、最も長きにわたりプランテックを理解いただいた戸田亥三男氏には、今なお、頭が下がる思いだ。この方々が、一人でも欠けていれば、今のプランテックはなかった。厳しさと温かさを与えていただき、それに応えようと奮闘してきたからこそ、プランテックが成長できたといっていい。心より、感謝を捧げたい。

# 第七章

# 世界への挑戦

東京都
スーパーエコタウン事業
イラン
サウジアラビア
ドバイ
三菱商事
医療廃棄物焼却炉
黄綬褒章
の受章
自治体直需
(エコパーク寒川)
High Moon

## 産業廃棄物焼却プラントへ舵を切る

プランテックが日立造船と業務提携していた頃は、九割近い仕事がそのＯＥＭであった。ただ産業廃棄物向けの焼却プラントは提携の外にあり、一九九〇年頃から独自に営業をかけていたが、手掛けた数としてはまだ少なかった。当時は主に、一般廃棄物向けは大手プラントメーカーが建設し、産業廃棄物向けでは、別の小さな専門メーカーが手掛けている状況であった。

それが大きく変わったのは、一九九九年に施行された「ダイオキシン類対策特別措置法」だ。国中の焼却炉が排ガス規制の対応を余儀なくされた。業界でいう『ダイオキシン特需』である。それまでの産業廃棄物焼却プラントは、まだ野放図ともいえる状態で、簡素な炉を使用し、廃棄物の減量とコスト優先が主目的であったため、排ガスにまで対応できていなかった。しかし、「ダイオキシン類対策特別措置法」によって、二〇〇二年までに各産業廃棄物焼却プラントも対応を迫られることになった。

大手プラントメーカーも産業廃棄物向けに触手を伸ばし始めていたものの、規模が小さくコストを優先する産業廃棄物向けではメリットが少なく、また一般廃棄物向けの炉をそのままを導入することで、主に燃焼系に多くのトラブルが発生し、大きなマーケットとして捉えられていなかった。通常ほとんどのプラントメーカーは、一般廃棄物向けではストーカ式焼却炉、産業廃棄物向けではロータリーキルン炉を採用するなど、燃焼技術によって区別している。しかし、すでに京都大学の医療廃棄物専焼炉で成功していた私は、『バーチカル炉』であれば、同型式でどちらの廃棄物にも対応できる自信があったのだ。

日立造船との軋轢が悪化の一途をたどっていた頃から、私は自立の道を模索していた。そこで、業務提携の枠外であった産業廃棄物焼却炉の強化へ社内方針をシフトさせた。

## 社内に広がる不協和音。先の見えない不安

経営の舵を大きく切り、産業廃棄物焼却プラントの営業を始めたが、そう簡単に上手くはいかない。コスト面だ。ある引き合い先に見積もりを出すと、「一ケタ違いますよ」と返されたこともあった。先細るＯＥＭの仕事と、受注がなかなか叶わない状況。社員の一部には、私の考えに反対して従来の延長路線を推す者もいた。未来に危機感を持たず、今のままが、楽でいいではないかという考えだ。社内に不協和音が広がった。退職を願い出る者もいた。しかし私は、自分の意志を押し通した。

時が経つと、会社は丸くなっていく。プランテックも設立から三十年以上が経過し、保守的

な人間や日先の楽を考える人間が増えていた。新しい営業開拓をせず、口を開けて親鳥を待っている会社特有のマンネリズムである。私一人で、日立造船の営業として回っていたと前述したが、もし、私自身も営業せずに順風満帆に仕事を与えられていたら、今日を迎えられなかったと考えると、世の中何が幸いするかわからない。不思議なものだ。

二〇〇四年九月に日立造船との提携が白紙化し、プランテックは独自の営業を行うことになった。予想はしていたが、やはり自治体からの直接受注は困難を極めた。納入実績、会社規模など、受注以前のハードルが高く、相見積もりにさえ参加できない。会社の方向性に疑問を抱く社員は、どんどん去っていく。この時、プランテックはどん底まで追いつめられていた。私自身も、不安でいっぱいであった。

そんな時に声がかかったのが、『スーパーエコプラント』の医療廃棄物専焼炉である。このプラントをターニングポイントとして、産業廃棄物向けプラントを次々に受注。プランテックの飛躍へ繋がっていく。

## 暗闇の中に光を照らした『スーパーエコプラント』

日立造船との提携が解消に向かっていた頃、プランテックは経営的に最も大きな危機を迎えた。しかし、そんな時に東京都が推進するスーパーエコタウン事業のうち、二〇〇二年に選定された『スーパーエコプラント』のボイラ発電設備付医療廃棄物専焼炉を受注できたのだ。これは、大きな幸運であり、私にとって助けの神であった。

『スーパーエコプラント』は、東京電力と清水建設によるSPC（特定目的事業体）での受注だ。東京電力のエンジニアが京都大学の医療廃棄物専焼炉『バーチカル炉』を見学した際、「理想的な燃焼だ」と評価してくださり、『バーチカル炉』を医療廃棄物専焼炉として設置する提案内容になった。コンペティターとして、日立造船・タクマ・東京ガスのグループ、三菱系グループなど、四グループが入札に参加していた。

入札の段階では、私は競合グループのことを全く知らなかった。受注が決定した後に、コンペティターに日立造船があったことに驚いた。もし、プランテックと日立造船の提携がうまくいっていたままであれば、『スーパーエコプラント』を受注できなかったことになる。捨てる神あれば、拾う神ありだ。

東京都環境局の選定理由の文言には、「医療廃棄物の専用炉（バーチカル炉）の設置や、高い水準の排ガス等の自主管理値を設定するなど安全対策も優れた内容になっています」（原文）と評価されている。

『バーチカル炉』が採用された東京臨海リサイクルパワー株式会社（現・J&T環境株式会社）『スーパーエコプラント』の模型。

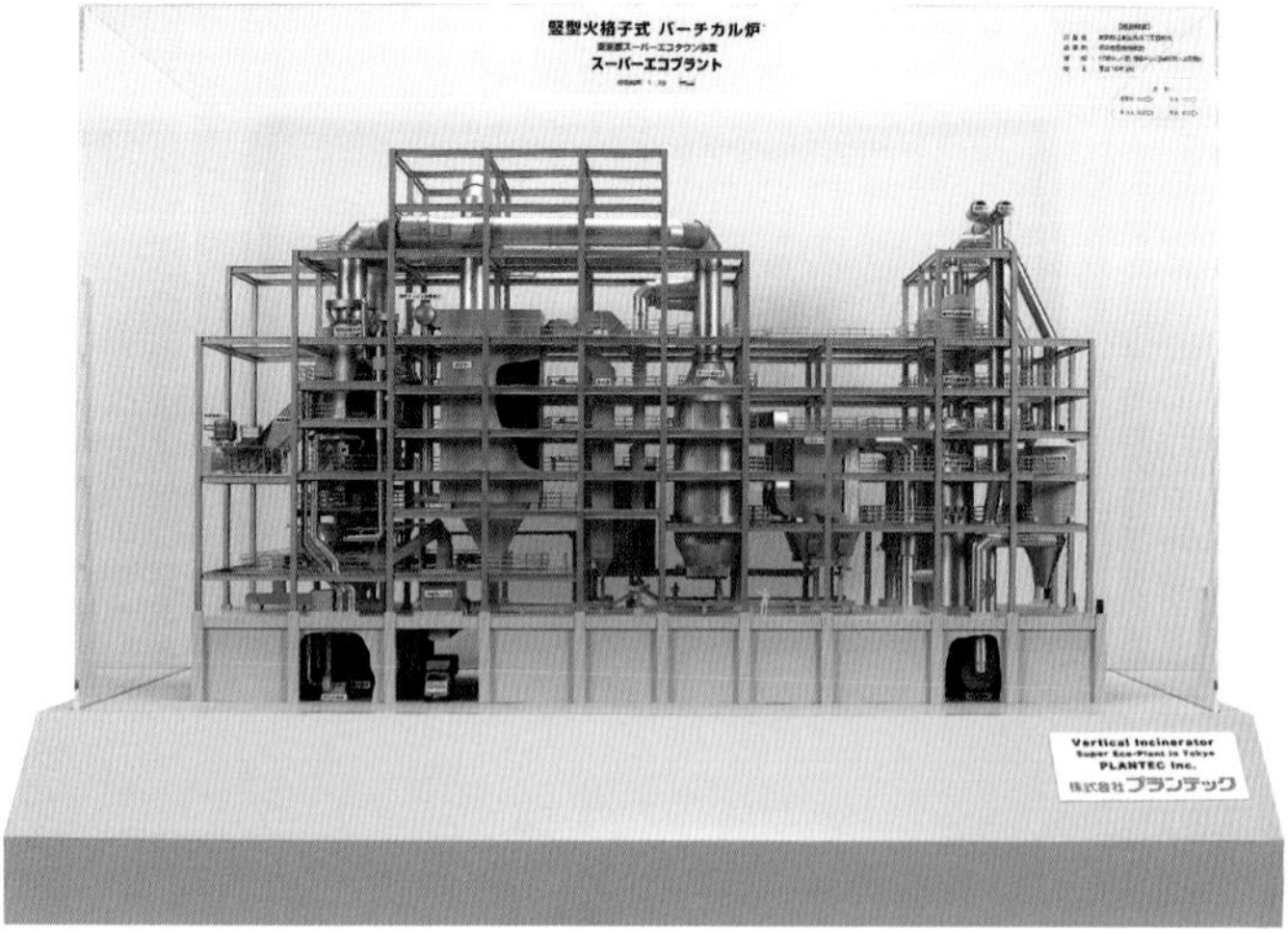


受注できたものの、唯一心配だったことがある。一般廃棄物では、ボイラ発電について自信も実績もあった。しかし、医療廃棄物でのボイラ発電には実績がなかったことだ。医療廃棄物を燃焼させた際には、塩化水素（ＨＣｌ）が一般廃棄物の数十倍にもなる五〇〇〇ＰＰＭと大量に発生するため、ボイラチューブが腐食するなどの影響を与えかねない。東京都のプラントエンジニアにとっても未知数の技術だ。とにかくやってみるしかない。

二〇〇六年に『スーパーエコプラント』が竣工し、稼動を開始した結果、一年経過してもボイラの腐食（減肉）はゼロ。炉内で医療廃棄物が完全燃焼しているため、排ガス温度も安定しており、熱負荷もかからない。ボイラを担当していたバブコック日立（現・三菱日立パワーシステムズ）のエンジニアが、「これなら三十五年持ちますよ！」

といってくれたほどだった。

## 国内外から評価された『バーチカル炉』の技術性能

日立造船と業務提携してから百十四ものプラントを手掛ける中で改善に改善を重ね、開発したのが『バーチカル炉』である。開発当初は産業廃棄物や医療廃棄物の焼却を前提にしたプラントであった。『スーパーエコプラント』では、燃焼が最も難しいとされる医療廃棄物において発電を可能にし、ダイオキシンや塩化水素対策においても基準値をはるかに凌ぐ水準であったことは画期的であった。

先に少し触れたが、それまで、一般廃棄物と産業廃棄物・医療廃棄物とでは、異なる焼却炉形式が用いられていた。一般廃棄物向けは、階段状の火格子が揺動しながら廃棄物を移送し、燃焼するストーカ炉、産業廃棄物・医療廃棄物向けが廃棄物を回転・攪拌しながら燃焼させるロータリーキルン炉である。なぜ、形式が異なるのか。カロリー幅の違いだ。一般廃棄物が約二〇〇〇ｋｃａｌ／ｋｇ程度なのに比べ、産業廃棄物は約三五〇〇～五〇〇〇ｋｃａｌ／ｋｇの幅があり、医療廃棄物はさらに高くなることもある。平均すると高カロリーでも、プラスチックなどの高カロリーのものと、汚泥などの低カロリーのものが混在し、その幅が大きい。

そのため、一般廃棄物向けのストーカ炉では、産業廃棄物などは燃やせないとされていた。

ストーカ炉の技術原理は、ヨーロッパから輸入された五十年前とほとんど変わっていない。その頃の一般廃棄物のカロリーは八〇〇〜一〇〇〇kcal／kg程度である。そのため、現在の一般廃棄物を燃焼させると温度が上がりすぎ、炉体の耐久性低下を招くとして、火格子内を直接冷却する水冷式焼却炉まで登場する。カロリーが低くて燃えないといって重油などの助燃剤を加え、今度は温度が上がりすぎたといって火格子を水で冷やすなど、エンジニアとして負けを認めたようなものだ。


『バーチカル炉』は、それから六年後に稼動した種子島清掃センター（鹿児島県）や西紋別地区広域ごみ処理センター（北海道）をはじめ、多くの一般廃棄物焼却プラントとして採用され、順調に稼動している。『スーパーエコプラント』は建設後十二年経った現在でも順調に稼動。二〇一二年には、国連の補助機関である国際環境技術センター発行『医療廃棄物処理技術概要集』において、「感染性医療廃棄物の安全かつ効率的な処理技術の一例」として紹介された。

二〇一七年には、『スーパーエコプラント』は『日本エネルギー学会　学会賞（技術部門）』を受賞。『バーチカル炉』を主要設備とする医療廃棄物からのエネルギー回収が、その受賞理由となった。

『スーパーエコプラント』は、後に『日本エネルギー学会　学会賞』を受賞。

医療廃棄物専焼炉で発電まで可能にしたのは、おそらく世界でただひとつであろう。『スーパーエコプラント』には、今なお世界中から見学者が後を絶たない。

## 連続の受賞と、念願の自治体直需に沸く

『スーパーエコプラント』が竣工した二〇〇六年、廃棄物処理や再資源化など環境関連の技術・活動を評価するとして、この分野の専門家によって審査される『ウェステック大賞』で、プランテックの『バーチカル炉』が新技術部門賞を受賞する。

さらに、社団法人全国都市清掃会議発行の『ごみ処理施設整備の計画・設計要領』に、『バー

『ウェステック大賞2006』の新技術部門賞受賞は、環境装置市場において大きなPR効果を生んだ。

チカル炉』がストーカの種類の中で「竪型火格子式」として新しく認定された。これらの表彰、及び認定は、従来、中小企業にはほとんど縁のないものであったが、社員百名ほどのプランテックがその評価を受けたことで、新たな門戸が開かれたのではと未来へさらに期待をもった。

二〇〇七年、プランテックは創立四十周年を迎え、私は古希を迎えた。この記念すべき年に、『バーチカル炉』が社団法人日本産業機械工業会・第三十三回優秀環境装置として『中小企業庁長官賞』を受賞する。まるで、焼却炉の仕事に携わって五十年目の私を祝ってくれるかのようであった。

同年、かねてからの念願であった一般廃棄物焼却処理施設を受注することができた。長野県の自治体の、岳北広域行政組合から、元請けとして初めての一般廃棄物焼却処理施設の直需である。炉形式としては、『バーチカル炉』(一般廃棄物向けでの名称は竪型ストーカ式焼却炉)と、従来のストーカ式焼却炉のハイブリッド方式であったが、土木・建築工事を含む全てを受注できたことがなによりうれしかった。

自治体からの初めての直需となったエコパーク寒川。

日立造船との一般廃棄物焼却プラントに関する提携を白紙にしたことで、自治体向けの建設工事の受注がストップしていたからだ。地元の建設会社との「特定JV（特定建設共同企業体）」などの条件が提示されており、金額的にもシビアな面があったが、どうしても自治体からの直需が欲しかったのだ。

この、岳北広域行政組合のエコパーク寒川では、稼動半年後の排ガス測定でダイオキシン類濃度が「ゼロ」という画期的な結果を出すことができた。これが実績となり、鹿児島県・種子島地区広域事務組合、北海道・西紋別地区環境衛生施設組合、岐阜県・下呂市、長崎県・長与町・時津町といった自治体からの直需に繋がっていく。周りから見れば、小さな一歩かもしれないが、我々にとっては大きな前進であった。

もうひとつ、私には大きな夢があった。海外進出である。会社を創業して初めての仕事がフィリピン・ケソンでの海外プラントであった。その後、日本国内で百三十プラントを超える実績を積み重ねながら、毎年のように年頭スローガンで「世界へ」を唱い続けていた。しかし、なかなかその夢の実現にたどりつくことができなかった。

## 全てに世界一を目指すドバイの光と陰

二〇一五年末の段階で環境省発表によれば、国内の廃棄物焼却施設は千百四十一施設。世界の焼却炉の、およそ三分の二が日本にあるといわれている。人口比率からいっても、これはずば抜けた数値だ。さりとて、数があるからといって国内の焼却炉が全て優れているかといえばそうではない。五十年前にヨーロッパから輸入された技術を基として枝葉をつけ、ジャパナイズしているが、技術的にはいかがなものか。

国内でいえば、新聞紙などの紙が中心だった五十年前のごみと現在のごみを比べてみると、使い捨て容器などのプラスチック類が増加し、カロリー（ごみの発熱量）は二～三倍以上になっている。プラスチックは五〇〇〇～一万ｋｃａｌ／ｋｇほどあり、それらが全体のカロリーを引き上げているのだ。その変化に対応できる燃焼装置が必要になる。国外でいえば、各々の国によって生活水準が異なるため、ごみの種類やカロリーが必然的に日本と異なってくる。それらを同じ焼却炉で燃やすことは、そう簡単ではない。

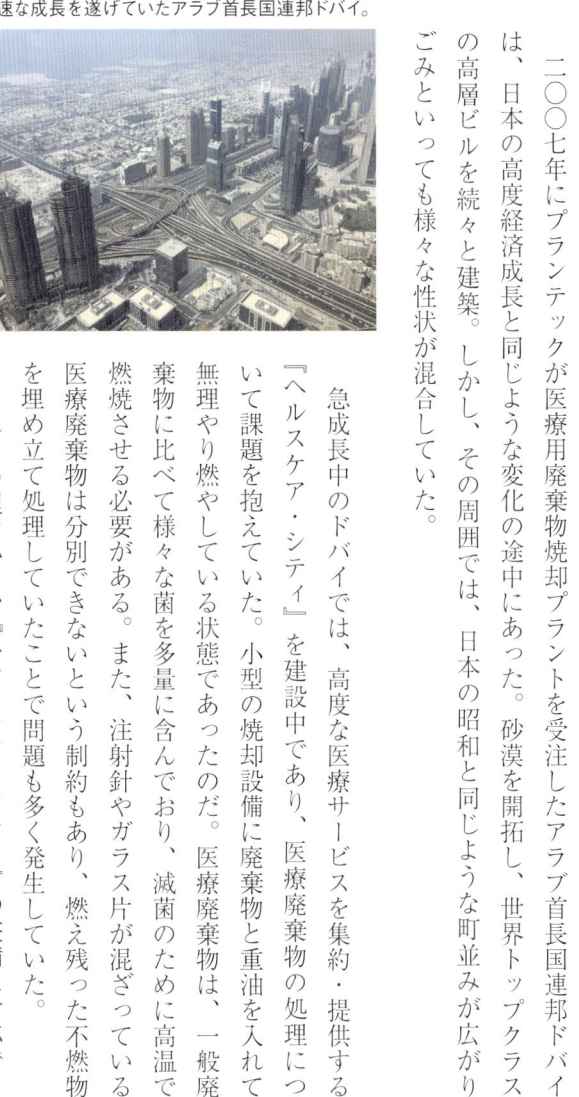

二〇〇七年にプランテックが医療用廃棄物焼却プラントを受注したアラブ首長国連邦ドバイは、日本の高度経済成長と同じような変化の途中にあった。砂漠を開拓し、世界トップクラスの高層ビルを続々と建築。しかし、その周囲では、日本の昭和と同じような町並みが広がり、ごみといっても様々な性状が混合していた。

急速な成長を遂げていたアラブ首長国連邦ドバイ。

急成長中のドバイでは、高度な医療サービスを集約・提供する『ヘルスケア・シティ』を建設中であり、医療廃棄物の処理について課題を抱えていた。小型の焼却設備に廃棄物と重油を入れて無理やり燃やしている状態であったのだ。医療廃棄物は、一般廃棄物に比べて様々な菌を多量に含んでおり、滅菌のために高温で燃焼させる必要がある。また、注射針やガラス片が混ざっている医療廃棄物は分別できないという制約もあり、燃え残った不燃物を埋め立て処理していたことで問題も多く発生していた。

これらの理由から、『ヘルスケア・シティ』の整備に対応できるレベルの医療廃棄物専用の焼却プラントが必要とされていた。

## 価格より性能を優先させたドバイのエンジニア

二〇〇五年に京都議定書が発効し、世界的に環境ビジネスが加速。国内五大商社のひとつといわれる三菱商事も、日本の環境技術の輸出に取り組み始めていた。

そこに、ドバイでの医療廃棄物焼却プラントプロジェクトが持ち上がった。しかし、三菱商事は、三菱重工とグループ会社であり、その競合である他メーカーの医療廃棄物向けプラントを採用できない。そこで独立した焼却プラント専門メーカーであるプランテックにお声を掛けていただいたのだ。プランテックは日立造船のOEMメーカーであった頃に、一般廃棄物焼却プラントで三菱重工と競合していたことがよくあり、国内で初となる医療廃棄物専焼炉を京都大学医学部附属病院で手掛け、東京都スーパーエコタウン事業の『スーパーエコプラント』医療廃棄物専焼炉において、世界初のボイラ発電まで実現した技術に着目したのだろうと推測する。

ドバイプラントのコンペティションでは、五カ国五グループが、計九提案で参加。炉の規模は、一九・二トン/日。日本からは、三菱商事とプランテックの共同グループのみの参加である。コンペでは、価格・性能・ランニングコストなど様々なポイントが審査される。私は、技術面においては、プランテックが他社より必ず抜きん出ているはずだと信じていた。

審査の結果、我々のグループは価格面で五グループ中最も高額であった。しかも、ドバイ市の当初の予算もオーバーしていたらしい。いくら「全てにおいて世界一を造る」を目標としたドバイであっても、予算をオーバーしていては受注が難しいと、三菱商事の担当者から事前に連絡があった。

あきらめかけた時であった。現地のプラントエンジニアが、「各コンペティターの技術を比べると、やはり『バーチカル炉』が秀でている。予算を増額して欲しい」と、ドバイ市に掛け合ってくださったのだ。

はたして、プランテックは、ドバイ市ジュベル・アリ地区感染性医療廃棄物焼却プラントを受注する。

調印時にドバイに入った私を、先述のエンジニアが迎えてくれ、にっこりと笑ってこういった。「日本の技術は素晴らしい」。

日本で新たな技術が認められるためには、実績が重視される。しかし、海外では受注実績などよりも性能（データ）そのものを最優先する。三菱商事の担当者から、「海外のコンペティションで、予算をオーバーしてまで性能が重視されたことは珍しい」と聞いて、私はさらに胸を熱くした。

## ヨーロッパ基準の排ガス規制をどうする?

ドバイの医療廃棄物焼却プラントの建設にあたって、燃焼に関する自信はあった。課題であったのは、排ガスの公害防止基準だ。ドバイはヨーロッパ基準の排ガス規制値のため、塩化水

性能を重視してくれたドバイのエンジニア(写真左)と握手を交わす私。

ドバイプラントの調印式は、現地メディアにも取り上げられた。

素排出量が六ＰＰＭ以下※という厳しい条件であった。容器やチューブなどのプラスチック類が多く含まれている医療廃棄物は、一般廃棄物に比べて焼却した際の塩化水素の発生が非常に多い。実際に、医療廃棄物専焼炉から排出されるガスには、塩化水素が五〇〇〇ＰＰＭほど含まれていた。日本での基準値は、四三〇ＰＰＭ（七〇〇ｍｇ／㎥Ｎ※）だ。ドバイのプラントエンジニアも、世界で一番厳しいこの規制値をクリアできるかどうか非常に懸念していた。

私は、独自に開発した『プランテック式プレコートバグフィルタ』（乾式反応集じん装置）を使用すれば規制値をクリアできると考えていたが、ドバイ側は「乾式に対しての信頼性がない」と、一般的に使用されている湿式を主張した。

もともと入札の段階から『プランテック式プレコートバグフィルタ』を二段に重ねることで、集じん性能をさらに高められると説明していたが、我々にとっても、二段バグフィルタの性能は未知数であった。そして迎えた性能試験では、塩化水素の排出濃度が、規制値六ＰＰＭ以下に対してなんと〇・七二ＰＰＭ。この高い性能数値に、湿式を主張していたドバイのエンジニアたちは目を丸くしていた。

さらに、今までのプラントはシルバーの塗装色が常識であったが、ドバイのプラントをカラー塗装することを思いついた。そこには周囲とのバランスも含まれる。「美しいものは性能がいい」これも私の信条だ。

※一二％$O_2$換算値

ドバイプラントはヨーロッパ基準の厳しい公害規制をクリア。

二〇〇九年六月、カラフルに彩られたドバイ医療廃棄物焼却プラントが竣工。直後の見学会では、現地新聞社・テレビ局による取材が行われ、メディアによって大きく報じられた。

翌年にカタールの首都ドーハで開催されたイスラム首都・都市機構（ＯＩＣＣ）会議で、このドバイプラントが『都市のプロジェクトおよびサービス分野の環境保護および持続的発展賞』に選ばれ、各受賞の中で最優秀賞となった。後にこの乾式反応集じん装置である『プランテック式プレコートバグフィルタ』は、日本の『日本産業機械工業会会長賞』と、『化学工学会技術賞』を受賞するに至る。

なにはともあれ、プランテックの設立か

ら初めて手掛けたのが、フィリピンのケソンプラント。そこから四十年の時を経て、ようやく海外へプランテックの名前を送り出すことができた。なにより、言葉や文化の違いを乗り越え、素晴らしいプラントを完成させてくれた当社のエンジニアたちに大きく感謝している。

## 三菱商事と提携。海外展開を加速

ドバイプラントを受注し、さらなる海外展開を図る三菱商事とプランテックの戦略が合致。海外向け焼却プラント建設の業務・資本提携を締結することになった。一九七〇年にプランテックが日立造船と業務提携を交わした時は、日立造船が資本金一九〇億円、プランテックは資本金二三〇〇万円の規模差がありながらの対等提携という異例の契約であった。今回は二〇〇〇億円と一億円の差である。

三菱商事側は提携にあたって、プランテックをデューデリジェンス（資産などの精細調査）することになった。調査専門会社から、三菱商事の弁護士、三菱重工のエンジニアまで来社し、私の退職金予定額まで徹底的にチェックが行われた。結果、三菱商事側の担当者が驚くほど健全な経営体制と認められ、無事提携を進めることができた。

二〇〇九年には、三菱商事と共同でドバイプラントをショールームとして現地の環境展に出

ドバイ環境展では、日本デ・ロール社前社長のF.W.エルメル氏（左写真左）とともに現地に入った。

展。海外での出展は初となる。二〇一〇年にはドイツで開催された世界最大の環境展示会『ＩＦＡＴ ＥＮＴＳＯＲＧＡ２０１０』にも出展し、その延長上として、スイス・ルツェルンに廃棄物焼却プラント事業の拠点となる現地法人『プランテック・ヨーロッパ』を設立。世界へ向けた営業活動を本格化させた。

仕事の中で私は常に心がけていることがある。それは、常に最高のプラントを造ることだ。それが、お客様にとって、運転のしやすいプラントであり、自任できるプラントになる。お客様が喜んでくだされば、私たちもうれしい。お互いがハッピーだ。そのために、性能はもちろん、イニシャルコストやランニングコストにも徹底的にこだわった。ＴＨＩＮＫ ＳＭＡＬＬ。小さな努力の積み重ねである。

そして、ＤＯ ＢＩＧ。世界だ。ごみは、季節や環境はもちろん、国々によって全く異なる質をもつ。だが、『バーチカル炉』は、燃やすものを選ばない。異なる質のごみを同時に燃やすことができる。だからこそ、世界に通用する技術なのだ。ドバイからの受注で、海外にも私の技術が通用することを実感できた。

この時の私は、『バーチカル炉』がすでに世界一の焼却炉だと確信していた。ところが、その後十年の間に、『バーチカル炉』はさらなる進化を遂げることになる。

## 国が私を認めてくれた！　黄綬褒章の受章

ドバイ、岳北プラントとプランテックにとってうれしい受注が続いた翌年、私の人生において、最も名誉となることがあった。黄綬褒章の受章だ。「その道一筋に業務に精励し衆民の模範となる」が受章の理由だ。

二〇〇八年五月十六日に文部科学省において褒章の伝達式が執り行われ、当時の海部俊樹大臣より『褒章の記』および褒章をいただいた。『褒章の記』には「日本国天皇は　勝井征三に多年技術の改良考案に従事し　斯業の発展に尽力したことについて　黄綬褒章を授与する」と記されている。これは大変ありがたいことであった。文部科学省が、国が、そして天皇陛下が、私の技術を認めてくださったことになる。

私がこの仕事に関わった50年目の節目に、黄綬褒章を受章。私の受章は、大阪日日新聞でも大きく紹介された。

伝達式に続いて皇居に参内し、春秋殿において妻とともに天皇陛下に拝謁。「日本国のためにがんばっていただいてありがとう。これからもお体を大切してください」とのお言葉を賜り、夫婦ともに感激の極みであった。長い間、苦労を掛けっぱなしであった妻に、素晴らしい家内孝行ができたと目頭が熱くなった。

しかし、心の中では複雑な気持ちが芽生えていた。国が私の技術を認めてくれたにも関わらず、まだ、環境装置業界ではそこまでの評価を得られていない。黄綬褒章は私に大きな自信を与えてくれたが、その一方で「まだまだここで満足しているようではいかん。本業の環境装置分野の業界内から認めてもらわなければならない」と、思いを新たにした。

第八章

# 大震災からの復興

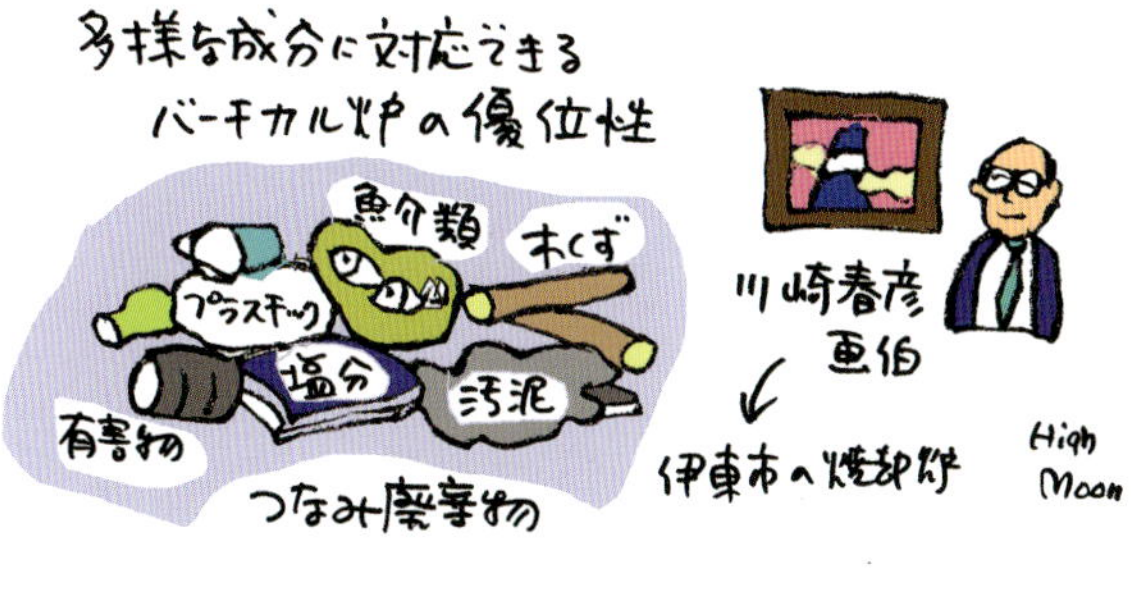

## 六十年前から独自の焼却技術を提案

厚焚き通気燃焼方式によって熱効率を上げ、熱しゃく減量を限りなくゼロに近づけ、安定かつ完全に燃焼させる。これは、焼却炉を手掛け始めた六十年前から、私の頭の中で考えていた技術である。

一九七九年に発行された『ごみ焼却炉選定の技術的評価』（工業出版社・狩郷修著）という本がある。この本に掲載されている焼却炉の多くは、当時のヨーロッパから国内の各プラントメーカーが技術導入したものである。ここに掲載されているストーカ式焼却炉の理論と技術は、現在製造されているものとほとんど変わっていない。

その十カ月後に、京都大学衛生工学教授の岩井重久先生が中心となって執筆・出版された『廃水・廃棄物処理　廃棄物編』（講談社）には、私の厚焚き通気燃焼方式の燃焼理論が紹介されている。その当時の私は、日立造船のOEM供給元として従来のストーカ式焼却炉の営業を担当していたために、執筆者として名を連ねることを避けたが、岩井先生は本の前書きにて私の名前を記してくださった。

私が執筆に関わった『廃水・廃棄物処理　廃棄物編』（講談社）

厚焚き通気燃焼方式による『バーチカル炉』に限らず、私は従来のストーカ式焼却炉においても、ＯＥＭ時代に多くの設計・建設経験をもっている。プランテックの前身である豊川鉄工の時代から考えても、日本で最も多くのストーカ式焼却炉を手掛けたエンジニアといっていいだろう。その経験からも、早くから従来のストーカ式焼却炉に多くの課題を感じていた。

## 実績だけに頼れば、そこに進歩はない

一般的なストーカ式焼却炉の燃焼方式は、火格子を階段状に炉内に並べて揺動させ、輻射熱によって表面燃焼させる。理論上では、炉内の温度は九〇〇〜九五〇℃をキープしていることになっている。だが、輻射熱による表面燃焼は、あくまで炉内が九五〇℃を保っているという前提のもとに成り立っている。これは机上の考えに過ぎない。

ストーカ式焼却炉の一部分を捉えれば確かに九五〇℃で燃焼しているかもしれないが、ごみはそう都合よく炉内で平均して燃えてくれない。ある部分では八五〇℃かもしれないし、八〇〇℃かもしれないのだ。燃え始めた時間帯と燃え終わる時間帯でも、温度が異なる。「平均値」で捉えてはいけない。従来のストーカ式焼却炉は、その多くが「乾燥→燃焼→後燃焼」で焼却する設計がなされている。すると、カロリーの高いプラスチック類は、最初の乾燥段階で一気

に燃えてしまう。しかし、例えば濡れた電話帳のように水分を含んで空気が通りにくいものは、燃焼にかなりの時間がかかる。全く同じ性状のごみを燃やすのであればいいが、カロリーが異なる様々なものが混在するごみを、限られた時間帯で同時に完全に燃やすのは不可能に近いといっていい。

中には、炉内でごみを回転・攪拌し、表面積を増やして燃焼させるロータリーキルン炉もある。様々な制御装置が必要であるため、設備が肥大化。コストも高価になる。なぜ、これらの炉が今でも採用されているのか？　それは過去の実績があるからだ。人は実績のあるメーカーや技術であれば安心し、信用する。しかし、そこに進歩はない。

名もない小さな会社であるプランテックは、その実績に悩まされてきた。なぜなら、一般廃棄物焼却プラントのほとんどは、自治体からの発注で建設される。自治体にとって安心のできる、名前の売れたメーカーでなければ参入が難しい。

プランテックは、日立造船へのＯＥＭ供給での一般廃棄物焼却プラント建設の実績としては数えれば日本トップクラスになる。しかし、プランテックの名前だけでは、おそらくそのほとんどを受注できなかっただろう。人はまず、ブランドでものを判断する。そのことからも私は、技術開発と併せて、プランテックブランドの向上こそ我々が生き残る道だと考え始めた。

## 日本画家・川崎春彦先生との出会い

二〇〇七年の長野県・岳北広域行政組合からの直需に始まり、鹿児島県・種子島地区広域事務組合、北海道・西紋別地区環境衛生施設組合と、自治体からの直需が徐々に増えていった中で、人との繋がりから、新たな仕事になったことがある。静岡県伊東市の一般廃棄物焼却プラントだ。

伊東市には、日立造船が経営しているゴルフ場があり、業務提携をしていた頃によくコンペが開かれ、私も何度か訪れていた。

ある時、その近くにあった画廊にふらりと立ち寄った。日本を代表する画家が銘打たれた『東山魁夷ミュージアム』の看板が目にとまったからだ。美術好きな私は、六十点ほどあった絵画の中で、ひとつの絵に興味をそそられた。音楽をモチーフとして、赤と黒をバックにオーケストラと指揮者が描かれている。タイトルは『オーケストラ』だ。

画廊のオーナーに、「この作品が気に入ったのだが、譲ってもらうことはできるか」と尋ねた。すると、「これは非売品なのです」の返事であった。「どうしても欲しいのだが」とお願いすると、「では先生に連絡をとってみます」といってくれた。

川崎先生（写真右）と私。実際の音楽プログラムを下地に描かれた作品『オーケストラ』をバックに。

第37回日展特別展にて川崎先生と私。日本画家の肩書きから想像できないほど、ユニークな方であった。

大阪に戻ってしばらくするとその画廊から連絡があり、「作者の先生が、そこまでいってくれる人なら一度会ってみたいとおっしゃっている」とのこと。東京まで足を運び、お会いしたのが、当時、日展常務理事であり、日本芸術院会員でもあった、日本画家の川崎春彦先生であった。東山魁夷の義弟でもいらっしゃる。その画廊のオーナーは川崎先生の従兄弟であったとのこと。そこから先生とのお付き合いが始まった。

横綱審議委員会の理事でもあった川崎先生と相撲場所をご一緒させていただいたり、多くの著名人が輩出した麻布高校の教師を務めていらっしゃったことから、教え子であった政治家のお祝い会に呼んでいただくこともたびたびあった。まさに日本を動かしているといっても過言ではない大物政治家を「〇〇君！」と呼ぶ先生に、私はひたすら恐縮していた。

その後、川崎先生との交友は続いたが、二〇一八年十月、川崎先生は長きにわたる芸術人生を静かに閉じられた。享年八十九歳。川崎先生の多年にわたるご交誼に感謝を、ご家族の皆様には心よりお悔やみ申し上げます。

## 人との繋がりから、新たな仕事が生まれる

話は元に戻る。二〇一一年、伊東市にある伊東市環境美化センターの更新改良整備工事の計画が持ち上がった。国立公園の中にある焼却プラントで二基の既設炉を更新するのであるが、既存の建屋を活かし、既設炉を稼動させながら段階的に一炉ずつ新たに施工するという非常に難しい工事であったが、川崎先生のご紹介もあり、東京都スーパーエコタウン事業の『スーパーエコプラント』を実績として認めていただき、プランテックも入札に参加することができた。

結果、受注を獲得。もちろん、正式な審査を経ての受注だ。これも、画廊に訪れた偶然。絵に惹かれた偶然。作者である川崎先生との巡り合わせ。そして伊東プラントの受注。ひとつひとつに、不思議な繋がりを感じずにはいられなかった。

既存建屋を活かしながら2炉を更新した伊東市環境美化センター。

思い起こせば、プランテックが初めて手掛けたフィリピン・ケソンプラントは、京都大学の岩井教授が「勝っちゃん、フィリピンのプラントを任せられる会社を知らんか？」と事務所に飛び込んでこられたことから始まった。また、私が初めて『バーチカル炉』を手掛けた、京都大学医学部附属病院の医療廃棄物専焼炉は、同大学教授の高月紘先生のお住まいをたまたま訪ねたことから実現したものだ。人との繋がりが、私に素晴らしい仕事を引き寄せてくれる。

なお、一九九四年に完成した京都大学のプラントは、その五年後に施行された「ダイオキシン類対策特別措置法」による規制値を、既設炉としてクリアするという高性能を実現。運転開始から二十二年のもの間稼動を続けていたが、二〇一六年、京都大学

iPS細胞研究所の感謝祭にて山中教授（写真右）と私。

のiPS細胞研究所の増築・拡大のために場所を譲ることになり、長期の稼動に終わりを告げた。

私自身は寂しさもあったが、その関係で、iPS細胞研究所所長の山中伸弥教授とお会いする機会があった。これも不思議な縁である。研究所でiPS細胞の写真を拝見させていただいた時は、「これが人類を救う発見か」と心を躍らせた。私の理想としていた技術が最初に実った場所で、病気やハンディを背負った方々のための新たな技術が開発されていくことを陰ながら期待している。

## 東日本大震災による災害廃棄物とは？

二〇一一年三月十一日。私は休暇中で、妻とともにマレーシアのホテルにいた。日本にいる娘からあわてた様子で携帯電話に連絡が入り、「大地震が起きて大変なことになっている」という。すぐにホテルの部屋でテレビをつけると、息を飲む光景が映されていた。急いで日本に戻り、まずプランテックがメンテナンスを手掛けている東北の焼却プラントに確認をとった。

津波の塩分を含んだ土砂や廃材などが混在する災害廃棄物。

地震や津波、それらに伴う二次被害がなかったことにひとまず安堵した。

テレビで東北の詳細が放送されるようになると、街を覆う土砂やがれきに、大きな船までも陸に打ち上げられた光景に、さらに驚愕した。自然の怖さをつくづく感じさせられたことを今でも鮮明に覚えている。

やがて、復興が始まった。阪神・淡路大震災の経験から、復興にはまず被災地に溢れた災害廃棄物の処理が急務である。がれきを処理しなければ、建物どころか、道路も造れず、車も走れない。私は、震災と津波によって発生したがれきは、医療廃棄物に近いのではと考えていた。

医療廃棄物には、薬品の残渣《ざんさ》や実験動物の死がい、ガラス製品など、様々な廃棄物が混在している。同様に震災と津波による廃棄物には、木くずや腐敗した魚、汚泥、塩分を含んだがれきなどが含まれる。被災された現場でそれらを細かく分別していくのは大変な負担だ。かといって、混在する廃棄物は一般廃棄物向けの焼却炉では完全に焼却できない可能性が高い。なんとか役に立てないかと考えていたが、プランテックのような小さなプラントメーカーには、話がこないだろうと思っていた。

## 南三陸・災害廃棄物焼却処理施設を受注

大きな災害が起こると、がれきの処理だけではなく復興建設を含めた総合的な対応が求められるため、まず大手ゼネコンが動く。そこを通して大手プラントメーカーに発注されるのが通例だ。やがて日立造船や三菱重工、ＪＦＥエンジニアリングといった大手が、震災の半年後から続々とプラントの建設を始めた。

震災から一年が経った頃、先の『スーパーエコプラント』でＳＰＣグループの構成企業であった清水建設から連絡が入り、担当者が来社。こう私に尋ねられた。「勝井さん、生木を焼却炉で完全に燃やすことはできますか？」「もちろんです。生木を燃やせないようでは焼却炉ではありませんよ」と私は答えた。すると、「生木を燃やして炉内の温度を九〇〇℃にキープすることはできますか？」とも尋ねられた。ダイオキシン類の発生を防ぐためには、焼却炉内の温度を八五〇℃、できれば九〇〇℃以上に保つのが望ましいとされているからだ。すでに東北では災害廃棄物の焼却処理が始まっていたため、もしかすると未燃などのトラブルが起こっているのではと推測した。

その後、清水建設を代表企業とする「特定JV（特定業務共同企業体）」が組まれ、プランテックの『バーチカル炉』が採用されることになった。

二〇一二年の六月、プランテックは、「気仙沼ブロック（南三陸処理区）」における災害廃棄物焼却処理施設を受注する。二十四時間運転で、処理量九五トンの焼却炉を三基、合計二八五トン／日だ。

受注からたった四カ月間で建設しなければならない厳しいスケジュールと、災害廃棄物は現地での分別が難しく、何が含まれているかわからない課題はあったが、過去に医療廃棄物専焼炉を成功させた経験から、『バーチカル炉』であれば必ず燃やせると自負していた。さらに、産業廃棄物向けの焼却炉も手掛けてきたことから、投入ホッパーひとつにしても多くのノウハウがあったのだ。

## リサイクル率九九％！　目標を大きく上回る

受注後、私もすぐに南三陸処理区に入った。すでに現地を行き来していた社員から話を聞いていたが、想像をはるかに超える風景がそこにあった。線路はねじ曲がり、そこにあったはずの家々がひとつもない。あるのは、山となって積まれているがれきだけだ。

海水を多量に含んだ土砂や木材が混在している廃棄物を目の前にして、やはり従来のストーカ式焼却炉やエンドレスチェーン式ストーカ炉、ロータリーキルン炉では難しいのではと感じた。水分を含んだ土砂が揺動する火格子から抜け落ちて空気供給口を閉じてしまい、空気が入らない。輻射熱で燃やすために表面の温度は上がっても、ごみ層の中まで温度が上がらず、完全に燃焼できないからだ。そのために重油などの助燃剤も必要になるだろう。すでに稼動していた他のプラントを見学すると、実際にかなりの未燃物が残っていた。しかし、竪に廃棄物を積み重ねる『バーチカル炉』なら、野積みされて雨に濡れたがれきや土砂にも対応できる。改めて確信した。

四カ月間の急ピッチな建設であったが、性能試験を問題なくクリアし、二〇一二年の九月に竣工。稼動が始まった。

性能試験では、主灰の熱しゃく減量は〇・一%未満と完全なものであったが、私は「〇なのか、〇・〇九なのか、はっきりしてくれ」と計測会社の技師に詰め寄った。しかし、「〇・一%以下の数値は、小さすぎて計測が不可能」といわれた。ともあれ、処理物の九九・九%以上を完全燃焼できたことになる。

2015年5月時の建設予定地。全く何もない更地であった。

その性能もあり、当初八〇％程度を見込んでいたJVグループ全体でのリサイクル率（焼却灰などを造粒再生砕石として道路材などにリサイクル）を、なんと九九％まで引き上げることができた。

また、計画段階では、七万五〇〇〇トンの焼却予定だったが、周辺地区から燃やしにくい廃棄物を引き受けて欲しいとの依頼があり、その依頼を受けて最終的に約八万トンを処理できた。

環境新聞社が発行したブックレット『東日本大震災　災害廃棄物処理にどう臨むかⅢ』では、各焼却プラントメーカーの中で「災害廃棄物処理に貢献した企業」として唯一、プランテックの勝井基明専務（現・社長）が、その詳細についてインタビューを受けている。

南三陸処理区の災害廃棄物焼却処理施設。災害廃棄物の99.9%以上を完全燃焼。高いリサイクル率を達成した。

## 『バーチカル炉』の優位性が数値で立証

東日本大震災の災害廃棄物処理では、国内のプラントメーカーが揃ってプラントを手掛けた。二〇一二年に発刊された『フォーラム環境塾レポート集』では、各メーカーによるエンドレスチェーン式ストーカ炉やロータリーキルン炉の概要が紹介されている。スペックを見ると、「重油使用量一〇kl/日」や「二〇~三〇kl/日」と表記されている。これは、廃棄物を燃やすために、助燃剤として重油を使用していることを示している。助燃剤を使用すれば助燃剤の分だけ排ガスが発生・増加し、焼却処理量がその分減少するばかりか、コストもかかる。

また、熱しゃく減量の数値が、「二五%」とあったり、「五〇%」となっている焼却炉もあった。五

このプラントは、炉運営を担っていたDOWAエコシステムからも高い評価を受けた。

〇%ということは、廃棄物の半分近くが減量できていないことになる。さらに循環経済新聞に掲載された記事によると、「定期的に炉を停止し、内部に入り、腐食部分や故障部品を交換して対応する」という炉もあった。その炉のリサイクル目標は、「五〇%」という数字である。

対して、プランテックの手掛けた南三陸処理区の『バーチカル炉』では、熱しゃく減量が「〇・一%」だ。機械トラブルによる停止もなく一年間連続稼働し、リサイクル率は「九九%」。重油などの助燃剤は一切使用していない。意図したわけではないが、他メーカーの他形式炉が災害廃棄物処理という同じ土俵に出揃ったことで、結果的に『バーチカル炉』の優位性がはっきりと示されたことになった。

災害が起こる前に、その対策を行うことはなにより大切だ。しかし、万一に備え、あらかじめ焼却処理システムを講じておくことも必要なのではないかと思う。

ともあれ、東日本大震災という未曾有の大災害の復興に、微力ながらも貢献できたことが、今回の仕事で得た最大の成果であった。その上で、私が高く評価したのは、当社のエンジニアたちの努力だ。たった四カ月間で、二八五トンという大型であり、ここまで高い性能を備えた焼却プラントを建設してくれた。なにより、ある社員の、「このプラントに携われたことが、自分の仕事の誇りになった」の言葉が、私の心を揺さぶった。

第九章

# 燃焼の本質とは

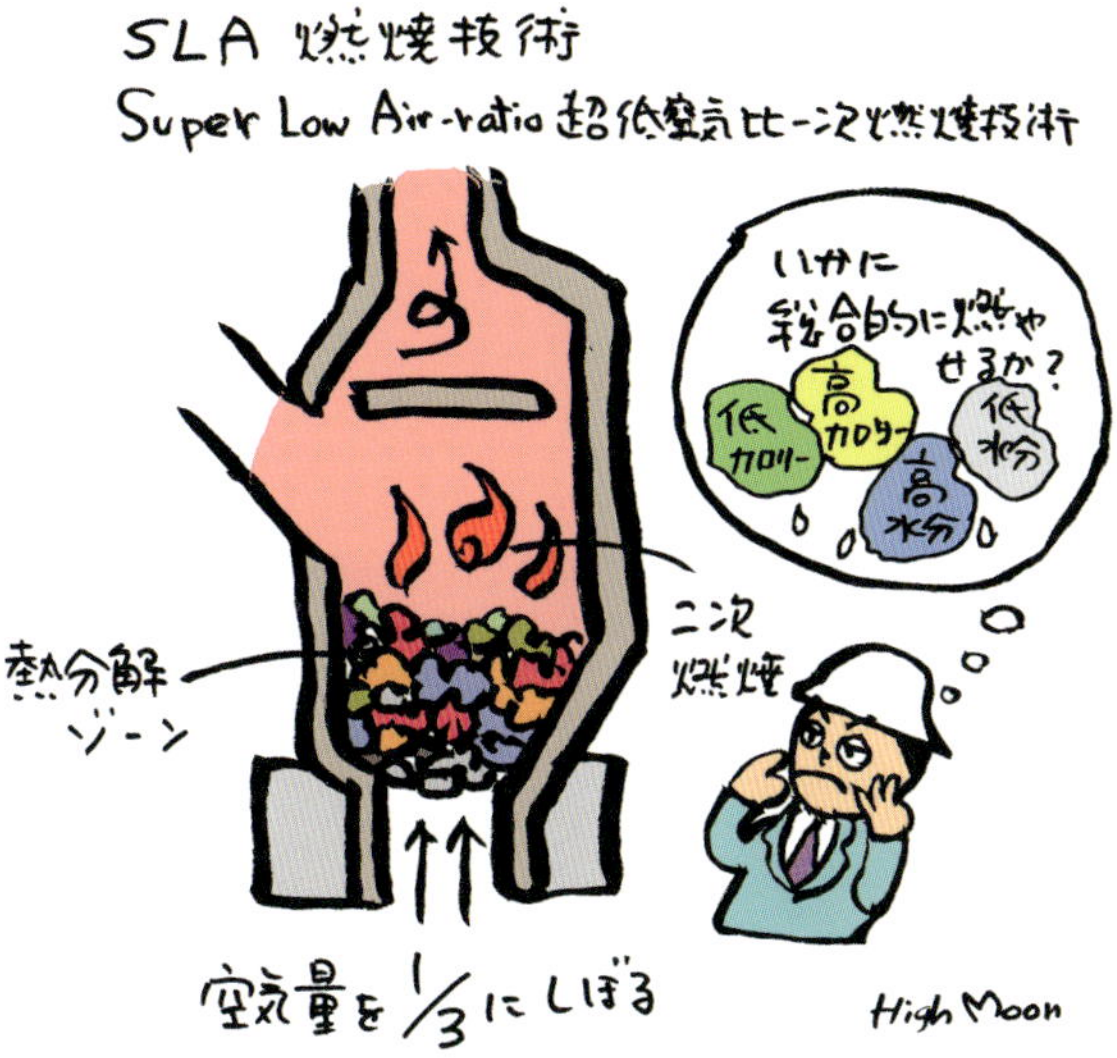
SLA 燃焼技術
Super Low Air-ratio 超低空気比一次燃焼技術
いかに総合的に燃やせるか?
低カロリー
高カロリー
低水分
高水分
二次燃焼
熱分解ゾーン
空気量を1/3にしぼる
High Moon

## 「燃えすぎる」から「燃えない」という矛盾

現在、日本の一般廃棄物のカロリー（ごみの発熱量）は、二〇〇〇ｋｃａｌ／ｋｇ前後である。対して、昭和四十年代の一般廃棄物は、八〇〇ｋｃａｌ／ｋｇ程度と低く、燃えにくいごみ質であった。しかし、家庭からの生ごみや農村部からのごみが中心で、ごみの質として大きなばらつきはなかった。

そんな時代に輸入されたのが、ヨーロッパの焼却技術だ。環境面ですでに整備が進んでいたヨーロッパのごみカロリーは一〇〇〇〜一三〇〇ｋｃａｌ／ｋｇ程度であり、どちらかといえば燃えやすいごみ質であった。適度な水分を含み、急激な燃焼もない。炉内温度が乱高下せず、時間をかけて燃えてくれる。ごみが均質化していれば、燃やしやすいのだ。

しかし、五十年前の日本ではまだ廃棄物の分別や運搬が整備されておらず、道路に家庭ごみがそのまま捨て置かれていることも多々あった。すると、雨が降った日は水分を含んでカロリーが一気に低下する。その日の天気によっても、カロリーが激しく上下していたといえる。

時代が移るにつれて、そこにカロリーの高いプラスチック類が混ざるようになった。例えば、八〇〇ｋｃａｌ／ｋｇ平均の家庭ごみの中に、プラスチック類が重量ベースで五％混ざっただけで約五〇〇kcal／kgが増し、一三〇〇kcal／kgほどになる。

プラスチック類を含んだ現代のごみは燃えすぎる。「燃やす」のではなく、「燃えてしまう」のだ。「燃やす」には、こちらの意図が関係する。「燃えてしまう」のは、こちらとは無関係だ。

例えば、五〇トン／日の焼却炉だとすれば、約二トンをおよそ六十分かけて燃やしていくことになる。燃焼には、温度と空気が必要だ。一般的なストーカ式焼却炉では、燃焼に必要な空気量と、炉出口温度が九〇〇℃前後になる空気量を理論上で導き出し、常に一定量を供給している。

しかし、ごみにはいろいろな性状があり、中には乾燥のためのストーカ上で、一分ぐらいで燃え尽きてしまうものもある。それらが大量の空気を使用して先に燃えてしまえば、後の五十九分は水分を多く含んでいるなど低カロリーのごみだけが残されてしまい、より燃えにくくなる。一時間で平均すると一二〇〇kcal／kgのごみであっても、五〇〇～六〇〇kcal／kgのごみだけが残ってしまう場合がある。そこに、同じように空気を入れ続けても、火格子上のごみが燃えてしまった箇所を通り抜け、燃やすべきところに空気が足りなくなる。燃えやすいごみが「燃えすぎる」ことで、燃えにくい

ごみにプラスチックが混ざると、一気に高カロリー化する。

ごみが「燃え残る」のだ。

## 「理論上正しい」は廃棄物燃焼には通用しない

最近は、一般的なストーカ式焼却炉でも、燃焼のための一次燃焼空気を、理論燃焼空気量（可燃物を完全燃焼させる場合に最低限に必要な空気量）の一・〇倍前後で供給しているプラントもあるが、ほとんどは一・二〜一・五倍供給している。そのうち、理論燃焼空気量だけ燃焼対象物が燃えてしまうと空気が余る。その空気が冷却空気の役割を果たすと考えているからだ。一次燃焼空気は二〇〇℃程度。炉内温度は九五〇℃だ。空気量「一・五」のうち、「一」が燃焼空気として使われれば、残りの「〇・五」が冷却空気になる。それが、多くのエンジニアや学者が一様に唱えている「計算値」だ。

私の考えは異なる。一次燃焼空気のきっかり想定量だけが燃焼に使用され、残りが冷却空気になると、空気が自ら勝手に区分けしてくれるはずがない。ストーカ式焼却炉の場合、炉内に燃え切っていないごみが大量に残っているため、一・五倍の空気が全て一次空気として燃焼に使用されてしまう場合もある。これでは炉内が一〇〇〇℃より高温になって過剰燃焼を起こし、炉および後続の機器を傷める。

エンジニアや学者は、燃焼に関与しない空気が冷却の役割を果たすことを、「理論上正しい」といっているようだが、ごみが私たちの計算通り、予定通りに燃えてくれるはずがない。石炭や重油を燃やす一般の燃焼炉であればカロリーや燃焼時間がほぼ一定であり、また炉内に残存することがないため、理論燃焼空気量以上の空気は冷却に使われ、炉内の温度は計算通りとなるが、ごみ質が多様な廃棄物焼却炉は別だ。大量のごみが炉内にある場合、炉内での理論燃焼空気量はありえないのだ。カロリーの高いプラスチックなどは炉内で瞬間的に燃えてしまうが、カロリーの低いごみはなかなか燃えない。全てが同じように、平均的に燃えてくれるなんて都合のいい話はない。

厚焚き通気燃焼の理論を具現化した『バーチカル炉』の開発は、一九八九年に私が米国医療廃棄物処理調査団に参画したことから本格的に始まった。燃えるごみと燃えにくいごみが混在している医療廃棄物をどう完全燃焼させるか。それが、なによりの課題であった。発想の原点は、燃えているごみの排ガスを、燃えていないごみを燃やすための燃料として活用できないかということだ。そこで、高さ方向を利用してごみを平均化することにたどり着いた。それが『バーチカル炉』である。

それでもまだ、問題があった。一次燃焼空気の量だ。どれだけ供給すればいいのかわからない。一般論としては、理論燃焼空気量を「一」以上に増やすことが考えられる。しかし、それではカロリーの高いプラスチック類は燃焼時間が早く熱負荷が高すぎて、クリンカ（炉壁に付着するごみ溶融の塊）が発生してしまう。炉内の温度が一〇五〇℃以上になると、ごみが溶融してしまうのだ。

そこで私は、空気を少なくすることにした。

## 空気量「三分の一」。ごみを燃やさない焼却炉

私が新たに開発した『ＳＬＡ燃焼技術（Ｓｕｐｅｒ　Ｌｏｗ　Ａｉｒ　Ｒａｔｉｏ＝超低空気比一次燃焼技術）』では、一次燃焼空気を、理論燃焼空気量の約「三分の一」しか供給しない。その空気量で燃焼がこと足りるのだ。様々なごみを竪に積み重ねて燃焼する厚焚きの炉内では、下部のごみを燃やすのに、炉下から供給した理論燃焼空気量の「三分の一」程度の空気が使用され、約八〇〇℃ほどの高温になった酸素のない熱分解ガスが、積み重ねられたごみの中を縫うように貫通していく。

上部のごみは、酸素がないので燃えることができず、紙などのセルロース（木質繊維）は上昇した無酸素の高温ガスによって炭化し、プラスチック類は熱分解ガスとなる。炭化されたご

みは重力によって下部に落ち、そこから供給された新たな空気によって完全燃焼する。未燃焼でガス化されたごみは一次燃焼室では燃えずに上昇し、そこに二次燃焼空気を、理論燃焼空気量の「三分の二」入れてやれば燃焼が完結する。

炭化とガス化を同時に行いながら、全てを燃焼できるのだ。理論燃焼空気量は、一次燃焼空気と二次燃焼空気の、トータルで「一」あればいい。ひとつの炉の中で、積極的に燃やしたいところと、燃やしてはいけないところを区別して燃やす。空気量を頻繁に調節する後追い制御ではなく、一次燃焼空気を必要な量だけしか与えない抑制燃焼によって、「燃焼」をコントロールできるのだ。

例えば炭を燃やした場合、酸素が足りなければ一酸化炭素（CO）ができる。これが未燃ガスだ。キャンプなどで火を起こすときに皆さんも経験したことがあるだろう。未燃ガスは、酸素を求めて上昇する。そこに空気を与えればすぐに燃えてくれる。それを焼却炉に応用したのだ。

一次燃焼空気は、約「三分の一」あればいい。抑制燃焼だ。「三分の一」の空気を固定炭素ゾーンに送り定格量の炭素を燃焼し、酸素ゼロの状態で廃棄物のゾーンを通過させる。廃棄物のゾーンでは、プラスチック類はガス化、セルロース分は炭化する。結論として廃棄物を直接燃やさない方式だ。

空気量「三分の一」の数値は、理論から導き出したわけではない。焼却炉を実際に運転し、炉内のごみ層の高さがどんな状態で減少していくのかを加減しながら、空気量を調節してきた。その過程で発見したのが、定格のごみがちょうどいいごみ層を維持する空気量だ。燃えるのが遅いと定量投入したごみの高さがなかなか減らず、早いと急激に減っていく。何度も失敗したその経験から導き出した答えが、空気量約「三分の一」である。具体的には、ごみの中の定格量のセルロースだけが炭化する空気量があれば、燃焼が成り立つことにたどり着いた。『SLA燃焼技術』の誕生である。

## 机上の非常識が、現場では新常識になる

空気制御による燃焼技術は、一般廃棄物を焼却していた時には気がつかなかった。きっかけとなったのは、産業廃棄物向け焼却炉である。産業廃棄物は、およそ三五〇〇～五〇〇〇kcal／kgの発熱量をもち、医療廃棄物では、五五〇〇kcal／kgになることもある。その分、空気量を増やさなければならないのが一般的な考えだ。

ところが、産業廃棄物を焼却する際に空気量を増やしていくと、クリンカが多く発生した。空気過多によって、熱分解ガスまで燃焼してしまい、局部的に一二〇〇℃程度の高温状態にな

ったため、廃棄物が溶融してしまったのだ。それが冷えるとクリンカの塊になる。

これではダメだと、今度は逆に空気を少しずつ絞ってみることにした。しかし、いくら絞ってもよくならない。さらに絞り続けてみると、一次空気量が理論燃焼空気量の「三分の一」程度になると異常燃焼を起こさないことがわかった。それを発見したのが、二〇〇二年にプランテックが手掛けた医療廃棄物・産業廃棄物焼却プラント、千種クリーンセンターだ。実稼動が始まってからもクリンカが続いた。そこで空気量を絞ることを思いついたのだ。

それまでは、ごみのカロリーが高ければ、空気量を増やすのが焼却炉の常識といわれていた。そこから考えれば、空気量を絞るなどまるで非常識であった。


『SLA燃焼技術』開発のきっかけとなった千種クリーンセンター。

先述したが、空気を増やせば炉内の温度が下がると考えているエンジニアは多い。一定量の廃棄物を燃やすのなら、冷却効果があるのは確かだ。しかし、様々なカロリーが混在し、炉内に大量に残存する廃棄物を、カロリーや燃焼速度が平均化した石炭などの一般の燃料と考えて

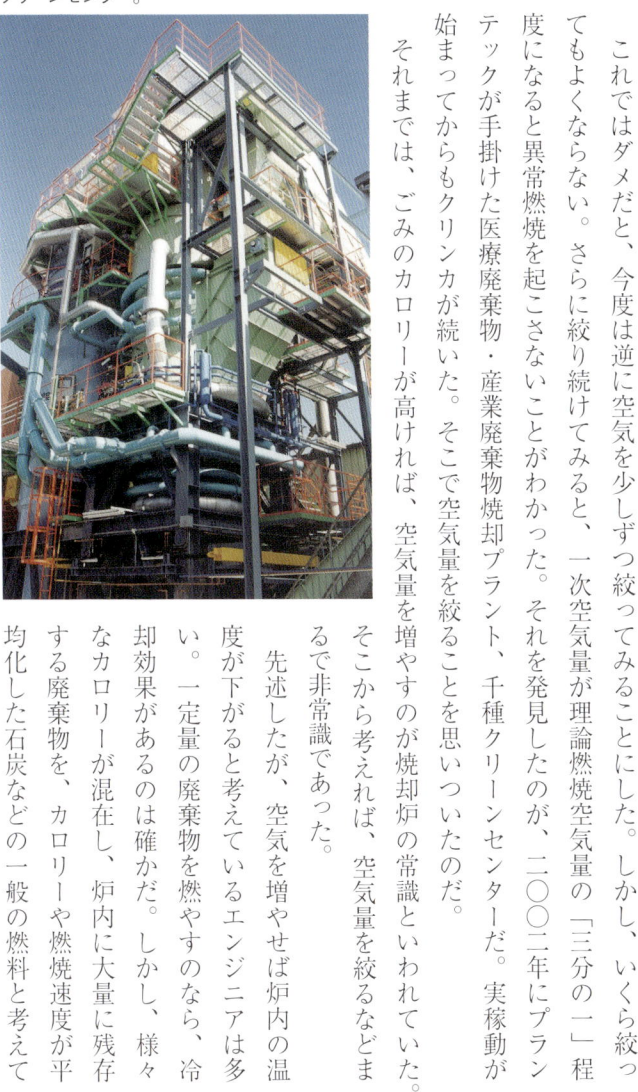

いるための錯覚だ。『SLA燃焼技術』は、ゴムくずやプラスチックの成形くずなどが多い産業廃棄物の燃焼を経験したからこそ、見いだした技術である。

また産業廃棄物には、一般廃棄物以上にその地域の特性が顕著に表れる。例えばタイヤメーカーの工場が近くにあれば合成ゴムくずなどの廃プラスチック類が増え、製紙工場があればパルプかすが多くなり、老健施設があれば紙おむつなどが出てくる。土地によって焼却対象が様々であり、日ごとに入るごみのカロリーも異なる。

カロリーも性状も量もばらばらである廃棄物を竪に約二メートル厚く積み重ねることで平均化し、空気を制御して抑制燃焼させる。それが、厚焚き通気燃焼に空気制御を加えた『SLA燃焼技術』となった。重力と浮力という自然の原理を交差させた、いたってシンプルな燃焼技術だ。変化球でもなんでもない。直球そのものである。

## 一般廃棄物向けで『SLA燃焼技術』を実現

一般廃棄物向けの焼却プラントで、最初に『SLA燃焼技術』を取り入れた『バーチカル炉』（一般廃棄物向けでの名称は竪型ストーカ式焼却炉）を実現したのが、鹿児島県・種子島地区広域事務組合の種子島清掃センターである。二二トン／日×一炉だ。

『SLA燃焼技術』を一般廃棄物処理で初めて実現した種子島清掃センター。

一次燃焼空気を入れすぎると、温度の急上昇、ガス量の乱高下、クリンカの発生に繋がることは先ほど明記した。『SLA燃焼技術』は空気を絞って燃焼させる抑制燃焼である。しかし、現場の運転スタッフは表面的に燃えていないごみを目視すると、つい空気量を操作してしまうのが現実であった。すると一瞬は燃焼がよくなるが、次の瞬間には状況が変化し、空気過剰となってしまう。種子島清掃センターでは、ごみ質の変化があっても逐一操作の要らない焼却炉を目指した。

島という土地柄、塩分を含んだごみや、海産物から出るごみなど、難燃物が非常に多いことも課題のひとつであった。公害規制値をクリアするためには、九〇〇℃以上の高温による安定燃焼が必要だ。また、自治体の焼却プラントは故障時の対応を考慮して二系統建設し、一炉を予備炉とする場合が多いが、種子島の処理量二二トンという規模から二炉に分ければ炉サイズが小さくなりすぎることと、コストがかかることから、一炉での建設となった。つまり、故障の許されないプレッシャーもあった。

二〇一二年に、種子島清掃センターが竣工。性能試験の結果、ダイオキシン類濃度は国の基準値五・〇ｎｇ－ＴＥＱ／$m^3$Ｎに対して〇・〇七五ｎｇ－ＴＥＱ／$m^3$Ｎ、塩化水素（ＨＣｌ）は基準値四三〇ＰＰＭに対して二ＰＰＭと、基準値をはるかにクリアする数値を達成。『ＳＬＡ燃焼技術』の安定燃焼に、『プランテック式プレコートバグフィルタ』の集じん性能をプラスした結果の数値である。種子島清掃センターは、二〇一八年の時点で六年の月日を経たが、一度のトラブルも起こっていない。

## 故障しない理由は、その形にもあった

『バーチカル炉』に、故障がほとんどないことは、まずごみを積み重ねる厚焚きという燃焼形式がシンプルであることが理由だ。火格子を揺動させ、横にごみを移送しながら燃焼するストーカ式焼却炉は、火格子の高温損傷や異物が挟まるなどメカニカルな部分で故障が起こりやすい。そのためか「高温で炉が傷むから」と、燃焼を無視した水冷式火格子が次世代の開発技

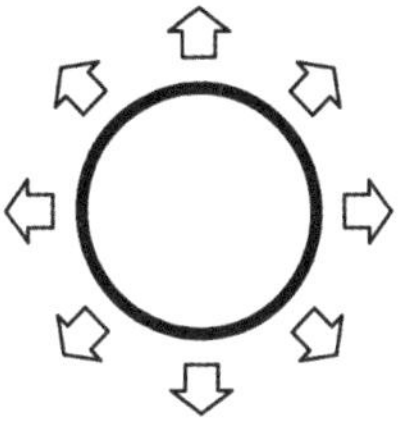

バーチカル炉
円筒形の『バーチカル炉』は、360度に熱膨張を分散。

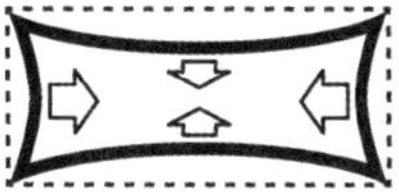

ストーカ式焼却炉
横型のストーカ式焼却炉では、上下左右の熱膨張が異なり、高温の内面が過膨張する。

術として賞を受けたりしている。

故障がないことは、『バーチカル炉』の炉形にも理由がある。竪に円筒形であることだ。ストーカ式焼却炉は耐熱煉瓦を壁に積んで建設するのだが、温度の高い部分と低い部分では膨張率が異なり、変形してしまうことがある。しかし、円筒形の『バーチカル炉』では、その膨張が三六〇度に外側に分散されるためにほぼ変形が起きない。

さらに従来のストーカ式焼却炉では、炉の中心部と内壁の隅部分では温度に大きな差異が発生する。時には数百度になることもある。また、炉の形状によっても測定値が変わってくることがある。温度計測装置のある内壁では、炉の中心部の正確な温度を把握することができず、温度が低いと勘違いして空気量を調節すればするほど、大きな誤操作に繋がる。その点でも、『バーチカル炉』は、炎が回転しながら円筒状の炉内を上昇する。炉内に温度差がほとんどなく、安定したガス温度が熱交換器に供給されるので、機器の損傷が少ない。

## 北海道大学大学院・松藤教授による考察

近年、『SLA燃焼技術』を取り入れた『バーチカル炉』による廃棄物焼却がどのような現象を起こしているのか、プランテック社内でもデータ収集・解析を行い、各学会などで発表してくれているが、私自身にもなかなか得心がいく説明ができなかった。

二〇一八年になって、廃棄物研究の第一人者でもある北海道大学大学院・廃棄物処分研究室の松藤敏彦教授が、『バーチカル炉』の技術を研究され、廃棄物資源循環学会研究発表会でプレゼンテーションをしてくださった。その内容が非常にわかりやすいものであったので、ここで松藤先生の許可をいただき、抄録させていただく。文中に登場する「竪型ストーカ炉」とは、『バーチカル炉』のことだ。

### 「竪型ストーカ炉内の現象に関する考察」

■構造面

一般的なストーカ炉はごみと空気が交差流（クロスフロー）のため二次元的分布をもつが、竪型ストーカ炉（バーチカル炉）は対向流（カウンターフロー）であり、ごみ、ガスともに一次元的な変化しか起こらない。

またストーカ炉が「廃棄物の完全燃焼」を目的とするのに対し、竪型ストーカ炉は廃棄物を熱分解することで得られる固形残渣と可燃ガスを燃焼する。この形状の単純さと熱分解を経由しての燃焼であることから、次のような特徴・長所が生まれる。

（一）廃棄物、空気（ガス）ともに炉の側面からの移動がなく、反応領域がクローズド化される。固形残渣燃焼により発生した熱はすべて廃棄物層を通過し、ロスがない。

（二）下部から供給する酸素を制限することにより、下方向から燃焼、熱分解の別々の層を形成する。

（三）廃棄物は熱分解により乾燥固形残渣、可燃ガスという均質性の高い燃料に変換され、それぞれごみ層の下、上で燃焼される。

（四）炉内の熱分解は、自ら製造した固形残渣の燃焼によって維持される。

（五）燃焼ゾーンの燃焼量は、ごみ量、ごみ質によらず空気量できまる。空気量一定とは熱分解条件（ガス量、温度）の固定であり、燃焼に対する過剰・不足を考慮する必要がない。

（六）炉最下部の灰層は、廃棄物の炉床（支持層）の役割を果たす。ここでの滞留時間は長いので、常に供給される空気により、未燃分は完全に燃え尽きる。

（七）上部空間で燃焼するのは可燃「ガス」であり、完全燃焼は容易である。

# SLA燃焼技術による『バーチカル炉®』燃焼概念図

上昇する空気(酸素→高温還元ガス)と下降する廃棄物がカウンターフロー(対向流)となり、
廃棄物を直接燃やさずに乾燥・熱分解によって燃料化。
カロリーが平均化された廃棄物(熱分解固形残渣)は、下部からの一次燃焼空気によって
完全燃焼し灰化。上昇した熱分解ガス・高温還元ガスは、二次燃焼空気によって完全燃焼されます。

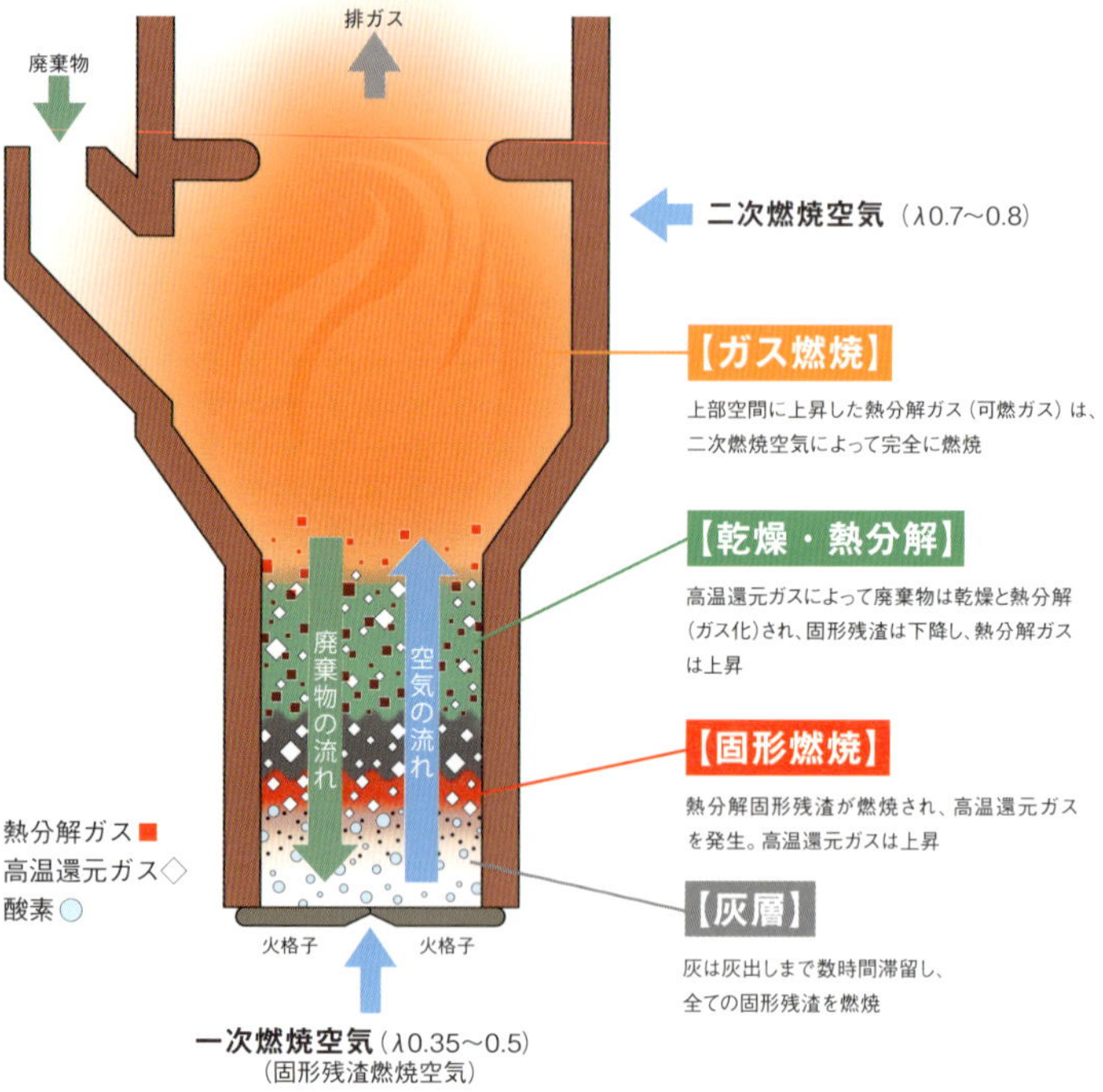

排ガス
廃棄物
二次燃焼空気 (λ0.7〜0.8)
【ガス燃焼】
上部空間に上昇した熱分解ガス(可燃ガス)は、二次燃焼空気によって完全に燃焼
【乾燥・熱分解】
高温還元ガスによって廃棄物は乾燥と熱分解(ガス化)され、固形残渣は下降し、熱分解ガスは上昇
【固形燃焼】
熱分解固形残渣が燃焼され、高温還元ガスを発生。高温還元ガスは上昇
【灰層】
灰は灰出しまで数時間滞留し、全ての固形残渣を燃焼
廃棄物の流れ
空気の流れ
熱分解ガス■
高温還元ガス◇
酸素○
火格子
火格子
一次燃焼空気(λ0.35〜0.5)
(固形残渣燃焼空気)

※図原案:北海道大学大学院　松藤敏彦教授

# 第十章

# プラントをブランドに

## 環境装置の分野で技術開発が進まない理由

環境装置の分野で長くエンジニアが育ってこなかったのはなぜか？　理由は、二つある。ひとつは、大学を卒業し、エリートと呼ばれたエンジニア志望の若者たちが廃棄物の仕事を嫌がったからだ。この分野を目指したとしても、大手プラントメーカーでは部署ごとに細かく仕事が分けられているため、実際に焼却炉を見たことのないプラント設計者も多くいるほどだ。もうひとつの理由は、異動だ。大企業では優秀な人間ほど他部門から引き抜かれ、どんどん人が入れ替わる。技術と経験がなかなか積み重ねられない。

技術革新もなかなか進まない。一般廃棄物焼却プラントのほぼ全てが自治体からの受注、官需だからだ。そこに技術の競争があまりなくとも、実績とブランドがあれば受注できる。また、そのプラントの性能が芳しくなかったとしても自治体は大きく公表しない。市民からの苦情に繋がるからだ。

しかし、民間が経営する産業廃棄物焼却プラントではそうはいかない。企業生命がかかっているだけに、技術面でもコスト面でも、要求は非常に厳しい。

その産業廃棄物を数多く手掛けてきたプランテックだからこそ、進化を遂げてきた。焼却プラントは、燃焼技術に加え、排ガス技術、ボイラ技術など、ひとつひとつの専門技術が組み合わさって成り立っている。それぞれの技術に関する専門家が揃っているプラントメーカーは、そう多くはない。設備ごと他から購入し、組み立てているからだ。

プランテックは、パーツごとの開発から始まり、企画から設計、建設と全て自社で手掛けてきた。現場でトラブルが起こると、それをすぐ社内にフィードバックし、対策を講じてきた。こういった判断スピード・現場主義もプランテックの強みだ。

## オーナーとして、次の技術に投資する

私は、技術者であり、開発者でもあり、経営者でもある。松下電器（現・パナソニック）の松下幸之助氏、トヨタの豊田喜一郎氏、ホンダの本田宗一郎氏、キヤノンの御手洗毅氏に代表されるように、経営者としても、技術者としても名を馳せた偉人は、壮大な夢と遠大なビジョンをもち、利益よりも先に製品開発や技術向上を優先させてきた。

技術企業のオーナーである私も同じ考えだ。自ら考えたアイデアに、ここぞとばかりに予算をつぎ込み、開発に邁進してきた。これは、オーナー企業でなければなかなかできないことだ。

通常の企業であれば、役員会で決定された経営責任者の任期は四年。その間にできるだけ利

創立以来、炉本体はもちろん火格子や全自動クレーンなど、多くの関連装置を自社で開発。

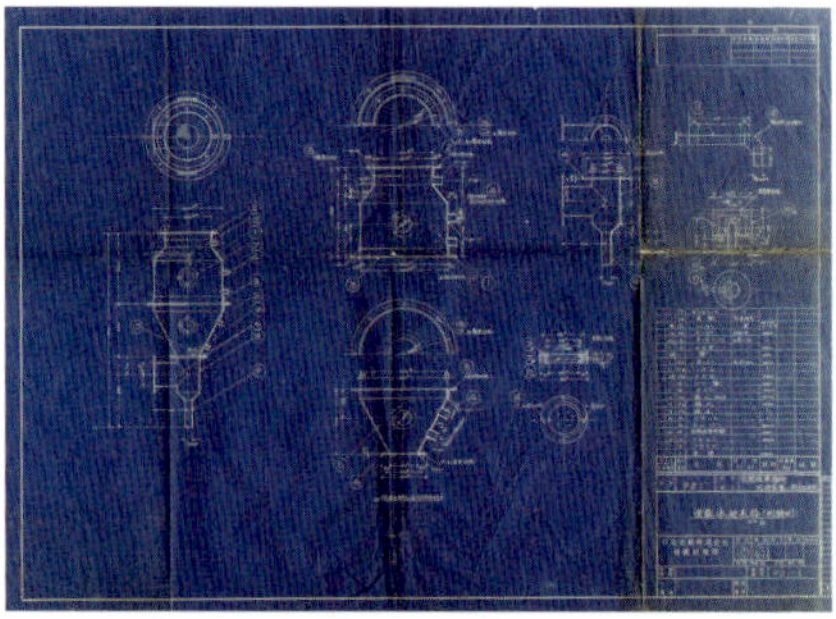

益を優先する。十年二十年のスパンで戦略を考える人は少ない。しかし、オーナー企業であれば、ここが正念場だと感じればそこに懸けることができる。もちろんリスクは高い。しかし、大きなロマンがある。仕事の条件が悪くとも、それが十年二十年後の血肉になると思えば受けることができる。未来を考えて、金額と技術を天秤にかけられるのだ。

例えば二年をかけてプラントを建設しているとする。半年後に完成というところで、今のパーツよりもっと優れたものを開発できた。私なら、すぐに取り替えようと決断する。もちろん、金額的には損失になり、利益も落ちる。しかし、それを先行投資として実行する判断ができるのだ。利益率を高めようとすれば、そのままのパーツを使用したほうがいいが、焼却プラントは、二十年三十年稼動する。結果は数年先に必ず表れてくる。長いスパンで考えると、メンテナンスがかからず、ランニングコストも下がる。お客様にとっていいプラントになる。プランテックの評価が上がり、技術の集積もできる。我々のプラントが四十年以上も長持ちするのは、このような考え方が基本にある。プランテックは技術とお客様への付加価値を最優先に考えるのだ。

プランテックのように小さな会社は、営業力ではなかなか大手に勝てない。ネームバリューも劣る。だからこそ、技術で勝つ。利益より、技術を優先させてきたからこそ、今のプランテックがあるのだ。

お金を留保しても利息はほとんど増えない。しかし、技術は違う。新たな技術を世に送り出せば、それが複利式に次の価値を生み出す。オーナーには、未来を読む努力と決断力が必要なのだ。

発明や開発という仕事には、飛び抜けた考え方が必要だ。大企業が百点の仕事をしていたとして、「うちは中・小だから九十五点程度でいい」と考えていては必ず負ける。大企業のいいなりだ。金額も希望通りにならない。百五十点、二百点を目指して常識を跳び越えるぐらいの考えを持たなければならない。

私がそれを最も痛感したのは、ＯＥＭの提携を解消した時だ。独自の技術がなければ、ただの下請けになる。いわれるがままだ。しかし、技術があれば、相手がどんなに大きくても自社の技術を推奨できる。

## ブランド力を強化する起爆剤として

東日本大震災の災害廃棄物処理では自治体や関連機関が各プラントのデータを収集していたため、プランテックの技術が数値として新聞やレポートなどに掲載され始めた。しかし、環境装置業界からの評価は依然として低いままであった。

そこでプランテックのブランド認知として考えたのは、海外での成功だ。日本の業界事情に縛られない海外で成功すれば、逆輸入の形で認められるのではないか。ノーベル化学賞を受賞された島津製作所の田中耕一氏がその例だ。それまで国内では全くの無名であった田中氏が、海外から評価されることで一夜にして全国に知られるようになったことからもわかるだろう。

そのために、三菱商事と提携して海外での営業活動に注力してきた。その活動のひとつに、環境省の「我が国循環産業海外展開事業化促進事業」の新規事業として採択された、プランテックのインドにおける『ごみ焼却発電技術の導入可能性調査』がある。タミル・ナドゥ州を皮切りに同国の廃棄物の適正処理に向けて焼却炉やボイラ発電などを技術的かつコスト的に調査するプロジェクトを発足させた。

プロジェクト発足後、偶然にもインドのエンジニアリング企業との合弁会社設立の話が持ち上がり、プランテックの廃棄物焼却技術を調査するためにその企業の社長とエンジニアが来日した。

彼らは当初、「インドのごみは日本と異なる。今のストーカ式焼却技術では、上手くいかないだろう」と話していた。インドではまだ廃棄物の分別や運搬が確立されておらず、ごみのカロリーも千差万別だ。

そこで私は、彼らを南三陸処理区の焼却プラントに案内した。廃棄物の投入コンベアに、シャベルがごみを持ち上げる。そこから多量の水がしたたり落ちている。彼らはそれを見て、「こんなに水分を含んだごみが、本当に燃えるのか?」と、まだ半信半疑であった。しかし、『バーチカル炉』で、土砂や生木などの混在ごみが完全に燃焼されていることに目を見張った。その日のうちに「これならインドのごみも燃える。すぐに契約しよう」となった。

二〇一四年一月、インドのエンジニアリング企業とプランテックの共同出資による合弁会社、『プランテックG・Bエンジニアリング』を設立。インドおよび東南アジアにおける製造・輸出拠点として各国に『バーチカル炉』を提案していくことになった。

## 異学会での発表、大学との産学協同

もうひとつの起爆剤が、環境分野とは異なる学会での発表だ。例えば『日本燃焼学会』である。発表内容は「竪型ストーカ式焼却炉（バーチカル炉）による廃棄物の燃焼技術」だ。それが評価され、二〇一三年に同学会から『技術賞』をいただくことができた。前年度に受賞したのは自動車メーカーのマツダであり、次年度は富士重工業。つまり、環境装置業界とは関係のない学会での受賞である。

これを皮切りに、様々な異学会やシンポジウムでの論文発表を積極的に推進。さらなる受賞へ繋げていく。

ブランド戦略の走りとなった『日本燃焼学会 技術賞』の受賞。

この頃から、大学との産学協同研究も始まった。京都大学大学院都市環境工学専攻との「竪型ストーカ式焼却炉の焼却灰分析」「高活性炭素繊維を用いたＮＯｘ（窒素酸化物）、ダイオキシン類、水銀同時除去の研究」だ。続いて大阪大学との「竪型ストーカ式焼却炉の燃焼機構解明」が始まった。これが次々に広がり、今では、北海道大学との「小型焼却炉発電の実態調査・竪型火格子式

ストーカ炉におけるＨＣＬ発生の研究」、東京大学との「竪型焼却炉における炉内粒子挙動解析の研究」、東京電機大学との「竪型火格子式ストーカ炉における蒸発量制御システムの開発」などの産学協同研究に繋がっている。

二〇一三年十月二十六日に、プランテックがＢＳジャパン（現・ＢＳテレビ東京）のテレビ番組『「理想を燃やせ」日本の廃棄物燃焼技術、世界へ』で特集された際には、大阪大学大学院・燃焼工学研究室の赤松史光教授が「『バーチカル炉』は非常に優れた可能性をもっている装置」と評価してくださった。その後、学会での共同発表に向けて、大阪大学に小型のプラントを設置。数値データの分析も行っている。現在の研究テーマは「竪型火格子式ストーカ炉『バーチカル炉』における燃焼特性の解析と燃焼の最適化」だ。

大阪大学に設置した実験炉で、同大学教授の赤松先生（写真右から3人目）とともに。

　中でも、北海道大学大学院の松藤敏彦教授は、二〇一八年の『廃棄物資源循環学会研究発表会』、二〇一九年の『全国都市清掃研究・事例発表会』において、先に抄録させていただいた、当社の『バーチカル炉』をテーマとした「竪型ストーカ炉内の現象に関する考察」を発表。従来のストーカ炉と比較しながら、『バーチカル炉』内に供給する空気の流れ、燃焼と熱分解の発生場所などをわかりやすく解明してくださった。プランテックのような小さなプラントメーカーに着目してくださったことを、ありがたく感じている。

五十年前、私が京都大学衛生工学教授の岩井重久先生とともにごみ焼却の研究を始めた頃は、まだこの分野の学問が体系化される前で、いわば環境装置の走りであった。そのことが思い出され、大学と企業と立場は違えども、今後ともお互いを高め合うことができればと願っている。

## 「シンクロ界の母」と二十年にわたる交友

部下に常々いっていることがある。「一流の人と付き合いなさい。そして見習いなさい。音楽を聴き、本を読み、映画を観て、感動しなさい」感動しなくなると人はおしまいだと思っているほどだ。そんな私に、まさに大きな感動を与えてくれる人がいる。「日本シンクロナイズドスイミング（現・アーティスティックスイミング）界の母」と呼ばれ、日本代表選手を指導し、世界と戦い続けている井村雅代先生だ。

オリンピック日本代表ヘッドコーチとして、一九八四年のロサンゼルス大会から二〇〇四年のアテネ大会まで、六大会連続でメダルを獲得。二〇〇六年には中国代表シンクロチームのコーチに就任。メダル圏外といわれていた中国代表チームを、二〇〇八年北京・オリンピックで銅メダルに、続くロンドン・オリンピックでは銀メダルと銅メダルを獲得するまでに育て上げた。

20年来の友人である井村先生(写真左)。私に感動と勇気を与えてくれる方だ。

私が井村先生と出会ったのは、二十年程前のことだ。ある作曲家の方の紹介であった。それ以来なぜかそりが合い、長くお付き合いをさせていただいている。

井村先生が中国代表チームヘッドコーチとしてロンドン・オリンピックを目前にした時に、プランテックが発刊している社内報『ほのお』で、二時間にわたる対談をさせていただいた。その時にお話しいただいた井村先生の立場とプランテックの状況がよく似ている。井村先生は六大会にわたってメダルを獲得し、脂が乗っている時に、日本水泳連盟から「世代交代」という理由で日本代表ヘッドコーチに選ばれなかった。プランテックも同じだ。素晴らしい技術を世に送り出しても、ステークホルダーによって抑えられる。日本の中で、技術が溺れる。

失意の井村先生を、三顧の礼で迎えたのが中国だ。中国では、選手のために専用の食堂、トレーニングジム、ドクター、さらに世界大会を見据えて英会話レッスンまで用意されていたという。井村先生が中国チームのコーチになった理由は、日本流シンクロをアジアに根付かせ、世界にアピールするためだったと後に聞く。

現地に渡った井村先生のもとには、いわゆる「国のお偉いさん」から選手の推挙が数多くあったらしい。自分に縁故のある選手を代表に選んで欲しいという権力だ。井村先生は、その全てを断り、実力本位で選手を選んだ。本当に強いチームを育て、オリンピックで金メダルを取るためだ。そこには、近年の日本スポーツ界を騒がせているしがらみやへつらいなどは微塵もない。その話を伺い、私は大変勇気づけられた。そびえ立つほどの目標を設定し、一切の妥協をせずに成功に向かって邁進する姿勢は、ものづくりを生業にするエンジニアにとっても見習うべき姿勢だからだ。

何より驚いたのは、練習中の井村先生を、なんと当時の国家ナンバーワンであった胡錦濤主席、現在の国家主席である習近平氏が表敬訪問したことだ。中国のパワーを世界へ知らしめた

リオ五輪の銅メダルを胸に、井村先生（写真左）、大沢先生（写真右）と私。

いという強力な意志が感じられる。井村先生は「国のお偉いさんが来る」との連絡に、またも推挙の類いかと練習を理由に断ったが、スタッフに「会ってもらえないと私がとんでもないことになる」と泣きつかれたという。

スポーツに限らず、経済においても、国家という大きなパワーを発揮されれば、日本の企業はひとたまりもない。その強さを備えた中国に、日本のプラントメーカーは価格を競い合い、コア技術を切り売りしている。それでは国際競争に勝てるわけがない。一時的にその企業が潤っても、結局日本としての技術競争力がなくなり、産業として先細りしてしまうだろう。

井村先生は、二〇一四年に日本代表ヘッドコーチに復帰。二〇一六年のリオデジャネイロ・オリンピックでは、低迷していた日本シンクロチームを見事銅メダルに導いた。その一カ月後、井村先生をプランテックにお招きし、リオ五輪の演目曲を手掛けられた作曲家の大沢みずほ先生とご一緒に、社員を前に講演会を開催した。そこでお話しいただいた、世界で戦うための壮絶な努力と緻密な戦略は、世界を目指す我々にとって大きな刺激となる内容であった。講演後には私も社員の皆さんも銅メダルに触れさせていただき、そのずっしりとした重みに、改めて思いを深くした。

井村先生は、二〇二〇年の東京五輪まで日本代表ヘッドコーチの続投が決定。金色に輝くメダルを手にした井村先生にお会いできることを切に願っている。

# 第十一章

# SLA燃焼技術の開花

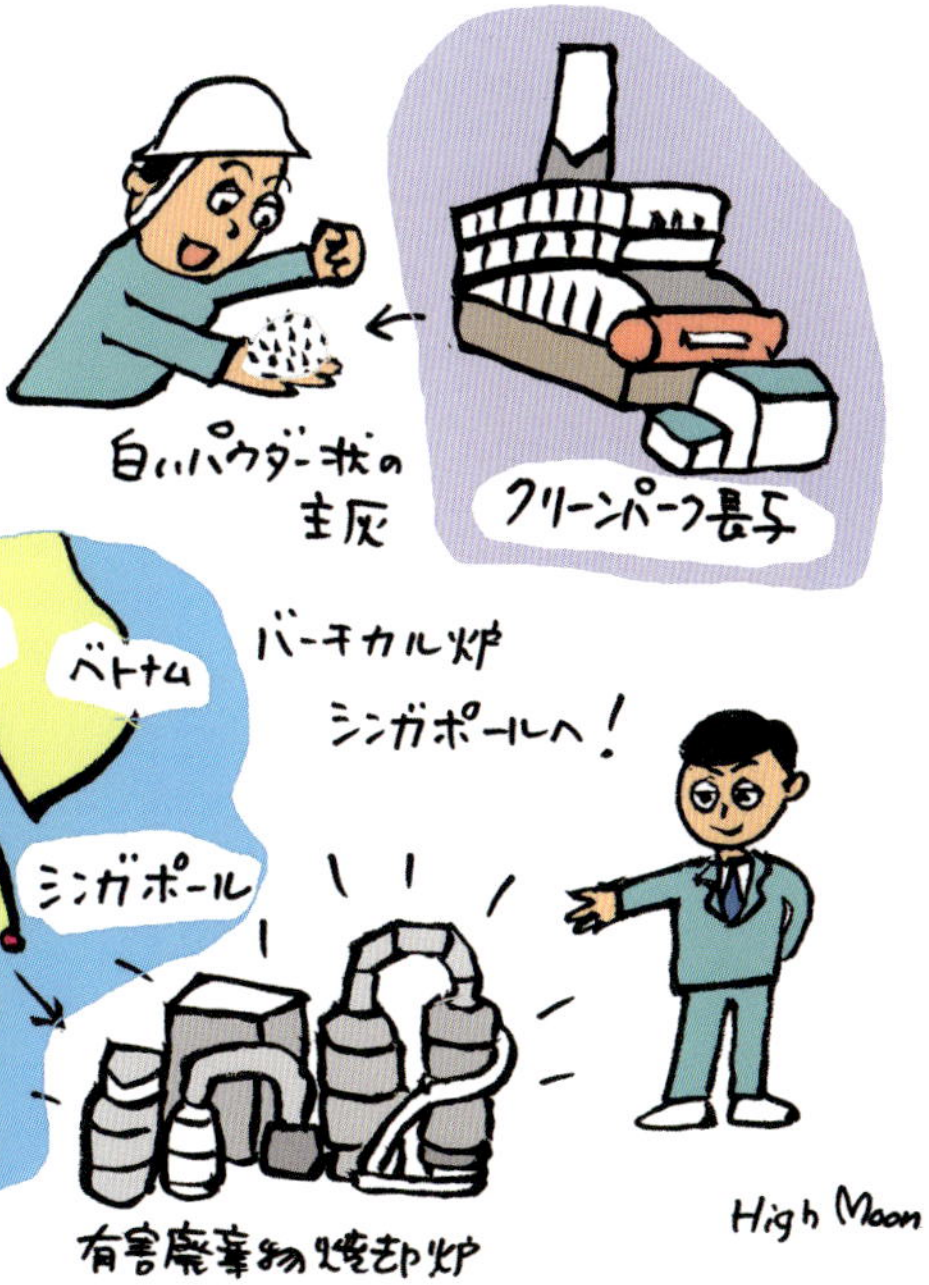

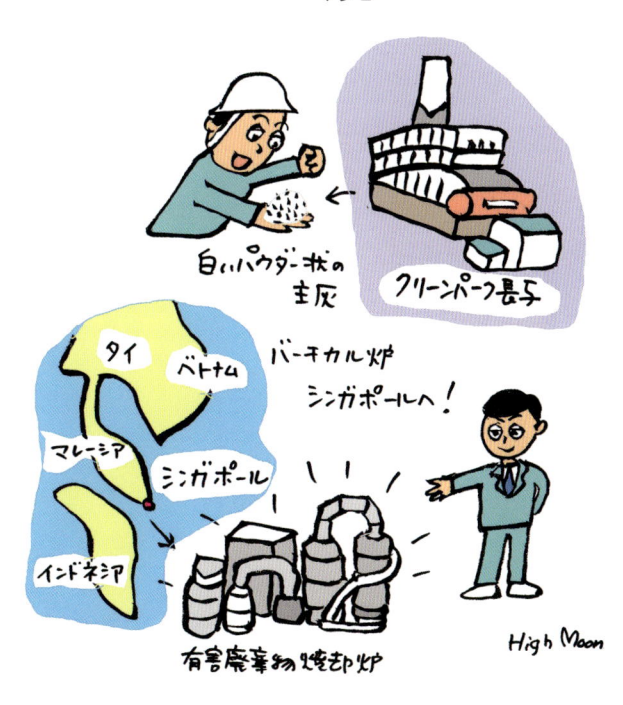

## 白いパウダー状の主灰が証明したこと

二〇一五年三月。私は、長崎県の長与町にいた。プランテックが建設した一般廃棄物焼却プラント、長与・時津環境施設組合・クリーンパーク長与の性能試験の数日後であった。焼却規模は、二七トン／日×二炉の合計五四トン。エメラルドグリーンに輝く大村湾を望む美しい丘陵地に位置し、周辺をみかん畑に囲まれた場所にある。長与町と時津町の廃棄物共同処理のために建設されたプラントだ。

性能試験を担当した社員から、「白い主灰が出て、順調です」と事前に報告を受けていた。現地施設を訪れ、炉に向かって通路を歩いていると、脇に見学用に設置予定のディスプレーがあり、主灰のサンプルの入ったガラス瓶が保管されていた。目をやると、ガラス面に接した灰の粒子が非常に細かい。まっ白だ。光っているようにも見えた。従来のストーカ式焼却炉では、こんな灰を見たことがない。灰ピットに急いだ。そこには、今までの主灰と全く異なる、細かな灰が積まれていた。白いパウダー状だ。触れるとさらりと流れる。まるで砂時計の砂だ。小豆大の、黒いクリンカもない。「やった！」と心で叫んだ。涙が出るほどうれしかった。

ごみの段階では、その質ごとにカロリーに高低差がある。そのごみの中に高温無酸素のガス

完全燃焼を証明するパウダー状の主灰を見た時は、本当にうれしかった。

を通してやれば、ごみは燃えずに熱分解または炭化され、ごみの下に炭化層をつくる。ごみがカロリーの均質な炭（燃料）となってから、そこで初めて燃やすのだ。白いパウダー状の主灰は、炭となったごみが完全燃焼されている証明でもある。ごみを直接燃やさず、炭（燃料）に変化させることで自ら燃えてくれる。いわば、ごみを燃やさない焼却炉なのだ。

クリーンパーク長与の入札には、プランテックともう一社が参加していた。コンペティターは、従来のストーカ式焼却炉を採用したプラントを提案。その審査において、我々は技術面で大きくマイナス評価をされていた。一般廃棄物焼却プラントの実績が少ないことも、その理由のひとつであった。しかし、ランニングコストを低く抑えることと、竪型の焼却炉による省スペース化などの金額面で総合評価を押

『SLA燃焼技術』がまさに花開いたクリーンパーク長与。

し上げ、なんとか受注することができた。私の負けん気に火がついた。

私は、起工式で集まった関係者の方々を前に、「日本一の焼却炉を造ります！」と断言した。どこのプラントにも負けない自信があったのだ。

その二年後の二〇一五年四月四日、落成式が開催。長崎県・長崎市の各清掃担当者が来席された式で、私は「どこにも負けない性能のプラントが完成しました！」と、声高々にスピーチした。すでに性能テストで素晴らしい結果が出ており、その証明をパウダー状の主灰で確認していたからだ。

## 国が認めた、小規模炉での排ガス性能

環境省が推奨する一般廃棄物処理施設の規模は、広域処理による三〇〇トン／日。最低でも一〇〇ト

ン以上が望ましいとある。地方の一般廃棄物は、高カロリーの家庭ごみもあれば、低カロリーの農業ごみもある。小規模なプラントではカロリーの違いによって燃焼にばらつきが起こりやすく、燃焼温度が乱高下し、ダイオキシン類の発生に繋がる。そのため、できるだけカロリーを平均化しやすい大規模プラントの建設が推奨されていた。

しかし、長与・時津町の人口は約七万二千人。一〇〇トン／日を造るほどのごみ量はない。大規模プラントになれば、設備が肥大化するだけではなく、ごみの収集が広域となり、運搬にコストがかかる。そのため、規模こそ抑えられた一方で、ダイオキシン類の発生を国の基準（五・〇ng－TEQ／$m^3$N）の五十分の一に抑えるという厳しい自主規制値がクリーンパーク長与には課されていた。

小規模炉でも公害規制値をクリアできる事例と総務省が公表。

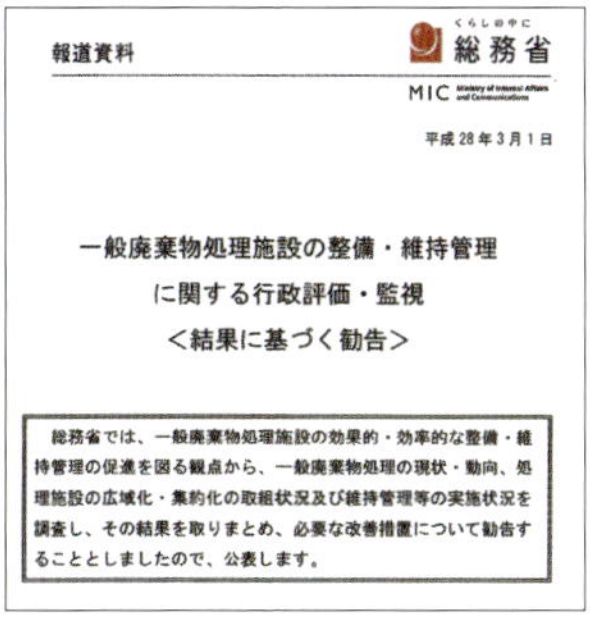
報道資料

くらしの中に 総務省

MIC Ministry of Internal Affairs and Communications

平成28年3月1日

一般廃棄物処理施設の整備・維持管理に関する行政評価・監視
＜結果に基づく勧告＞

総務省では、一般廃棄物処理施設の効果的・効率的な整備・維持管理の促進を図る観点から、一般廃棄物処理の現状・動向、処理施設の広域化・集約化の取組状況及び維持管理等の実施状況を調査し、その結果を取りまとめ、必要な改善措置について勧告することとしましたので、公表します。

性能試験の結果、排ガス中のダイオキシン類濃度は自主規制値〇・一ng－TEQ／$m^3$Nを大幅にクリアする〇・〇〇〇〇一二ng－TEQ／$m^3$Nを達成。塩化水素（HCl）も自主規制値二〇〇PPM（国基準値四三〇PPM）に対し、わずか一PPM以下と、こちらも規制値を大幅にクリアした。

二〇一六年に総務省の調査によって『一般廃棄物処理施設の整備・維持管理に関する行政評価・監視』が勧告・公表された。その中に「平成九年厚生省課長通知においては、最低でも一〇〇トン／日以上の全連続式ごみ焼却施設の設置を求めているが、現在では、技術の進歩により、小規模な施設でもダイオキシン類等が規制値を大きく下回るとされている例もみられる」（原文）として、処理能力五四トンのクリーンパーク長与が紹介されている。小さくても性能がいいと、総務省が証明してくれたことになる。このことが、その後の中・小都市の自治体における廃棄物処理計画に少なからぬ影響を与えることになった。

## 埋め立て処理していた難燃物も焼却

長与町・時津町では、クリーンパーク長与ができるまで、一般廃棄物の処理を長崎市に委託していた。しかし、革靴や鞄、ゴム製品、資源化できないプラスチック類などは燃えにくく有害ガスが出やすいため、「燃焼不適切ごみ」として専門の処理業者に委託し、埋め立て処理をしていたのだ。それが、『バーチカル炉』によって全て燃やせるようになり、運搬・埋め立てコストを大幅に削減でき、さらにごみ全体の熱量が十五％アップされ、熱利用としても大きく貢献できたと聞いている。

リサイクルのための分別はもちろん推進すべきだ。しかし、燃えやすいものだけを燃やして、

空気調整の必要をほとんどなくし、運転を簡易化。人件費の削減にも繋がった。

燃えにくいものを分別して埋め立てする。焼却炉の性能で廃棄物を選ぶなど、技術者として敗北だ。クリーンパーク長与では、炉内の温度制御や空気制御などの運転操作をほぼさせていない。運転スタッフには「稼動から百日は設定を一切変更するな」と伝えたほどだ。

イソップ童話に『北風と太陽』がある。歩いている旅人のマントを脱がせられるか、北風と太陽が賭けをする話だ。北風は強風でマントを吹き飛ばそうとするが、逆に旅人は襟を押さえこんでしまう。次に太陽は、ぽかぽかと暖かな陽射しを旅人に送る。旅人はその暑さにあっさりとマントを脱いでしまう。焼却炉の燃焼は、この物語に似ている。

一般的な焼却炉は、運転スタッフが燃焼状況を確認しながら、まるで北風のように温度や空気調節を繰り返す。近年ではコンピュータシステムによる操作を導入しているプラントメーカーが増えてきたが、解析結果が出た瞬間にはもう炉内の燃焼の状況が変わっている。空気が少ないと指示が出て空気量を増やした時には焼却量が減っており、逆に空気が多い状態となる。どんなに素晴らしいシステムを導入したとしても、常に後追いの判断になるのだ。『SLA燃焼技術』による『バーチカル炉』は、いわば太陽だ。下手に操作をしない。廃棄物が自ら燃焼できる環境を整え、一次燃焼空気を一度調整するだけで、安定燃焼を図る。さらに、人件費も最低限で済む。実際、クリーンパーク長与の中央制御室の職員数を四名から三名に減らし、運転コストを削減することも可能にした。

## 地域から愛される焼却プラントを目指して

クリーンパーク長与は、別の面でも私の目指すプラント像に近づくことができた。それは、地域住民の方々から愛されるプラントだ。

地方自治体の焼却プラントでは、地元の方々が運転スタッフとして従事する場合が多い。私は、その運転スタッフのお子さんが焼却プラントを社会見学した時、「僕のお父さんはこんな立派なところで働いているんだ!」と自慢できる施設にしたいと考えていた。スタッフの方々にとって、誇りを抱いて働けるプラントを造りたいという願いを強く持っていたのだ。クリーンパーク長与の立地予定地は、大村湾を眺める丘陵地と非常に恵まれた場所にあった。逆に言えば、周辺地区からも海からも焼却プラントを眺められるということだ。住民の方々が、いつ、どこから見ても、不快に感じることのない施設を目指した。

設計を担当した建築デザイナーが今までにない提案をしてくれた。ゆるやかなカーブを描いた、伝統家屋を思わせる建屋。現地の名産品であるみかんを想起させるオレンジ色の見学者通路。漆喰風の白い壁など、地域への寄り添いを感じさせるデザインであった。「おもしろい！」これなら、コンクリートで囲まれた殺風景な焼却プラントのイメージを覆すことができる。

さらに私のアイデアで、見学用通路に、漫画で環境を学べる啓蒙パネルを設けることにした。漫画は、環境学者であり、『ハイムーン』のペンネームで漫画家としても活躍されている高月紘先生にお願いした。また、プラント内のプラットホームには、長与町・時津町のイメージキャラクターを壁画として描いた。見学者はもちろん、搬入スタッフの方々の心を和ませ、楽しいイメージを演出したいと思ったからだ。これはもちろんプランテックからの提案であり、長与・時津環境施設組合に寄付したものだ。

敷地内に熱回収施設として足湯が設置されたこともあり、三カ月間で千人以上の見学者が来訪。地元の新聞にも大きく取り上げられ、住民の方々にとって憩いの場所になったと聞く。

ドバイプラントの時にも記述したが、私の考えるプラントコンセプトに、「美は性能を表す」

環境学者であり、漫画家でもある高月先生のイラストで啓蒙パネル（写真上）を制作。
また、プラットホームにキャラクターを描き、楽しさを演出した。

がある。美しい建屋、バランスのとれたプラントを見ると、その性能まで推測できる。プラントという無機質なものに、感性を取り入れた設計者やエンジニアの心意気が伝わってくるのだ。大人も子どもも関係なく、見学者の方にまるで美術館に行くような感覚で訪れて欲しい。地元の名所となるようなプラントにしたいと考えている。

その考えは、社屋にも共通している。廃棄物を扱う会社だからこそ、美しい社屋でなければならない。これも私の持論だ。一九八五年にプランテックが初めて本社ビルを建設した際、日本を代表する建築家で『倉敷アイビースクエア』などを手掛けられた浦邊鎮太郎先生に素晴らしい設計をしていただいた。その時から、いつか浦辺設計とともにプラントを手掛けたいと願っていたが、二〇一五年の静岡県・伊東市環境美化センターでその夢を実現することができた。また現在では、浦辺設計と提携を結び、下呂市や五島市、見附市のプラントもご協力いただいている。ひとつひとつではあるが、私の夢を具現化できていることがエンジニアとして大きな喜びだ。

## 『廃棄物資源循環学会』で最多の論文発表

稼動後のクリーンパーク長与では、炉の内部の燃焼データの収集を積極的に行い、数値を分析・解析した。横にごみを動かしながら燃焼させるストーカ式焼却炉では、計測する箇所と時間によって燃焼が異なり、明確な数値データが計測できない。竪型の『バーチカル炉』だからこそできる分析だ。

会社としてこのデータを、『日本燃焼学会』『日本機械学会』など、様々な学会へ向けて論文を発表した。中でも、二〇一五年九月の『第二六回廃棄物資源循環学会研究発表会』では、

（一）ごみ焼却排ガス中のＨＣｌ（塩化水素）乾式除去の機構解明
（二）竪型ストーカ式焼却炉（バーチカル炉）による医療廃棄物の焼却
（三）乾式反応集じん装置によるＨＣｌ・ＳＯｘ（窒素酸化物）の高効率除去
（四）竪型ストーカ式焼却炉におけるごみ層の燃焼過程分析

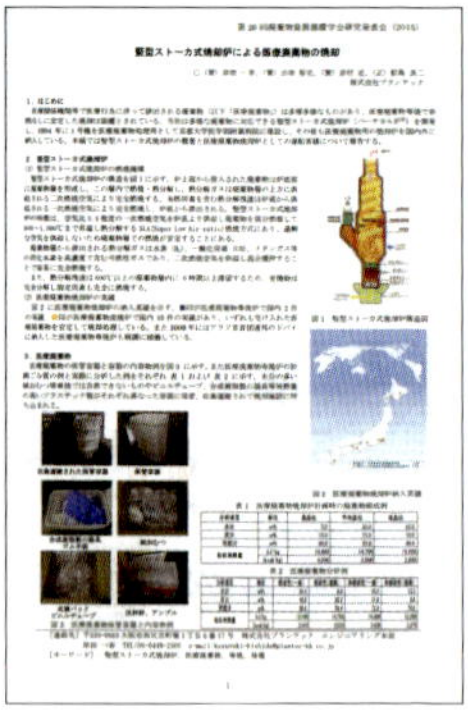
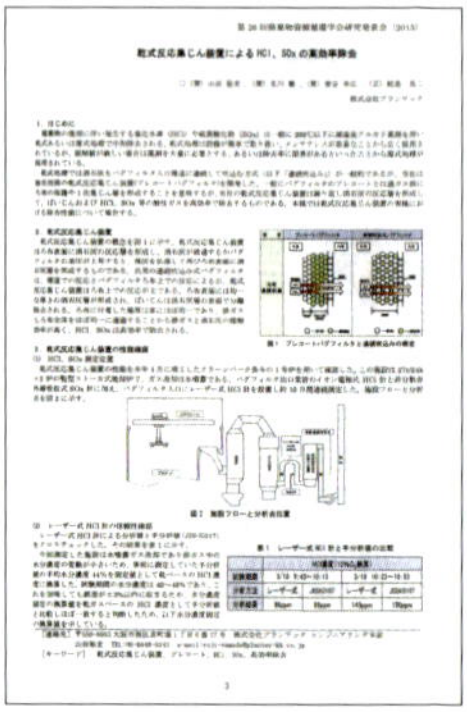
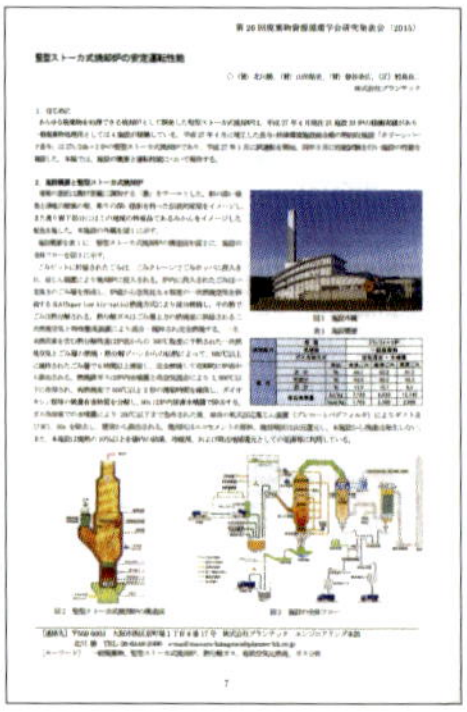

これらの発表が、2016～2019年にかけて多くの学会賞受賞に繋がる。

（五）竪型ストーカ式焼却炉の安定運転性能
（六）竪型ストーカ式焼却炉の維持管理実績

と、三日間で六テーマにわたるプレゼンテーションを行った。これは、同研究発表会で行われたプラントメーカー各社の中で最も多い論文数となった。全て、焼却プラントのコア部分の技術であり、ごみ層の燃焼過程の解明等の内容で、プランテックの技術力を余すことなく公表することができた。

同年十月には、『廃棄物資源循環学会』によるクリーンパーク長与の現地見学会を開催。このプラントを、業界・学会・他メーカーにもオープンにしたのだ。通常は、炉の細部までは他に公開しない。企業秘密である技術が漏洩する可能性があるからだ。

各学会での発表では、若手社員の皆さんがその重責を担ってくれた。本来の仕事以外に大変な苦労をかけたが、皆さんの発表ひとつひとつがプランテックの未来に繋がっている。

『廃棄物資源循環学会』による見学会で、
技術をオープンにした。

## 『バーチカル炉』の新たな熱利用を発見

解析・研究を重ねる中で、『バーチカル炉』に新たな熱利用の発見があった。従来から行われている熱利用は、焼却炉から出る九五〇℃程度の排ガスを利用してボイラ内で高温・高圧の蒸気をつくり、タービンを回して発電する方法だ。つまり焼却後の発電利用である。『バーチカル炉』には、焼却中にも熱利用のチャンスがある。

一般廃棄物を燃焼させると、炉内のガス温度は一五〇〇℃程の高温になる。カロリーの高い産業廃棄物であれば、二〇〇〇℃以上になる場合もある。それを九五〇℃ぐらいに冷却してから炉外のボイラへ排出する。従来のボイラ付のストーカ式焼却炉の場合は、水冷壁および外部空気による空冷で温度を冷却している。

『バーチカル炉』であれば、大量の汚水や汚泥を燃焼処理させながらそれを冷却に利用することが可能だ。カロリーが低く、従来、脱水・乾燥してから処理していた汚泥や汚水を炉に入れると、乾燥・燃焼まで一気に行える。また、それが炉内の過熱を防止してくれる。燃やしながら、一部では冷やす。熱利用だ。これができるのは、燃焼効率が非常に高い、竪型の『バーチカル炉』ならではだ。従来のストーカ式焼却炉で大量の汚泥や汚水を処理すると、炉温が必要以上に低下したり、火格子の隙間からそれらが下部に漏れてしまい、火格子を傷めてしまう。竪型の『バーチカル炉』であれば、大量の汚泥や汚水であっても、水分は上方に蒸発し、乾燥した汚泥はごみの下の炭化物として燃焼を助長する。

『バーチカル炉』は、一次燃焼室と二次燃焼室の間で「汚水処理」や「汚泥処理」を行うことで、現在自治体で処理している一般廃棄物であれば、保有カロリーの三〇～四〇％程の熱利用が可能である。冷却用の工業用水も節約できる。サーマルリサイクル率も高くなる。一石二鳥ならぬ三鳥にも四鳥にもなるのだ。

『バーチカル炉』は、開発した後になっても、様々な副産物を与えてくれた。多くの人が石ころだと思い、拾わなかったものを、十年二十年かけて磨き上げ、ダイヤモンドにする。それが研究の醍醐味なのだと感じている。

## 『バーチカル炉』を、シンガポールへ

産業廃棄物の焼却は、一般廃棄物と比べて難易度が高いことは何度も記述した。特に、海外での産業廃棄物となると未知の部分が多く、リスクは非常に高い。他メーカーの進出失敗を多々耳にしていたからこそ、その見極めが重要であった。ドバイプラントの成功から、ドイツ

ドイツで開催された『IFAT』展など、次々と海外の環境展に出展。

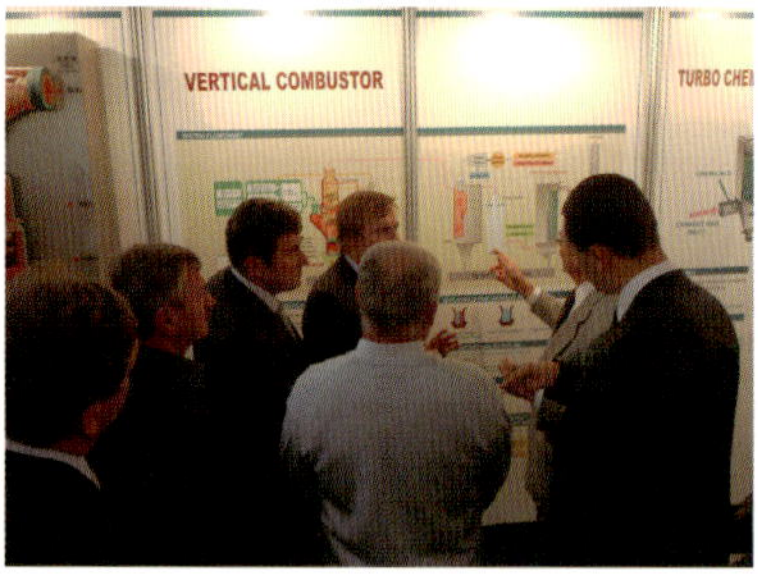

や、モルディブ、韓国、ベトナム、シンガポール、インド、パリの環境展へ積極的に出展。海外での営業活動に注力していたとはいえ、リスクヘッジにばかり時間をとられる焦燥を感じていたのは確かだ。

プランテックにとって、三度目の海外プロジェクトとなったのが、二〇一六年に受注するDOWAエコシステム株式会社のシンガポール・トゥアスプラントだ。

DOWAエコシステムは、東日本大震災の災害廃棄物処理において、プランテックが手掛けた南三陸処理区の焼却プラントの運転を担っていた。同社は、資源リサイクルや廃棄物処理などの事業を国内外で展開し、二〇〇九年から東南アジアへ進出。各国に現地法人を設立し、リサイクル事業を展開していた。産業廃棄物処理を事業とする環境企業は、技術力はもちろん性能、コストにも厳しい。保証も厳しく求められる。もちろんビジネスだからだ。

各プラントメーカーが居並んだ災害廃棄物焼却プラントの中で、プランテックの焼却炉は、助燃剤を一切使用せず、焼却未燃分がほぼゼロ。故障もなく、運転も容易であったことが同社の中で話題になったらしい。シンガポールに産業廃棄物焼却プラントの建設を考えていた同社から、「その際にはプランテックの『バーチカル炉』を採用したい」と、以前からお話をいただいていた。

それが、DOWAエコシステムのシンガポール法人であるTechnochem Environmental Complex（TEC）社から受注するトゥアスプラントとなって実現することになった。

## 一斗缶のグリスの塊まで燃やせるのか！

インフラの整備・ビジネス環境・観光誘致など、急激な成長を遂げているシンガポールで、我々の技術力をアピールできるチャンスを与えていただいたことは、大変ありがたかった。実際に『バーチカル炉』を運転していただいている企業から認められたことも、エンジニア冥利につきる。

今回のプロジェクトでは、プランテックで企画・設計を行い、機器製作はインドにある『プランテックG・Bエンジニアリング』が担当。シンガポール現地で組み立てるという新しいシステムを構築した。

南三陸のプラントから繋がったトゥアスプラントでは、油の塊さえも焼却処理できたことに驚いた。

もちろん、課題もあった。廃棄物の内容だ。グリスなどの油の塊が一斗缶（約一八リットル）に詰められたものが主体となっている。持ち込まれる時は固体であっても、温度を加えると液体になり、炉内を満たしてしまう。カロリーは想像を超える高さだ。さらに他のプラントで燃えなかった廃棄物まで受け入れるという。どんな廃棄物も燃やせると自信をもっていた私だが、さすがに不安を覚えた。

そんな懸念を吹き飛ばすかのように、性能テストを一度でクリア。『バーチカル炉』は、グリスの塊さえもごうごうと燃やし続けてくれた。自分で開発していながら、「こんなものまで燃やせるのか！」と驚いたほどだ。

二〇一七年の五月三十日。トゥアス現地で竣工式が開催。プラント施設内に大きなスピーチ

竣工式で飛田社長（写真右）と握手を交わす私。

ステージやケータリングコーナーが備えられ、司会進行のアナウンサー、テープカットまで用意されている。ＤＯＷＡホールディングスの山田政雄社長、ＤＯＷＡエコシステムの飛田実社長、ＴＥＣの吉成明夫社長、さらにシンガポール政府から環境水支援大臣、日本からも駐シンガポール特命全権大使が出席されるという盛大な式であった。

環境水支援大臣はそのスピーチの中で、「このプラントの建設は、我々がいかに最先端で革新的なごみ処理技術を導入していくかの好例になる」と期待してくださった。最後に私が紹介され、ステージの上で飛田社長から記念品をいただいた時は、この仕事に出会えてよかったと感慨無量であった。

# 第十二章

# そして未来へ

プランテック創立50周年
数々の学会賞受賞
賞
賞
賞
過去は
ヨーロッパ
技術輸入
日本の焼却技術
未来は輸出
五島市
ガラス張り
High Moon

## 「生きた研究」で、技術力という武器を

中・小企業の経営で難しいことのひとつに、人材の確保がある。二十年ほど前から新卒採用を始めたが、当時は日立造船へのＯＥＭを中心事業としていたためにプランテックの知名度やブランド力は全くといってなく、採用ではかなり苦労した。

そこで、業務提携を解消した二〇〇四年頃から、プランテックのブランド力向上を目指して、新聞広告や環境展出展などを積極的に展開したのだ。また、大学との産学協同研究や、プランテックの技術が新聞などのメディアで取り上げられるようになったことで、徐々に知名度があがり、新卒向けリクルートに学生が集まるようになった。

廃棄物処理という仕事は、確かに学生にとって心惹かれるものではないだろう。しかし、ものを造ってそれが世の中に残り、社会に貢献できる。机の上でペーパーやデータだけを動かすのではなく、現場で汗をかいて仕事し、創意工夫を重ねる中で、自分の技術をプラントに実現させていく。おもしろい仕事だと思う。同時に、技術力を身につけることで、エンジニアとしての価値も向上していく。廃棄物焼却の現場で、「生きた研究」ができるのだ。

当社は、技術、ソフトを売る会社だ。いわゆる純粋なエンジニアリング企業であり、ファブ

プラント建設の最前線で「生きた研究」に取り組める仕事だ。

レス（工場のない）メーカーでもある。大手プラントメーカーでは、焼却プラントの他にも様々な事業を手掛けているところが多く、入社したその後、希望する部署に確実に配属されるとは限らない。プラントの仕事も設計部・製造部・建設部などに細分化され、その範囲でしか能力を発揮できない。つまり、全体が見えてこない。それでは「木を見て森を見ず」だ。

プランテックは、焼却プラントの専業メーカーだ。「オールマイティー」をキーワードに、焼却プラントの企画・設計から建設までの全てに関わることができる。だからこそ、「生きた研究」を自ら仕掛け、自分に技術力という武器をバランスよく備えることができるはずだ。世の中にサラリーマンという仕事はない。我々はエンジニアだ。日本の、世界の環境問題に、廃棄物処理という分野で挑戦していく技術者であるべきなのだ。

## プラントの外観でも今までの常識を覆す

二〇一六年、長崎県五島市において新焼却炉の建設計画が持ち上がった。五島市は、長崎県の西方、五島列島の南西に位置する六十三の島々から構成される市であり、その大部分が西海国立公園の中にある、自然豊かな街だ。二〇一八年には、『長崎と天草地方の潜伏キリシタン関連遺産』として世界遺産に認定された。

五島市の広報発表によると稼動中の既設プラントには膨大な維持管理費がかかっており、新たな炉の建設を予定して住民説明に取りかかっていると営業担当の社員から聞いていた。しかし、なかなか話がはかどらない。そこで五島市は、ダイオキシン類などの公害規制値をはるかにクリアした、同県内のクリーンパーク長与を紹介するテレビ番組の制作を、地元の『五島テレビ』に依頼し、放映することにされたという。

その番組は、一週間で約四十回も放送されたため、おそらくは地元の多くの方々の目にとまったであろう。私がその番組を拝見した限りでは、焼却プラントの安全性と美しさを充分に伝えられているのではないかと思うが、あくまで推測の域だ。

そんな過程を経て、五島市の新たな一般廃棄物処理施設の入札が始まった。私は前述のテレビ放映のこともあり、楽観視して応札したところ、結果は技術評価ではプランテックが二位であった。しかし、価格点で逆転することができ、当社の受注が決定した。

私は、この五島プラントで、新たなもの造りに挑戦しようと考えた。それは、「焼却プラントらしからぬプラント」だ。従来、焼却プラントには無機質な建屋が求められ、住民の視線に晒されることがないよう、コンクリートで覆われているのが常識であった。中の焼却炉を見るためには、防塵マスクとヘルメット着用が義務づけられ、「汚れた危険な場所」というイメージが強い。

そこで五島プラントでは、建屋の一面をガラス張りにし、中の焼却炉が外からも見えるような意匠にしたのだ。これならマスクもヘルメットも不要であり、衛生面を住民の方々にご理解していただける。五島プラントは、二〇一九年に完成する予定であり、今までより一歩も二歩も前進したプラントにしたいと考えている。

五島市の野口市太郎市長（写真右）を訪問した私。

五島プラントの受注には、建設後二十年間にわたる管理・運営まで含まれている。プラントメーカーが自ら運

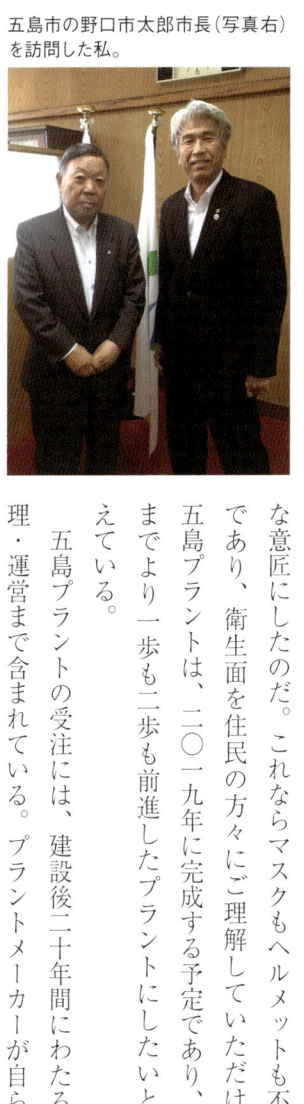

プラントをガラス張りにし、中を見せるアイデアを思いついた五島市のプラント（完成鳥瞰図）。

営することで、運転管理はもちろん、責任感と愛着が生まれ、トラブルが起こっても的確に素早く対応できる。プラントの設計や建設の意図を知っているからこそ、管理・運営のレベルアップに繋げることができるはずだ。

## 焼却炉のコア技術で、学会賞を軒並み受賞

『スーパーエコプラント』に始まり、種子島清掃センター・西紋別地区広域ごみ処理センター、さらに伊東市環境美化センター・クリーンパーク長与と、プランテックが手掛けた焼却炉のデータを研究論文として様々な学会・シンポジウムで発表してきたことは先述した。その結果、二〇一六年から二〇一九年にかけて、堰を

切ったように学会賞受賞が相次ぐ。蒔き続けた種が、実を結んだのだ。

二〇一六年には、
●『廃棄物資源循環学会　有功賞』（竪型火格子による熱分解を伴う廃棄物の焼却技術の開発）
●『日本産業機械工業会　会長賞』（乾式反応集じん装置〈プレコートバグフィルタ〉）
●『環境大臣表彰』（ストーカ式焼却炉の研究・開発を通して廃棄物処理技術の発展と公衆衛生の向上に多大な貢献）

二〇一七年には、
●『日本エネルギー学会　学会賞』（医療廃棄物からのエネルギー回収）
●『日本機械学会　優秀製品賞』（竪型火格子式ストーカ炉）

二〇一八年には、
●『化学工学会　技術賞』（乾式反応集じん装置〈プランテック式プレコートバグフィルタ〉の開発）

二〇一九年には、
●『優秀発明賞　関西発明大賞』（竪型ごみ焼却炉における燃焼用空気の供給方法および竪型ごみ焼却炉）

●『発明大賞　考案功労賞』（竪型ごみ焼却炉における燃焼用空気の供給方法および竪型ごみ焼却炉）

をいただくことができた。

これらの研究論文は、燃焼過程を精密かつ正確に捉えたデータから作成したもので、焼却炉の部分改良といった内容ではなく、全てが炉のコア技術についてである。

なによりうれしかったのは、『日本エネルギー学会　学会賞』（『スーパーエコプラント』を運営する東京臨海リサイクルパワー株式会社との共同受賞）だ。廃棄物の中で最も焼却が難しいとされている医療廃棄物の焼却炉が、五〇〇〇ＰＰＭの塩化水素排出などの課題をクリアし、九年間の発電運転実績を踏まえての受賞となったからだ。実際に稼動を重ねた焼却プラントが評価されるのは非常に意味がある。

受賞した中には、環境装置業界と利害関係のない学会が多く含まれている。本来であれば、環境装置業界の中で切磋琢磨し、新たな技術が評価されていくべきである。もしくは、外部団体からの専門的技術評価を取り入れ、業界全体で日本独自の技術力を向上させるようになることを望む。

『環境大臣表彰』を受ける私。この4年間で8つの学会賞などを受賞。

燃焼が最も難しい医療廃棄物の専焼炉が評価された『エネルギー学会 学会賞』など、多くの受賞が相次いだ。

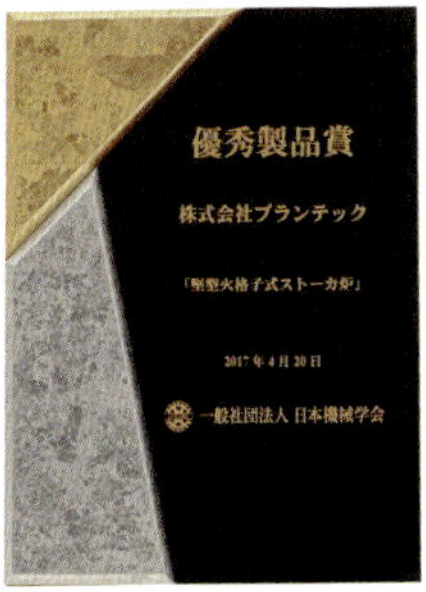

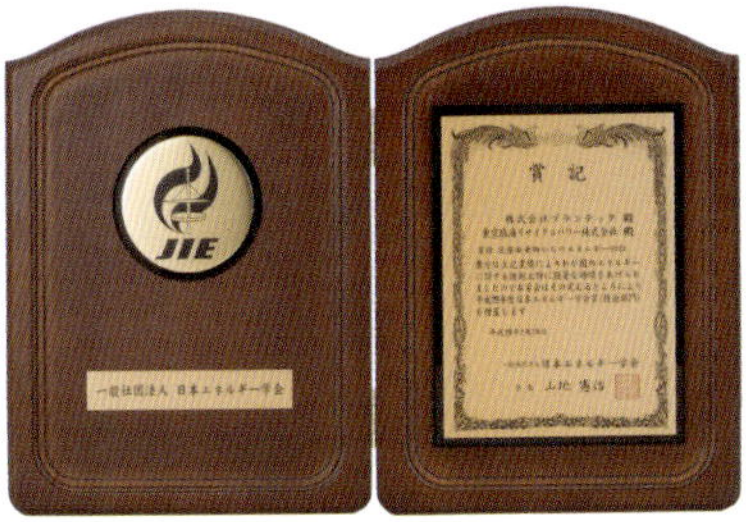

## 小規模での間欠運転プラントに挑戦

二〇一七年、新潟県の「へそ（中心）」部分に位置する見附市から、新たな一般廃棄物処理施設を受注した。まず、同市のプラント計画とそのご英断に拍手を送りたい。築二十九年を迎えた現状の既設炉は、六〇トン／日とかなり大きめだ。それを今回は一九トン／十六時間×二、合計三八トンの小規模・間欠稼動に抑えたからだ。

正式契約のため、見附市の久住時男市長（写真左）を訪問。

人口四万二千人の同市には、小規模のプラントが運営的にもベターだ。しかし、十六時間／日の間欠稼動であれば、一日に炉の立ち上げ・立ち下げが行われ、炉内の温度が下がる。炉内からごみを出して炉停止するためだ。つまり、ダイオキシン類の発生が最も多いとされる三〇〇℃前後の温度帯を通過する。ダイオキシン類規制の問題から、焼却プラントは一〇〇トン／日以上の規模で、炉内の温度を常に九〇〇℃にキープできる二十四時間連続稼動が勧め

意匠に、緑と大地をイメージした見附市のプラント。

られている中での計画であった。

昨今では、小規模であっても公害規制値をクリアできる技術をもったプラントメーカーも出始めている。その中から、我々プランテックを選んでくださった。『SLA燃焼技術』を採用した『バーチカル炉』、さらに『プランテック式プレコートバグフィルタ』であれば、小規模かつ間欠運転のプラントであっても、公害規制値を完全にクリアできるはずだ。

すでに北海道の西紋別プラントで、ごみを炭化させた状態で有害ガスを制御し、炉内を高温にキープしたまま炉停止できる間欠運転を成功させた実績がある。炉の立ち上げ時にも大幅に燃料を節約できる。さらにこの技術を高め、より安全性と経済性の高いプラントを提供するつもりだ。

## 花が咲き、実を結び、収穫できた十年

『バーチカル炉』を完成させ、プラントメーカーとして独立した以降の、十年間の技術的側面を振り返ってみる。

まず東京都の『スーパーエコプラント』で、助燃剤不使用の医療廃棄物の専焼炉を造り、さらに世界初のボイラ発電まで可能にした。

西紋別地区広域ごみ処理センター（北海道）では、十六時間間欠運転で公害規制値を大幅にクリアした。

種子島清掃センター（鹿児島県）では、通常二炉以上を常設する一般廃棄物焼却プラントで、一炉での安定操業を実現。さらに小型炉でのダイオキシン類の発生をゼロにした。

伊東市環境美化センター（静岡県）では、既設建屋の中でプラントのみを新設するという建設面での課題を乗り越えた。

炉本体の性能でいえば、燃焼での窒素酸化物（ＮＯｘ）制御、同一形式の『バーチカル炉』で一般・産業・医療・災害廃棄物の焼却に成功。『ＳＬＡ燃焼技術』で、燃焼の高性能化かつ安定性を高めることができた。

さらに、大きな分岐点のところで、思いがけず大きなプロジェクトを手掛けることができた。『スーパーエコプラント』が南三陸処理区の災害廃棄物焼却処理施設に繋がり、それが、シンガポールのトゥアスプラントに続いた。伊東市環境美化センターも『スーパーエコプラント』が実績として認められたことから受注することができた。それが次に、下呂市での汚泥処理まで可能な新プラント建設に道を開いた。

『バーチカル炉』を採用してくださった企業や自治体から評価され、次のプロジェクトが生まれる。仕事が、仕事を生む。それを実感した十年であった。まさに花が咲き、実を結び、収穫できた十年であったといえる。

また、ＯＥＭメーカーから直需のプラントメーカーになったことで、私のプラントへのアプローチが変化してきた。ＯＥＭ時代は、供給先である日立造船に付加価値をもたらすことを一番に考えていた。競合企業にはできない技術を考え、コストを抑え、日立造船がコンペティションで勝てるように努力した。だからこそ、新たな技術開発を次から次へと生み出せたともいえる。

直需がメインとなった今では、少し異なる。プラントの最初から最後まで大きな夢を持ち、これまでより優れた、素晴らしいプラントを造りたい、「プランテック作」「勝井作」と誇れるほど、その時にできる最高のプラントを提供したいと考えるようになった。自社で全て手掛けるからこそ、徹底的に現場を追求できる。「これでいいのか？」「これ以上のものはないのか？」と追求し続けることが、今の私にとって第一義となった。

プロ野球界で名将といわれた鶴岡一人氏は、「グラウンドには銭が落ちている」といった。名横綱といわれた初代若乃花は、「土俵の下には銭が埋まっている」といった。机上の論理ではなく、全ての技術は、現場から生まれるのだ。お金は、技術の後からついてくる。

## 五十周年を迎え、さらにスピードを加速

二〇一七年、プランテックは創業五十年を迎えた。企業寿命三十年説が唱えられる中で、社員百数十名の会社が長く生きながらえたのは、決して運だけではない。十月には『創立五十周年記念式典・祝賀会』を開催。二百八十名の顧客・業界関係者の方々に来賓いただき、日本を代表するジャーナリストである櫻井よしこ氏、アーティスティックスイミングの井村雅代先生の講演会を開催するなど、盛大な式典となった。その式典において、新たな経営方針と、私が会長職となり、専務の勝井基明が代表取締役社長に就任することを発表した。『ＳＬＡ燃焼技術』による『バーチカル炉』、『プランテック式プレコートバグフィルタ』など、五十年にわたる幾多の技術開発によって、目指す方向は決定している。次は、戦略スピードを加速させるた

めだ。

それに先立ち、シンガポールに現地法人『プランテック・アジア・パシフィック』社を設立。東南アジアにおける廃棄物焼却プラントメーカーとしての基盤を確立するとともに、現地の自治体や民間企業に向けた営業拠点とすることが目標だ。

東南アジアではまだ廃棄物の多くが埋めたて処分されており、焼却設備の導入は少ない。さらに、廃棄物の分別というカルチャーがなく、日本国内向けの焼却設備を移行しても焼却処理が難しいという側面をもっている。純国産技術でありながら、あらゆる廃棄物を完全燃焼でき、コストパフォーマンスにも優れた『バーチカル炉』は、グローバルとしてまさに理想的な焼却炉である。今後、シンガポールを拠点として周辺国へのマーケティングを進めていく予定だ。

二〇一八年には、イタリアのヴェネツィアで開催されたシンポジウム『エネルギー・フロム・バイオマス・アンド・ウェイスト　ベニス2018』で焼却システムの論文発表を行い、大きな反響を得ることができた。「日本から見たことがない焼却炉がやってきた」と話題になり、発表後は聴者から質問が相次いだという。五十年前、日本の多くの焼却炉メーカーがヨーロッパからの技術輸入に頼っていたことを考えると、まもなくメイド・イン・ジャパンの焼却技術が本場に輸出されるかもしれないと思い、今から心を躍らせている。

また、東北大学と協力し、国立研究開発法人新エネルギー・産業技術総合開発機構（NEDO）が公募した「ベンチャー企業等による新エネルギー技術革新支援事業」に、「熱光起電力発電を用いた廃棄物発電技術の開発」をテーマに応募。事業として採択された。これは、熱輻射光を用いた小型廃棄物焼却炉の熱光起電力発電技術を確立し、実用化することが目標だ。一〇〇トン未満の小型廃棄物焼却施設では、ボイラタービン発電の費用対効果が低く、発電設備を備えた施設は全体の約三％と進んでいない。それに代わる発電技術として、システムの設置スペースがコンパクトで、焼却炉の大規模な改修工事が不要である熱光起電力発電に着目したものだ。この東北大学との共同研究事業を通して、最終的には小規模・分散型発電に適した新たな発電システムの構築を目指していく予定だ。

# 最終章

# 技術開発の答え

わが人生は焼却炉
ひとすじ
プラごみ混焼も！
小規模焼却炉も
技術開発への情熱
は燃えつきることはない
High
Moon

## 焼却プラントの進化が、廃棄物問題を解決する

日本と世界の廃棄物の状況は、日本の廃棄物処理の歴史を当てはめてみると、わかりやすい。先進国の廃棄物は現在の日本と変わらないが、開発途上国の廃棄物は日本の昭和のものと似ている。国内では、廃棄物を重量ベースで考え、ここ数年は減量しつつあるといっているが、カロリーベースで考えると減量化してはいない。理由のひとつは、カロリーの高い廃プラスチック類にある。

二〇一八年の六月、カナダで開催されたG7サミットにおいて、「海洋プラスチック憲章」が採択された。直径五ｍｍ以下のマイクロプラスチックが分解されないまま海洋を浮遊し、それを食べた動物プランクトンなどの食物連鎖によって生物・生態系に影響を与えているという。環境省の発表によれば、世界で回収されているプラスチックごみの七九％が埋め立て、もしくは投棄されており、リサイクルされている量は九％に過ぎない。ペットボトルに至っては、国内のリサイクル率は約八五％と発表されているが、その四割以上が中国に輸出されていた。しかも、中国は二〇一七年にその受け入れを停止させている。

日本では、プラスチックリサイクル率の数値は向上しているが、その八〇％近くが焼却処分

されている。なぜなら、食品残渣《ざんさ》などの付着や、多種・多層のプラスチックが混合している場合が多いからだ。一部の識者には、廃棄物を燃やしてエネルギーとするサーマルリサイクルはリサイクルではないという方もいる。もちろん、環境負荷になりやすいプラスチックの使用を、将来的に削減していくことはなにより不可欠だ。しかし、世界中に分別のカルチャーが行き渡り、代替素材が普及し、プラスチックが使用されなくなるまで、一体どれほどの時間がかかるのだろうか。実効性にはほど遠いように思える。

一時期、「プラスチックを燃やすと有害なガスが発生する」という噂が流れ、焼却炉に入れるごみから廃プラスチック類が外されたことがあった。しかし、その途端に全体のカロリーが減少して発電量が落ち、慌てて入れ直す場面があったほどだ。しかしこれは、焼却技術の問題でもある。どのようにごみ質が変化しても、地域ごとにごみ質が変わっても、燃焼時に有害ガスを排出せず、ごみを有価物としてエネルギー化できる焼却炉であれば、当面の問題は解決する。将来、廃プラスチック類が増減される変化にも対応できる。

先に何度か述べたが、環境省は焼却施設の広域化・大型化を推奨している。小規模焼却施設では、ダイオキシン類等の有害ガスが排出されやすいことへの懸念と熱回収が難しいとの理由からだ。

しかし、人口減少により財政状況が厳しくなっている地方行政にとっては、遠隔地へのごみの輸送は莫大なランニングコストとなって財政を圧迫する。ごみに関する行政サービスの低下や住民の分別への意識低下といった可能性もある。焼却炉の能力によって、行政や住民が苦しむことになれば本末転倒だ。小規模の焼却プラントであっても、排ガス問題などが起こらず、低コストで熱回収できるプラントであれば解決する。イニシャルコストもランニングコストもコンパクトに収めることができるはずだ。

廃棄物を圧縮してボックス化し、燃料パッケージにすることでもコンパクト化は図れる。例えば、医療廃棄物は、専用ボックスの中に廃棄物を詰め、パッケージとして焼却される。医療廃棄物専焼炉で発電実績までもつ『バーチカル炉』であればそれが可能だ。

## 焼却プラントをコスト面から考える

一九七二年に制定された「廃棄物処理施設整備緊急措置法」から四十五年にわたり、多くの焼却プラントが建設された。そのため、近年老朽化を迎えたプラントが増加している。環境省の「廃棄物処理施設整備計画」によると、二〇一六年の段階で、築年数が三十年を超える施設が百八十二、四十年を超える施設が二十もある。これらが次々とリニューアルし、延命化を図っているが、その多くが既存の焼却炉と同じ炉形式を採用している。焼却炉本体の技術原理としては、この五十年の間の進化は眇たるものだ。すると最終的に、形式としては七十〜八十年前の炉形式を採用し続けることになる。この炉に新たにボイラ発電を付加し、再生エネルギーを活用するとしても、八十年前の焼却技術では、排ガスは燃料ではなくあくまで排ガスの位置づけである。そのために様々なプロセスが付随する排ガス処理設備が必要となり、イニシャルコストとランニングコストを押し上げてしまうのだ。さらに燃焼が荒れるために助燃剤として重油を使用している焼却炉もある。「発電しているからエコ」といっても、そのためにつぎ込まれた予算に鑑みると、本当に費用対効果があるのか疑問は残る。

我々が現在プラントを建設中の五島市では、旧プラントの稼動から十七年で更新を決定された。将来のランニングコストを計算すると、新しいプラントの技術で新たに建設し直したほうが、コストがかからないと判断されたからだ。

廃棄物の焼却後にも課題は残る。最終処分場の問題だ。もう国内では、余年が二十年ほどしかないといわれている。これにも焼却炉性能の本質が問われる。完全燃焼に近ければ近いほど、焼却主灰の発生量が少なくなり、路面材などへのリサイクルが可能になる。反対に、未燃物やクリンカが多ければ、それらは埋めたて処分せざるを得ない。これもランニングコストとなって行政を悩ませる問題になる。

リサイクル率の数値は、完全燃焼されているかどうかの指標でもある。例えば、東日本大震災の災害廃棄物処理の場合、『バーチカル炉』では、リサイクル率九九%を実現した。他の形式炉では五〇%のところもあった。比べると、一対五〇倍比にもなりかねない。同時に、埋め立て処分量を大幅に削減できる。処分地の限られた日本だからこそ、率先して世界をリードしていくべきだと思う。

廃棄物処理施設の歴史は六十年になろうとしているが、長きにわたって「迷惑施設」と呼ばれてきた。その汚名をそそぐため、各メーカーは、外観こそ美しくし、アメニティも充実させてきた。当然、プラント価格も高額になる。しかし、焼却の本質を考え直さなければ、いつまで経っても変わらない。山高きが故に貴からずだ。

## ナンバーワン、オンリーワンを目指して

六十年前、縁あってこの世界に足を踏み入れた。何の教科書もなく、自己流で焼却炉に取り組んできた。二十歳代で日本初となる機械式焼却炉の建設に携わり、見学に来る自治体担当者のために、商店街の燃えやすいごみをかき集めて燃やし、苦心惨憺したことが今更のように感じられる。その時に、燃えたごみの上に新たなごみを載せて燃焼を続けた。その発想が、今に

活きている。

日本にヨーロッパの技術が導入され、私の前を通り過ぎては消えていった。それを横目で眺めながら、ただ一筋に自分の考えた燃焼方式を押し通した。私の考えに賛同された京都大学の岩井重久教授が背中を押してくださった。フィリピン・ケソンプラントでは、業界をアッといわせた。日本を代表する企業のOEMメーカーとして、三十四年間で百十四ものプラントを手掛けることができた。その間に、『ノン・デ・ロール式焼却炉』から始まった私の焼却プラントが、当時世界のトップブランドであった『デ・ロール式焼却炉』として販売されることになった。京都大学の高月紘教授に誘われアメリカの医療廃棄物処理を視察したことから、日本で初めての医療廃棄物専焼炉を実現できた。多くの方々との出会いが、私を導いてくれた。

それら全てが私の糧になり、経済性・公害規制・安定性・対応力・耐久性・操作性・効率性など、あらゆる面で優れた焼却炉にたどり着くことができた。

開発当初に考えていた焼却炉の、はるか上のものができたと考えている。宝の山を掘り当てたといっても過言ではない。『バーチカル炉』は、超低カロリーの廃棄物であっても燃料化できる。ごみを直接燃やさずに炭化・ガス化させ、燃料としてから燃焼させるからだ。汚泥処理、汚水処理、難燃物からのバイオマス発電など、今まで世界中に埋め立てされていた廃棄物を、まるで石炭のように燃料とすることができるのだ。当社の社員には、『バーチカル炉』の解析をさらに進歩させ、本来の性能向上を図ると同時に、新たな用途、さらなる発展に繋げて欲しい。

小学校時代の友人に会うと、「やはり勝井はやりよったなあ」と冷やかされる。それ以降の友人には、「まさか勝井がここまでやるとはなあ」と驚かれる。ある友人は「勝井はセレンディピティ（思いがけないものを発見する能力）がある」と教えてくれた。

社会に入って六十三年間、会社を起こして五十一年間、千変万化する環境業界において少しもぶれたことがなかった、そのことがセレンディピティに繋がったのかもしれない。

オーナーとして決定権と予算をもち、時には社運を懸けた事業方針を打ち出してきた。会社規模は小さいながらも、大きなビジョンを持ち、技術開発に糸目をつけず投資してきた。競争心は大きなパワーだ。他にできないものを造る。大企業にできないことをやる。負けじ魂を持ち、至るところで衝突を繰り返しながらも、自分の意志を突き通してきた。まっすぐだから、ぶつかる。まるでドン・キホーテだ。決して賢い生き方ではない。しかし、だからこそ、オンリーワン、ナンバーワンを目指せたのだ。

深い谷にもがき、高い山に苦しんできたが、あきらめたことは一度もなかった。成功より、失敗から学んだことのほうがはるかに多い。本当の答えは、意外とシンプルだ。複雑に見えることでも、道を突きつめていけば、シンプルな答えにたどり着く。
友よ、答えはいつも、焼却炉の中にある。

技術開発は、常に現場発想から生まれる。

# あとがき

廃プラスチック問題が、世界で揺れている。最終章で触れた海洋汚染に始まり、企業による使い捨てストローの使用禁止、廃プラスチックの輸出入を規制するバーゼル条約の改正だ。これまで、日本をはじめアメリカ、ヨーロッパ諸国は規制のゆるいアジアへ廃プラスチックを輸出し、マテリアルリサイクル（再資源化）に頼ってきたが、中国、マレーシア、フィリピンは受け入れを拒否。今後日本は、年に一〇〇万トン以上の国内処理を余儀なくされる。

問題は山積みだ。例えば、ある大都市の一部地域では、一般廃棄物の廃プラスチックは「不燃ごみ」とされ、埋め立て処分されている。燃焼が安定しないためにダイオキシンの発生や焼却炉を傷めるといった問題がその理由だ。結果、新たな埋め立て地の開発が、今でも進められている。

他方、混合ごみとして処理している地方自治体は、環境省の要請によって廃プラスチックの焼却処理がなおさら増えつつある。中には、廃プラスチックのために一般廃棄物のカロリー値が二倍近くになっている焼却施設があり、排ガス量の急激な増加によって焼却量が大幅に減少。一日の計画処理量を達成できない場合も起きている。これまで、一般廃棄物向けと廃プラスチックの多い産業廃棄物向けにおいて、別の炉形式が採用されてきたことからもよくわかる。これは、環境技術国日本として、誉められたものではない。

そこに急浮上してきたのが、焼却することでその熱をエネルギー活用するサーマルリサイクルだ。ある化学業界団体の試算によると、サーマルリサイクルによる発電効率が二五%以上に達すれば、マテリアルリサイクル同様の環境負荷削減効果が生まれるという。注目すべき試算であるが、それが可能であれば、もともとこんな問題は起きていないと思う。なぜなら、環境省発表の発電設備を備えた焼却施設の発電効率は、平均一二・八九%。二五%には、倍近い開きがあるからだ。

発電効率は、焼却炉の稼働率（年間処理量／日処理能力）にも大きく影響される。北海道大学の研究（二〇一二年）では、焼却炉の稼働は年間三百六十五日をフル稼働とすると二百日前後が中央値となっている。日ごとのごみ量の変動や、点検・修理による休炉などが主な理由だ。パーセントに換算すると、なんと稼働率五〇～六〇%となる。通年で安定燃焼できない以上、発電効率を上げることは難しい。そんな状態であるにも関わらず、廃プラスチックが増えればカロリーの乱高下が起こり、炉トラブルも増える。まるでイタチごっこだ。

これらの問題を全てクリアできるのが、一般廃棄物も産業廃棄物も、同じ炉形式での安定燃焼に実績をもつ『バーチカル炉』だ。すでに、廃プラスチックを多分に含む医療廃棄物焼却炉で、公害等の問題なくサーマルリサイクルを実現している。廃プラスチックが混合した一般廃棄物を安定燃焼できれば、発電効率が上がり、炉を傷つけず、埋め立て地も延命できる。これらのことからも『バーチカル炉』は、世界でも類を見ないオンリーワンの燃焼技術であり、私の長年の経験と実績から考えても、将来にわたって焼却炉のバイブルになると考える。この純国産の環境技術を、日本はもちろん、世界の環境改善のために役立てたいと願っている。

本著は、私が二〇〇八年に執筆した『ＭｙＷａｙ50』と、二〇一七年に執筆した『ＭｙＷａｙ60』をまとめ、加筆修正したものである。

マニュアルがひとつもない時代に、実践だけを教科書として、ゼロから全て開発してきた。もちろん、私だけの力ではない。『バーチカル炉』の技術は、これまでに出会った数多くの技術者の方々から私に託された、創意燃焼の集大成だと感じている。

私が廃棄物焼却に携わって六十年。プランテックを創立して五十年。数え切れないほどの恩人との出会いがあった。長きにわたり和衷協同してくださった日立造船株式会社の皆さまをはじめ、大勢の方々が私を叱咤激励してくださった。だからこそ、今の私があるのだ。本来、お一人お一人に御礼申し上げるべきではあるが、この紙面にてお伝えすることをご容赦いただきたい。ありがとうございました。

本著の執筆にあたっては、多くの方にご協力をいただいた。スケジュール管理から内容確認まで、全面的に作業を手伝ってくれたプランテック社員には、大変な苦労をかけた。また、妙趣にあふれる挿絵を描いてくださった『ハイムーン』こと環境学者の高月紘先生、本著の帯に力強いメッセージをくださったアーティスティックスイミング日本代表ヘッドコーチの井村雅代先生、執筆面でアドバイスいただいた編集者の田島亮二氏、出版の労を執ってくださった中央公論事業出版の堤氏に、感謝の意を表する。

最後に、生涯の伴侶として私を陰日向に支えてくれた妻の和子。私の人生で最大の成功は、あなたと出会えたことだ。本当にありがとう。

二〇一九年八月

勝井　征三

本書に登場する地名・社名・所属・役職等は、当時のものです。文中の比較数値は、当社比によります。掲載写真についての著作権は各撮影者に帰属するものであり、筆者に帰属するものではありません。また、それらにより、及ぼす影響の全ては、著者の責にあります。

## 参考文献


●學藝書林刊『ごみの百年史―処理技術の移りかわり』
●一般廃棄物処理施設の整備・維持管理に関する行政評価・監視〈結果に基づく勧告〉（総務省）
●工業出版社刊『ごみ焼却炉選定の技術的評価』
●講談社刊『廃水・廃棄物処理　廃棄物編』
●国際環境技術センター発行『医療廃棄物処理技術概要集』
●環境システム計測制御学会『特集：東日本大震災復興特集〈廃棄物編・まちづくり編〉』『東日本大震災における災害廃棄物の焼却処理』
●フォーラム環境塾レポート集【12】美しい地球を守るために私たちが出来ること「廃棄物からの新たな価値の創造」
●環境新聞社刊『東日本大震災　災害廃棄物処理にどう臨むかⅢ』
●日報ビジネス刊『週刊 循環経済新聞』二〇一一年十月十日号

●毎日新聞社刊『毎日フォーラム』二〇一七年一月号
●北海道大学大学院工学研究院・環境創生工学部門廃棄物処分研究室・松藤敏彦『竪型ストーカ炉内の現象に関する考察』（第29回廃棄物資源循環学会研究発表会）
●第25回環境工学総合シンポジウム『竪型ストーカ式焼却炉の安定運転性能』プランテック発表
●五島市刊『広報ごとう』二〇一六年四月号
●プラスチックを取り巻く国内外の状況－環境省
●PETボトルリサイクル推進協議会『PETボトルリサイクル年次報告書　2018』
●海洋プラスチック問題対応協議会『プラスチック製容器包装再商品化手法およびエネルギーリカバリーの環境負荷評価（LCA）』二〇一九年五月十四日
●環境省・一般廃棄物処理事業実態調査（平成二十九年度）
●北海道大学・廃棄物処分工学研究室『一般廃棄物全連続式焼却施設の物質収支・エネルギー収支・コスト分析』二〇一二年三月

略歴

一九三七年／大阪に生まれる
一九五六年／大阪市立生野工業高校機械科卒業
／汽車製造（株）〈現 川崎重工業（株）〉ボイラ設計課に勤務
一九五九年／三和動熱工業（株）に転職
一九六七年／豊川鉄工（株）設立
一九七九年／講談社刊『廃水・廃棄物処理』（岩井重久、加藤健司、左合正雄、野中八郎共編）
の「焼却炉の設計と運転」の分野を執筆
一九八四年／（株）プランテックに社名変更
二〇〇〇年／『科学技術庁長官賞』受賞
二〇〇六年／『ウェステック大賞２００６　新技術部門賞』受賞
二〇〇七年／『中小企業庁長官賞』受賞
二〇〇八年／国家褒章『黄綬褒章』受章
二〇一三年／『日本燃焼学会 技術賞』受賞
二〇一六年／『廃棄物資源循環学会 有功賞』受賞
／『日本産業機械工業会 会長賞』受賞
／『環境大臣表彰』受賞

二〇一七年／『日本エネルギー学会 学会賞』受賞
／『日本機械学会 優秀製品賞』受賞
二〇一八年／『化学工学会 技術賞』受賞
二〇一九年／『関西発明大賞』受賞
／『発明大賞　考案功労賞』受賞
特許第2603364号「竪型焼却炉及びその焼却方法」
ほか特許・実用新案　85件以上取得

撮影：正畑綾子

技術）の特長　※一般廃棄物向けでの名称は竪型ストーカ式焼却炉

# 下水汚泥の混焼まで処理可能

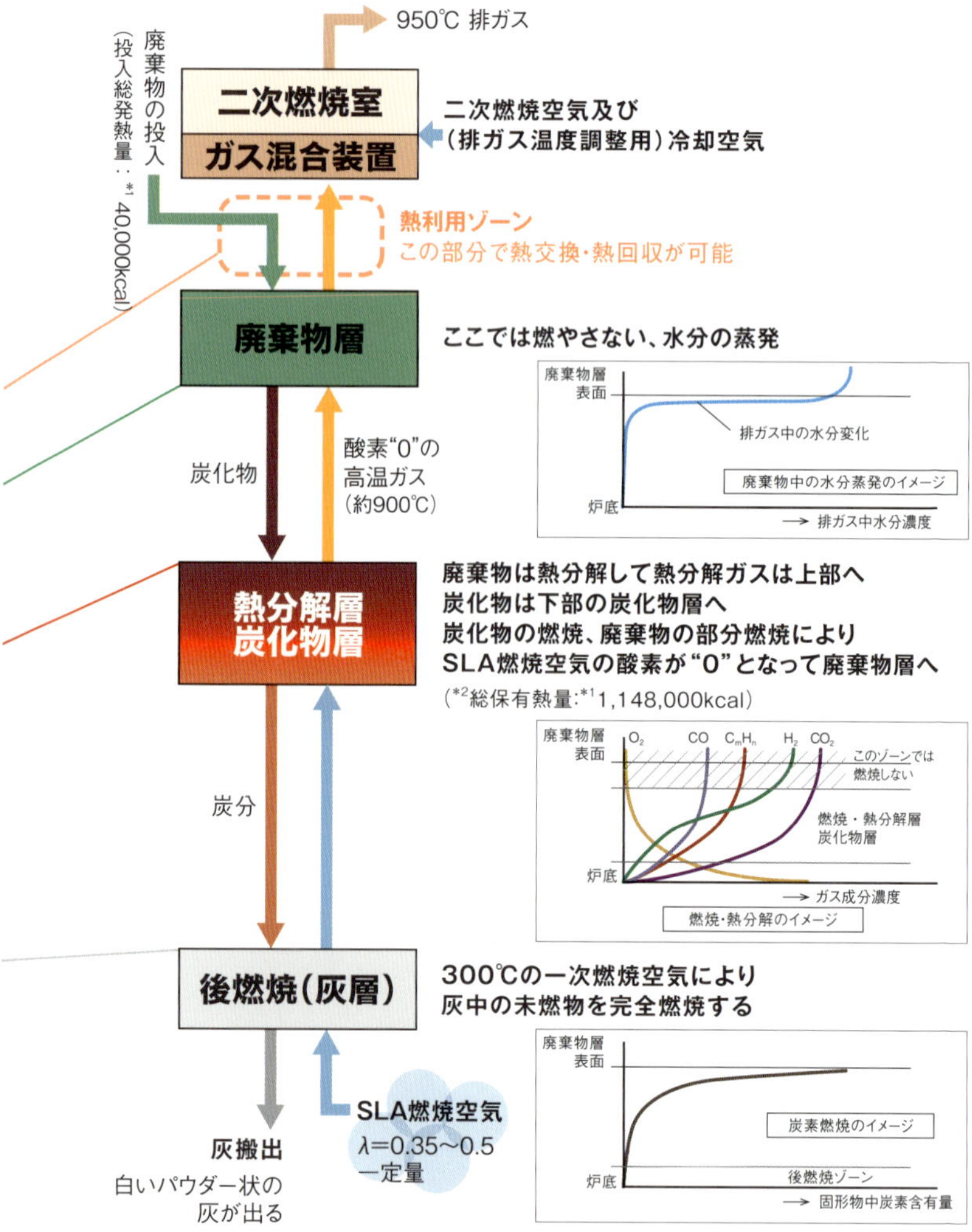


*1　長与・時津環境施設組合ベース
*2　焼却炉内に堆積した未燃焼廃棄物の総発熱量

# 一般廃棄物から災害廃棄物・

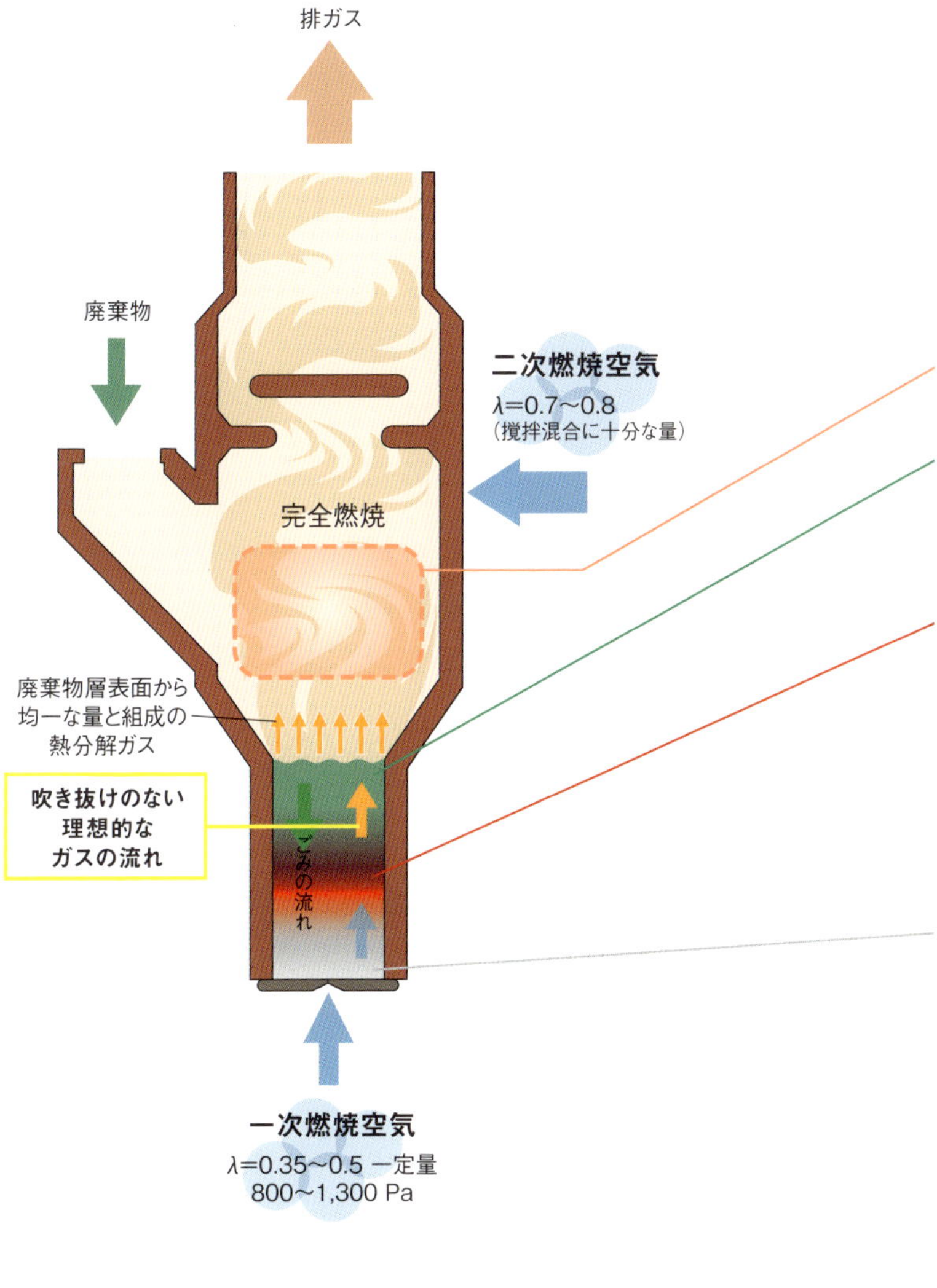

ごみを燃やさない焼却炉

2019年10月31日初版発行

著　　者　勝井　征三

制作・発売　中央公論事業出版

〒101-0051　東京都千代田区神田神保町1-10-1
電話　03-5244-5723
URL　http://www.chukoji.co.jp/

印刷／精興社

製本／松岳社

デザイン／studio TRAMICHE


Printed in Japan　ISBN978-4-89514-500-8 C0050

◎定価はカバーに表示してあります。
◎落丁本・乱丁本はお手数ですが小社宛お送りください。
送料小社負担にてお取り替えいたします。

# 実践メディアリテラシー

## ―〝虚報〟時代を生きる力―

大重史朗
Oshige Fumio

揺籃社

# はじめに

## ▽「3・11」を機に状況が変化

インターネットが盛んに用いられ、人々は既存の新聞や雑誌、テレビの情報に頼るだけではなく、個人のレベルでもSNS（ソーシャル・ネットワーキング・サービス）を通じて身近な情報を発信できるようになった。そうした情報が氾濫する時代の中で、人々は何を根拠にして、身近に押し寄せる情報に惑わされないようにすべきだろうか。インターネットが出現する前ならば、現代社会の情報を得るためには新聞やテレビが唯一の手段として信用されていた。公平中立であり、読者や視聴者の代表として権力者に立ち向かうジャーナリズムの姿が民主主義国家の中で当然視されていた。

インターネットが盛んになり始めた、いわばインターネットの草創期の10年（私は1990年代後半から2000年代にかけてであると実体験から定義づけたいのであるが）、確かにその時期ならば、インターネット上の情報はあまり信用できないものも含まれていた。インターネット上の情報は匿名性が高く、場合によっては他人や知人、組織の悪口を書くために利用されたり、ある政権や政治家、中央省庁や大企業などが世論を誘導したりしたいときに利用される「いい加減な情報」の象徴とされていた。だから、インターネットの情報に触れたら、新聞やテレビではどのように報じているか確認すべきだ、など、新聞やテレビはインターネットより「格上」とみられるのが普通だった。

しかし、事態は一変したのである。2011年3月11日。東日本大震災とその後の津波、そして、翌日の東京電力福島第一原子力発電所からの放射能漏れ事故は、人々のメディアの位置づけを大きく変えた出来事といってよいのではないだろうか。私の記憶では、大地震の直後、テレビのニュースは自衛隊の上空からの空撮映像を借りて、津波が押し寄せている状況を伝えていた。しかし、その後、現地の人々が自分のブログなどで、どれだけひどい状況になっているか、被災状況を一般の人のレベルで情報発信し始めた。そして、やっと半日から1日という時間が経過してから、テレビの取材陣が到着した。これらの動きは1995年1月の阪神・淡路大震災とは大きな違いであった。当時はまだ、活字や映像メディアの取材に情報を頼る面が大きかった。「3・11」は「一般の人でも情報発信できる」ことを、事実をもって証明したのだ。

## ▽新聞やテレビが信用される時代は終わった

そして、2014年に発覚した、朝日新聞の慰安婦問題の報道や福島原発の「吉田調書」をめぐる一連の誤報と虚偽報道により、「新聞といっても正しいことを書くとは限らない」という印象を一般の人に証明してしまったと言える。

私は元来、新聞記者として社会人生活を送ってきた。しかし、こうした現実を突きつけられ、「新聞や雑誌、テレビが信用される時代は終わった」と実感せざるを得なかったのは事実である。現在では、新聞や雑誌、テレビまでもが、若い人の生活から遠ざかっている。新聞の宅配ビジネスなどは、高齢者を頼りにするしかなくなってしまっているのが現実なのである。

かつて、メディアの中で、新聞や雑誌がテレビにとって変わられたように、既存メディアがインターネットの世界に王座を奪われる時代となり、何を信じ、何を頼りに生きていけばよいのかわからない、不安な時代となったことも事実である。私は大学の授業などで、「今やインターネットは電気や水道、ガスと同じくらい、人々の生活になくてはならなくなったライフラインと言える」と伝えている。しかし、そのインターネットですら、何を根拠に真偽を確認すればよいのか不明である。一方では、インターネット世代の若者の行動パターンといえば、わからない問題が生じると、まずはインターネットで「検索」することが当然となっているのである。

▽情報氾濫の時代をどう生きるかが課題

情報は、私たち現代社会に生きる者にとってなくてはならない。しかし、その理解や判断を一歩誤ると、社会や個人の人生に大きな損害を与えることになりかねない。情報氾濫の時代にあってどう生きればよいのか、これがこの本を書くきっかけになった。

本書執筆にあたっては全体を大きく3つに分けた。第1講ではマスメディアのあり方、ジャーナリズムの役割について概説した後、第2講以降では、2014年に問題となった朝日新聞の不祥事とそれをめぐるメディア記事を参考にしながら、メディアが犯す過ちに対して、一般人はどのように対応したらよいのかについて論評を加えている。

ただし、とくに第2講と第3講の内容については、一連の朝日新聞の問題が発覚した2014年8月以降の報道をもとに論評を加えており、時間の経過とともに関係者の検証や釈明が活字媒体を中心になされている。本書では週刊誌などが報じた記事が出た時点を基準に論じており、その後の当事者による検証や釈明などすべてを網羅しているものではないことをお断りしておく。当事者の新聞社や記者個人を追及するものではなく、あくまでもメディアリテラシーを学ぶ学生の皆さん、あるいは企業や官公庁で広報などの実務をしている人たちが、メディアに接する際の判断基準をどのようにもつべきかに焦点を当てて論じているものであることを、読者の皆さんにはご理解願いたい。

つまり、本書は、単なるメディアリテラシーの概説でなく、私たちが情報氾濫時代のリスクを乗り越えるための生き方を考えていく書であり、若い頃から研究一筋に暮らしている学究肌のいわゆる「メディア研究者」が理論構築するだけでは物足りない時代の中で、実践的な判断力をつけることを考えて執筆にあたった次第である。あくまでもメディアの世界の中で生きる実務家であり、研究者でもある私が、現代社会を生き抜く力をつけることができるよう、若い人たちへエールを送るための評論の書であることを念頭に、読み進めていただきたいと願う次第である。

2017年2月吉日

大重　史朗

# 目次

## 第1講 …………………… 11

## 第2講 …… 49

## 第3講 ……… 141



## おわりに ……… 179

# 第1講

日本は法治国家であり、立法・司法・行政といった三権分立が確立されている。しかし、これらは権力をもっており、国の政治や政治家、大企業など広い意味での「権力者」「権力機構」に対するチェック機能が必要である。国や地方を動かしている予算は私たちの税金だ。それは本当に国民のために正しく使われているのか、大企業が行うことは国民生活をかえって不便にしていないかなど、チェック機能を果たすのがメディアの役割だ。

# 1 新聞にはどのような種類があるのか

新聞は「社会との接点」であるという立場が、現在発行されている一般新聞の特徴とされている。しかし、一般の購読者は減少を続け、定期購読者層は高齢化しているのが現状である。また、同じ全国紙といっても、新聞が違えば社説（新聞社の論説）の内容が違うことがある。さらに、同じニュース素材を扱っていても視点や伝え方の切り口が違うこともある。これだけインターネットの情報が盛んな時期に何を信じてよいのか、メディアリテラシーの重要性を学ぶにあたり、新聞にはどのような種類があるか確認しておこう。

新聞は対象読者や記事の内容、発行される間隔や時刻（日刊、夕刊、週刊、月刊など）、判型や配布地域（全国か地域別か）、発行目的（一般読者向け、経済専門家、地域の住民、特定の大学関係者、特定の政党支持者、特定の宗教関係者など）や発行の主体、有料か無料かなどの視点でさまざまな分類ができる。

例えば、一般紙と専門紙の違いは何か。不特定多数の大衆を対象とする一般紙に対して、限定された人々、一定の特徴を示す枠組みに限定した人々を対象とするのが専門紙である。

まず、政治や経済、社会、文化、スポーツ、科学・医療部門などを中心に幅広く、不特定多数の読者に向けて報道する一般紙がある。既存の全国紙としては、読売新聞、朝日新聞、毎日新聞、産経新聞がある。また、ある程度の地域ごとに区切って発行されている「ブロック紙」の北海道新聞、中日新聞、西日本新聞などがある。また、県紙（地方紙）の千葉日報、神奈川新聞、上毛新聞、神戸新聞、山梨日日新聞などは、その県独自のニュースについて、大きく紙面を割いて伝えている。中日新聞系の東京新聞は関東地方を中心に売られており、必ずしも東京の「県紙」というわけではない。

次に経済記事を重視した経済新聞が挙げられる。例えばビジネスパーソンの必読書ともいえる日本経済新聞をはじめ、フジサンケイビジネスアイや中部経済新聞などがある。

また、スポーツや芸能記事を中心とするスポーツ紙には、報知新聞、サンケイスポーツ、スポーツニッポンなどがある。さらに、夕刊専門の新聞（タブロイド版が多い）には、スポーツや芸能ネタ、風俗ネタや広告、一般紙が書けない裏情報ネタなどが掲載されており、活字メディアを生活の中心に位置づけてきた中高年層の購読者が多い。夕刊フジ、日刊ゲンダイ、東京スポーツがある。

そのほか、専門紙・業界紙の中には、特定の団体の会員など、限られた人を対象としている新聞もある。政党機関紙として自由民主、公明新聞、しんぶん赤旗などがあり、宗教団体の機関紙として聖教新聞、カトリック新聞などがある。また、労働組合の組合員向けの機関紙もある。

読者、とりわけ学生の皆さんが想定するのは、小学校から高校時代までに経験してきた、学校新聞や学級だより、自治体の広報紙、官公庁や企業のPR紙なども含まれるかもしれないが、本書で取り上げる活字メディアとしての新聞は、それ以外の、前述してきたような全国紙など、商業ベースにのった新聞を指すこととする。

## 2 日本の新聞の特徴

普通、新聞というと、膨大な発行部数と高い普及率、巨大新聞社の存在が挙げられるほか、日本の新聞の特徴としては、大衆紙と高級紙の境界線が薄いことが挙げられる。芸能ネタなどを扱うスポーツ紙や夕刊紙は比較的、大衆紙的な色彩が強い。しかし、欧米でエリート層が読む高級紙という区別はほとんどみられない。

日本の新聞の発行部数は2015年現在、約4400万部で、1世帯あたりの部数は0・8となっている。1世帯あたりの部数は2008年以降「1」を割っており、[1]日本人の新聞離れが進んでいる。約1億9000万部のインドや約1億1000万部の中国は極端に多いとしても、4000万部レベルとしてはアメリカと同レベルの部数を誇っている。[2]また、各新聞社のHPなどによると、読売新聞が約902万部(2016年2月現在)でトップ、次いで朝日新聞が約710万部(2014年現在)、続いて毎日や日本経済新聞が続いている。

いまだに世界トップクラスの新聞普及率を誇るのは、新聞販売店制が発行部数の多さに貢献しているといえる。日本の新聞販売は、これまでは販売店による個別配達(宅配)を基本として成立してきた。諸外国でも宅配は普及しているが、日本は著しく発達している。大部分の戸別宅配を担当しているのが、新聞社とは別組織として運営されている販売店で、一般紙(いわゆる全国紙)を発行する新聞社が自社の発行する新聞を、販売店、とくに一つの新聞を中心に販売する専売店を通して定期購読者を開拓して販売する仕組みが根付いていた。しかし、その仕組みも若者の新聞離れが加速するとともに、すでに限界になった。

もともと、都市部では自社の新聞だけを売る専売店が多いが、地方によっては全国紙の発行部数が少ないため、地元紙（県紙やブロック紙）の販売店に配達を委託している地域もある。また、全国紙の中でも発行部数が他社に比べて少ない新聞は、地域により、部数の多い新聞社の専売店に販売・配達を委託している社もある（東京新聞や産経新聞など）。複数の新聞を販売・配達している販売店を、専売店とは別に扱う場合がある。いずれにせよ、新聞販売店を通じて新聞を販売するビジネスモデルは崩壊の危機に直面したといえよう。

その対策として、10年ほど前から新たな動きがある。例えば、新聞社の合理化の一貫として、同じ地域に読売と朝日の専売店が接近して営業している場合、専売店をどちらかの販売店一つに集約して相互協力・乗り入れをする試みがなされている。しかし、都市部で生活する限り、読売と朝日が同じ販売店で売られているケースはほとんど見当たらないのが現状である。

一方、昨今話題になっている新聞の「再販制度（再販売価格維持制度）」とは何なのであろうか。同じ新聞を北海道で購入しても、東京や大阪で購入しても同一価格である。これを再販売価格維持契約制度（再販制）と呼んでいる。メーカーや卸業者が取引先に対し、価格を決定し遵守させることについては、普通はルール違反とされるが、新聞や雑誌、書籍、音楽ＣＤなどの著作物は文化政策上、例外として認められてきた。再販制は時期によっては事実上の政治問題となりかねないが、新聞社側は再販制を維持するにあたり、販売店へ新聞を直送し、できる限りコストを切り詰め、均一で低廉な価格で読者に新聞を提供している、などとして制度の意義を強調してきた。

さらに昨今、消費税率を8％から10％に上げる政策目標が政府を中心に掲げられているが、新聞業界は、ニュースや知識を得るため、消費者の負担を減らすことが必要であり、活字文化の維持・普及にとって重要であるとの立場から軽減税率適用の必要性を訴え続け、政府は新聞の軽減税率適用を定期購読する場合に限り認めた経緯がある。(3)

3

# 新聞・雑誌の「記者」の仕事の変遷

２０１１年３月11日の東日本大震災や翌日の東京電力福島第一原子力発電所からの放射能漏れ事故の際に、一般の人がブログ等を更新して、情報発信した経験から、記者の仕事の役割、立場、責任、モラルなどが再認識されている。それでは記者の仕事とは、どのような内容なのだろうか。

▽「事件＆特ダネ」を追及する

新聞だと捜査関係者からの捜査情報を独自に入手したり、雑誌であれば、真犯人とされる人物の素顔や生い立ち、親族の証言などを入手したりする。もちろん刑事事件だけではなく、政治家の汚職や官僚の天下り問題、教育や福祉の現場で問題になっていることなど、一般国民はもとより、他のメディアも気づいていないニュースを発掘し、それが社会的にみてどのような背景があるのかを分析しながら伝える役割がある。

▽「事故・災害」の現場を報道する

震災や豪雨など被害の状況をいち早く国民に伝え、現在より被害が拡大しないよう、国民に危機意識をもってもらい、避難する必要の有無や避難所がどこにあるのか、といった生命を守るために必要な情報を提供することが第一である。そして、国や自治体の対策がどこまで進んでいるのか、足りない点や近々問題となりそうな課題などを浮き彫りにして指摘することも事故・災害報道の重要な部分である。

▽「連載・話題もの」

新聞であれば、例えば大災害が起きた場合、被災地の様子や人々の健康に関する情報、問題点とその解決策、被災者の生活の不自由な点や困難に直面してそれを乗り越えたり、社会のために尽力したりしたことなど、ヒューマンストーリーを取り上げる。また、雑誌なら「名医の現場紹介」「病院手術数ランキング」「大学入試ランキング」など、医療ものや教育の別冊特集が定番としてよく売られている。いずれも生活に必要な情報を各社の独自の切り口でまとめているのが普通である。そのほか、グルメ特集、鉄道の旅など、やはり人々の衣食住に関連した話題の特集も好んで読まれる内容だ。雑誌がよく行う手法であるが、日本人に好まれるものとして「ランク分け」がある。前述した病院や大学入試のほか、震災後であれば原発の放射能漏れ事故を受けて、放射能がどの地域にどれだけ到達しているかを、予測する「ホットスポットランキング」などの特集も相次いだ。

▽「検証・問題提起」

「戦後の政治や経済のあり方」「原発の推進の歴史」「未解決事件の捜査の問題点」など、過去の政治や経済、社会の事象でその後問題が浮上してきた案件を報道機関として検証し直す。「昭和の総理の人物像」などもヒューマンストーリーとして取り上げられる。例えば２０１５年は「戦後70年」というくくりで、政治や経済、社会などが１９４５年の終戦を迎えた日本をその後、どのように支えてきたか、変革をとげてきたのかを検証する新聞・雑誌記事やテレビの特集番組が組まれた。

▽「主張・論説」

新聞であれば社説で自社のスタンスを主張し、その時々の政治や経済、社会、文化、科学、スポーツなどの主な出来事について論説しているほか、読者の投書欄で愛読者の主張も紹介している。雑誌であれば、ニュースや特集よりも言論にも比重を置く雑誌、例えば『文芸春秋』『中央公論』『正論』『世界』『ＷｉＬＬ』などの老舗の月刊誌や新興勢力の月刊誌が発行されている。そのほか、週刊誌においても政権与党や原発問題など、その時点での政権に対するスタンスの違いが特集の内容に影響を与える場合が少なくない（反与党、反原発など）。

▽「調査報道」

中央省庁や行政の記者発表に頼らず、メディアの独自の取材で記事をまとめる手法である。新聞社やテレビ局などの組織取材で手がける場合もあれば、フリーランスのジャーナリストがコツコツと調査を手がける場合もある。さかのぼれば、文芸春秋が田中角栄首相（当時）の金脈問題を取り上げたことはメディアの歴史に残るスクープと言える。必ずしも政治家が対象とは限らず、大手企業や有名人の不祥事、人々の生命や健康にかかわる問題、国民が納める税金や補助金の不正取得など、広い意味での公的な組織や関係者の不祥事や社会問題につながるテーマを取り上げることが多い。

4

## 新聞と雑誌では記者の育て方が違う

新聞社の場合は、地方支局が記者育成のいわば「実地研修所」となる。地元警察で事件取材や捜査関係者への状況把握をするために取材をする、いわゆる「サツ回り」といわれているものから、小さな地方自治体の行政、選挙、高校野球地方予選などを分担・経験し、取材の仕方や記事の書き方を学ぶ。実際、記事は1年目から、交通死亡事故などの小さな記事から、事件や選挙などの情勢や結果をもとに事実やデータ、意見をまとめた特集記事までを通常業務として受け持つ。事件や行政ものは、地元の記者クラブに入会し、捜査当局や行政サイドから情報を得た上での取材が主体となる。

一方、雑誌の場合は地方勤務がなく、入社後から直接、本社の編集部に配属される。事件や行政、選挙などはまずは現場に赴き、当事者（事件の容疑者や被害者、選挙の話題の立候補者など）の素顔に迫るエピソード主義となる。いきなり原稿を書く場合もあるが、ページ数や文字数が新聞よりも多いため、先輩格の記者が「アンカー」となり、後輩やフリーランスのライターたちが分担して集めてきた取材結果を一つの「話題もの」としてまとめあげることも少なくない。この場合、分担して現地で取材を積む記者は「データマン」となり、アンカーにデータを送ることに徹するなど、役割分担がなされる。

## 5 メディアの立場、ジャーナリズムの立場とは

ジャーナリズムは「第4の権力」とよく言われる。それだけに、権力をチェックする機関として、できる限り「事実」に迫ることが求められている。

「第4の権力」という場合の4番目とは何を意味するのか。日本は少なくとも民主主義で、なおかつ法治国家である。そのため三権分立（立法、行政、司法）に次ぐ事実上の「第4番目の権力」としてメディアが取り上げられることが多い。当局側（省庁や自治体など公的な機関）が積極的に情報公開を行うよう、取材を通して迫る。また、広い意味での権力者（政治家、上場企業トップや企業そのもの、事件の当事者など）に不正が行われていないかをチェックする。例えば、東日本大震災直後の原発事故に際しては、これまでの対策を怠ってきた東京電力も大手企業の一つとして、ある意味では権力

者側として位置づけられるのである。

新聞は当局取材、雑誌は周辺取材、テレビは映像を中心とした取材など「手段」や「取材の経緯」が違うが、国民が広い意味で「不利な立場」に立たされていないか、結果的に国民の税金の無駄使いが行われていないかをチェックするのがメディア、とくにジャーナリズムの役割といえる。国民目線に立った、「公共の利益」を追求し、「国民の知る権利に応える」役割がある。その他、雑誌などは話題ものとして読者の娯楽を提供する（芸能・スポーツものなど）嗜好品的な側面ももっている。

## 6 東日本大震災の報道から6年。今問い直される記者の責任

不況の影響やインターネットなどの普及で、新聞が売れなくなっているのが現状である。新聞社に勤務する記者は、フリーライターなどを除けば、基本的には「会社員」であり、男女とも「サラリーマン」の立場といえる。今後は新聞社も不景気の影響を受け、新聞記者や雑誌記者の報酬も減る傾向にある。そうした社会的な背景があるなかで、どれだけジャーナリズムを追求する志を持ち続けるかということが現役記者の課題

である。記者の中には、不景気といえども平均的な日本のサラリーマンの年収を上回る額の報酬を得ている者も少なくない。さらに、手間がかかる事件報道や調査報道、被災地の取材などには関わりたくない、と考える「記者」が少なからずいる事実もある。果たして、そこそこ収入がよい有名企業の一つとして新聞社の社員になったのかと問いただしたくなる「記者」、わたしは「なんちゃって記者」と名づけたいのであるが、彼らは果たして新聞社の社員なのか、新聞記者なのか、どこまで志が高いかを疑問視せざるを得ない状況が生じている。

また、インターネットによる課金制のデジタル新聞が今後どれだけ普及するかは未知数の状態でもある。ビジネスモデルとして成立するのか否かが課題になっている。ヤフージャパンをはじめ、ニュース速報サイトでニュースを確認するのが、現代人にとって当然の姿となっている現在、新聞紙の体裁そのものをインターネットの画面を通じて閲覧することが時代に即しているのかどうかという素朴な疑問も生じている。

こうした中で発生した東日本大震災をめぐる震災報道においては、当初は被災地の避難者や農家など、現地の住民の声や国の復興対策の賛否、原発の是非、首都圏での放射能漏れの実態（ホットスポット）などを報じてきた。震災後6年を経過した現在、報道のあり方が新たなステップに入っているといえる。よく震災とその被災地、被災者のことを忘れないようにと啓蒙するため、「震災の事実を風化させまい」といった言葉が聞かれる。それならばどのようなテーマや切り口で報じ続けるべきなのか。被災地の関係者はもとより、読者に求められる報道姿勢を探ることが課題になっている。

例えば、メディアのあり方を論じる場合、新聞の最大の任務は、テレビが映像による速報、雑誌が少し時間をおいての検証、娯楽性などを重視しているのに対し、記録性だと言われてきた。果たして部数減が現実のものとなり、読者が新聞からどんどん離れていく現状から、それだけでよいのかが今後の課題になっている。

## 7 活字メディアにおけるジャーナリズム

世論を形作るためには、人々に対して正確で事実に基づいた情報が素早く提供されることが求められる。新聞や雑誌などの活字メディアにおけるジャーナリズムはどのようにあるべきなのだろうか。こうした問いかけは、メディアの信頼を今後一層高めるためにも必要なことではないだろうか。インターネットによる情報が氾濫しているこの時代に、どのような役割があるかを考える必要があるのだ。

まずは、ジャーナリズムの定義と役割について述べたい。新聞や雑誌、テレビなどによる時事的な事象の報道や解説、論評を広く「ジャーナリズム」と定義づけることができる。ジャーナリズムは市民生活を営む上での情報を提供する、情報源としての機能が第一に挙げられる。政治や経済、事件や災害、文化的な事柄やスポーツの結果など、世の中で発生しているありとあらゆる事象、それに伴う新聞社や出版社、記者、評論家の論評（新聞なら社説や解説記事）などを広く指すものといってよいだろう。

それではジャーナリズムの役割とは何か。

▽（1）権力の監視機能、「第4の権力」、国民の知る権利に応える

前述したように、日本は民主主義国家で、国会による「立法」、中央省庁や地方の役所などによる「行政」、そして裁判所や検察など「司法」の、三権分立が成立している。とくに立法や行政は時として市民生活のかじ取り役として、市民の行動や考え方までをも左右する、巨大な権力をもつことがある。これがいい方向に動けば、最終的には国民生活も順調に動き、経済が活発化し、国も繁栄する。しかし、権力者が間違った方向に

いくと、国、つまり国民の生活が奈落の底に突き落とされることになる。権力者である立法や行政が、意識的かあるいは無意識かは別にして、あらぬ方向に国を導くことは、国民を国家という名前の泥船に乗せることになりかねない。

この場合の権力者は内閣総理大臣および内閣の国務大臣、国会や政治家であり、政党であり、また中央省庁、地方においては地方議会や地方議員、県知事や市長などの首長、地元の県庁や市役所などがあてはまる。

こうした「権力者」があらぬ方向に、例えば国であれば「日本丸」が沈まないよう、常に監視し、物理的で暴力的な行為ではなく、ペンの力によって間違いやその可能性を指摘し続ける、これがジャーナリズムの役割の原点ともいえる。権力者とは政治家に限らない。東日本大震災直後の放射能漏れ事故の当事者だった東京電力、薬害エイズ事件当時の大手製薬会社なども国民生活を脅かす点からみると、広い意味での「権力者」と定義づけることができる。ここにきてようやく電力の自由化が進んだが、東京電力は首都圏の電力を供給する唯一の「ライフライン」であり、人々は電力会社を選ぶことができなかった。料金の値上げについても反対意見を通すことはできず、電気の供給を受けたければ、法人でも個人の立場においても電力会社の「言いなり」にならざるを得なかった。そこへきて東日本大震災直後の東京電力福島原発の放射能漏れ事故が起きたのである。

一方、昨今、少子高齢化が進んで、医療や福祉にかかる予算、費用がかさみ、国内の社会保障制度が崩壊しつつあると言われている。超高齢社会となり、高齢者が増え、ということは医療費も増えている。健康保険に入っていれば、3割は自己負担で残りは保険料から賄われるが、その財源が国民からの税金である。国民がみな病院にかかり、国全体の医療費や介護費用などが莫大なものとなれば、国の社会保障制度は破たんすることとなる。いや、すでに破綻している。そうした国民の税金のあり方や使い道についての監視機能が働かなければならない。もちろん国民個人が常に政治のニュースに目を向けていられればよいが、時間は限られる。だからこそメディアの役割は重大なのである。

東日本大震災で、日本の経済がさらに悪化し、政治の第一課題は国の経済を立て直すことだとされてきた。そのために、政権を担う者、つまり政権与党や首相、中央官庁などは、「増税」や「年金受け取り年齢の引き上げ」などを常に念頭において、その実現に向けてタイミングを狙っているといってよいだろう。しかし、そうした政策、この場合、一例ではあるものの、増税や年金問題など、課題解決に向けて実行することにより国民生活にどんな影響が出てくるかを事実に基づいて検証、予測し、時の政権の政策や方向性に問題があれば、それを紙面で指摘し、読者に伝えるという役割をもっている。

消費税が値上げされたら人々の生活はどうなるのか、企業によってもどのような負担増が見込まれるのか、人々の購買意欲が低下することも予想される。よく評論家は「たばこ税を値上げすればよい」などと発言する場合があるが、その裏にはたばこ農家の存在もある。見かけだけの論調に人々が左右されないように、公平中立に、あくまでもどの立場の国民にも不利益が生じないような方策を練るのも、メディアやジャーナリズムの役割だといえるだろう。

▽（2）国民の生命や財産を守る使命がある

1990年代後半に、全国的に和牛商法事件というのが社会問題となった。昨今では高齢者を狙った「振り込め詐欺」が横行している。例えば前者のある摘発された会社の一例を挙げると、全国各地の農場にいる牛のオーナーになって一口いくらかの会員になって出資し、牛に子牛が生まれると、その儲けを配当として現金や牛肉の詰め合わせセットなどをもらえるというもので、低金利時代に突入した頃、国民がこぞって会員になった。しかし、和牛商法をしているほとんどの会社では実際に牛が会員の数だけ実在しないなどの問題が発覚し、会社が破たんするなどして、会員が大損をする事件があった。

これをマスメディアが大々的に社会問題として取り上げることで、人々に「都合よく儲かる話はない」という警戒感をもたせたことがあった。

その後、2010年ごろにかけて、その和牛商法で生き残っていた会社が、東日本大震災の直後に破たんした。この段階にきてもまだ、多くの会員が存在していたことが浮き彫りになり、これをさらにマスメディアが伝えることで、さらなる警戒を市民に与える契機となった。

90年代後半には和牛商法のほか、それに類似するオーナー商法が一躍有名となり、「地鶏」やダチョウオーナー制度まで登場した。ダチョウは大きな卵から毛皮まで使い道が多いとして、これも会員制によるオーナー制度が敷かれたが、ただちに制度は破たんした。不景気が当然の今となっては、「どうしてそのような悪質な商法に平気でだまされるのだろう」と不思議に思うかもしれない。しかし、当時はこうした商法は目新しく、人々の警戒心も希薄だった。そこで、このようなオーナー制度の危うさをマスメディアが詳しく伝えた。人々は自分の財産や生命を守るために行動するようになった。これはジャーナリズムの存在価値を高めた好例として挙げられる。

確かに和牛商法は特異な事件かもしれない。２０１１年3月11日に発生した東日本大震災でも、被災地がどのような状況になっているのか、東京電力福島第一原子力発電所の放射能漏れ事故による放射能の影響はどの地域でどれだけあるのか、を逐一、活字メディアは現場からのルポや特集記事を組んで発信し、被災地から離れた地域でも比較的放射線量の高い地域があることを知らせることで、小さい子どもを抱えた母親などの不安を取り除いたり、外出を控えさせるなどの対策に結び付けたりした。地元産の生産物の風評被害を抑えるため、何が危険で何が大丈夫なのか、しっかりとした方向性を読者に示すこともメディアの役割とされた。

また、こうした国民の財産を守る役割と同時に、その延長線上には、例えば文化や芸能、スポーツ、健康や医療のジャンルを受け持つジャーナリズムの使命もある。人々が心身ともに健康な生活を過ごせるように、的確な情報を伝達することが求められるのである。

▽（3）国民生活に対して、疑問を投げかける提案型ジャーナリズム

社会生活ではさまざまな問題が生じている。例えば、超高齢化社会となって、買い物に行けない一人暮らしの高齢者、いわゆる「買い物弱者」が発生している。それを解消するために、ある都営（県営）住宅では街ぐるみで一人暮らしの高齢者宅を見回って、地域ぐるみで高齢者の見守りをはじめたという。これを新聞がレポートとして伝え、「それならば、みなさんの地域でもこのようなことを試みてはどうですか」とか、「ほかにもっといい方策はありませんか」と読者へ提案して、いっしょに社会問題を解決に導く手法がある。これもジャーナリズムの役割の一つといえる。

## 8 ジャーナリズム（記事）と広告とはどう違うのか

ジャーナリズムには、前述のような「国民の財産や生命を守る」「権力の監視」「疑問の投げかけや提案」の3つの柱があることがわかった。それにはどのような権力にも左右されない、あくまでも公平中立な対場を守ることが厳守されるべきである。この公平中立な立場を貫くことで、特定の政治家や企業、個人などの利益に結び付かず、あくま

でも「公共の利益」に貢献することが第一に求められている。

裁判などでメディア側が政治家や企業、文化人などから名誉棄損を理由に提訴される場合がある。こうした裁判が提起され、名誉毀損の有無が争われる場合は、興味本位で書いたわけではなく、相手が大臣や政治家、経済の中枢を担う大手企業であったりする場合、公共の利益につながるか、つまり一般国民に知らせるべき事実に基づいた情報であることが証明されれば、名誉棄損にはならない。もちろん、事実でありさえすれば、名誉棄損にはならないという意味ではない。あくまでも前述したような3つのジャーナリズムの役割のもとで、「公器」としての社会的役割を果たしていることが前提となるのである。

一方、活字メディアに対する広告は、広告主の企業や団体などが広告代理店などを通じて、新聞や雑誌に広告を載せる。広告料として数百万円から数千万円を支払う。そのため広告主の意向が十分尊重される。広告主に都合のいいこと、利益に結びつくことだけが優先され、都合の悪いことなどは省略される。この広告の中においては、マスコミは公平中立の立場を守れないことが多い。

ただし、反社会的な行為や事象、モラルに反することや事実に即していないと判断できる場合、あるいは明らかにねつ造とみられるデータが入っている場合は、マスコミ側は広告の掲載を拒否することができる。これは新聞社などの収入が落ち込んでいったとしても、断固として取り続けるべき姿勢といえる。

## 9 記事のねつ造や「やらせ」事件が問題に発展することもある

報道に従事する記者自体の不祥事として、「記事の捏造」「やらせ事件」などがたまに起きる。モラルが低下している記者が功名心とスクープをとりたい一心で、ありもしない出来事を作り話としてねつ造するものである。1980年代に発生した、新聞社のカメラマン自らがサンゴ礁にいたずら書きをした朝日新聞の「サンゴ事件」などは極めて有名なものであり、記者を名乗る者として決して忘れてはならない、恥じる行為である。カメラマンとて「写真記者」なのだ。

かつて、北京五輪の開会式の映像で、一部、合成映像が使われて世界的に問題となり、中国のオリンピック関係者が謝罪会見を開いたのは記憶に新しい。こうしたことが平気で行われると、その国のマスコミ、ジャーナリズムが公平中立を守っていないのではないかというだけでなく、メディア業界の質やランク、品位がわかってしまう好例といえる。また、昨今においては、韓国の政権を批判した日本の新聞記者が、韓国の検察に起訴されるというメディア史上類をみない問題が発生した。結局、裁判では無罪となったが、これは至極当然のことと考える。しかし、油断をしていると、ジャーナリズムは国家間の取引材料に使われかねないといった微妙な立場に置かれていることも忘れてはならないだろう。

## 10 ジャーナリズムとニュースの関係

一言で「ニュース」といった場合、新聞や雑誌、テレビであっても、どの社会事象が「ニュース」となりうるかは記者、ジャーナリストの判断にかかっている。実際は、記者の取材原稿がどれだけ大きく扱われるか、扱われないかは、編集者としてのデスク、編集長などの編集幹部の判断によるものだが、第一段階で記者、ジャーナリストのフィルターにかかった世の中の出来事が原稿としてまとめられ、記事、ニュースとして世に発表されることとなる。どれがニュースでどれがニュースと言えないのか。その判断は

「社会の注目を浴びることが予想される事象」ということになるが、当事者が政治家や官僚、大手企業など日本の政治や経済に大きな影響を与える「公人」や事実上公的な立場であると、「社会の注目の的」とも言える。また、上場企業であるとニュースとして上げる確率が高い。

さらに、元プロ野球選手の覚せい剤事件や野球賭博問題、有名人の不倫問題など、取材対象がプロの有名人かどうかにもよることが多い。それとは別の次元で、全くの一般人でも街の話題として取り上げることがある。また、大きな事件を犯した場合などは、その当事者である容疑者がどういう人物かなどを取材することがあるが、これは興味本位ではなく、今後の事件の再発防止の観点から、あくまでも前述の公共の利益にのっとった立場での紹介のしかたとなる。

## 11 実名報道と情報源の秘匿《ひとく》の鉄則

公人としての政治家や上場企業の役員、そして事件の当事者など、世間に情報を知らせる観点から実名で報道することが原則となっている。一般人のケースだと、報道することにより危害が加えられる可能性が高い場合や、情報源として秘匿する必要がある場合は、匿名とすることもある。

例えば、事件の取材の一環として、捜査当局の幹部などが昼間のインタビューで、公的な立場でなかなか情報を流せない、記者に話せないという場合が多い。この場合、非公式の立場で、オフィスを離れて、記者が早朝や深夜に自宅などに出向いて取材をすることがある。時によってはその情報源を明らかにしない前提で、より詳細で正確な情報を読者に提供することができるケースがある。この際は、「捜査関係者によると」などと表現されることが多い。

また、政治家などでも公式に発言した時は、立場上、外交問題などに発展しかねないと判断される際には、「政府関係者」とか「消息筋によると」などと、あえて取材の情報源をぼかして、より正確な情報を速報することができるのである。

## 12 取材とは何か

取材とは、学生や研究者が実験データを論文に掲載したり、別の研究者の書物や論文を引用したりするのも、広い意味での「取材」と言えるかもしれないが、ジャーナリズムの場における取材とは「インタビュー」が原則である。

その他、世論調査やアンケート、記者の体験ルポ、昔の公的文書(例えば日米の外交文書など)をひも解く作業、記者自らが情報公開請求をして公になっていない公文書を入手して、国民に知らされていない情報を報道する場合もある。

ここではインタビューを例に出したいが、インタビューといってもその形態や位置づけからいくつかに分類できる。

▽記者会見

政治家や行政担当者、有名企業の幹部や広報担当者、その他有名人など、ニュースの当事者とされる人物が記者会見を開いて世間に情報を伝達する。この場合、会見を主催するのは原則として記者(または記者クラブ)とされている。

▽単独取材

あらかじめ取材対象者にアポイントをとり、決められた日時、場所に出向いてその道の専門家などに話を聞いて原稿にまとめることがある。

▽ルポ、現地取材
事故や自然災害の被災地などに記者自らが出向いていって、現地の生の状況を地元の人へのインタビューを通じて報じるパターンである。

▽非公式な取材
いわゆる「夜討ち朝駆け」取材と呼ばれるもので、現在も続いている取材方法である。捜査幹部や企業幹部など、話題のキーマンとされる人物の自宅などに早朝や深夜に抜き打ちで訪れて、昼間、オフィスではいえないない事実関係などを確かめにいく取材方法である。

▽調査報道
警察や検察など、捜査当局の捜査状況と並行して、捜査当局により事件が立件されるのを待たずに、記者自らが公文書（法人登記簿や政治資金報告書など）などを閲覧しな

がら証拠集めと裏づけ取材を進め、独自に問題点を追求していく取材方法である。

▽特集・連載・ドキュメント取材

ある一定のテーマにのっとり、中長期にわたりテーマを掘り下げて問題点などを追求したり、共通のテーマに沿った人物のヒューマンストーリーを紹介したりしていく手法である。

## 13 新聞社の報道局・編集局の構造

新聞社は報道・編集局に記者が詰めており、その取材原稿を記事化、紙面化する製作局、印刷局など、分業態勢が取られている。ここ20年ぐらいを振り返ると、印刷部門や出版部門は関連会社として分社化される傾向にある。不景気に伴うリストラの一環であり、コスト削減が目的である。

記者が原稿を出すルートとは別に、広告局や販売局、事業局などがある。報道・編集局の中では、さらに政治や経済、社会など、専門分野と紙面が限られて記者が配置されている。

▽政治部

国会の議論の様子や政党の動き、党首の主張などを報道する。外交や防衛問題のほか、与野党の駆け引きなど、政局や与野党や内閣の人事案件、政策などが取材対象となる。

▽経済部

景気動向や金融・財政問題、大企業の動き、産業界の動向、企業の発表した新商品の紹介や決算など、経済・商業全般に関わる問題を取材する。

▽社会部

警察や司法を中心に、政治部が受け持たない、東京であれば都庁、大阪であれば府庁などを担当する。文部科学や厚生労働などの中央省庁の一部も受け持つ。その他、「遊軍記者」といってどこの省庁も受け持たず、省庁をまたがった話題や連載企画などを担当する記者もいる。社会部の基本は事件取材などで「特ダネ」を取ることであるが、新聞社によってはほとんど「特ダネ」を取れないまま、特集記事のまとめなどに専念する記者を抱えているところもある。

▽出稿部門と編集部門の違い

その他、医療情報部、文化部、婦人部、スポーツ部、外報（国際）部など、原稿を出す「出稿部門」に分類される各部のほか、出稿された記事に見出しをつけ、紙面の割り振り、レイアウトを考える編集センターなどもある。編集センターはもともと、ほとんどの新聞社で「整理部」と呼ばれたが、業界以外の人から「何を整理しているのか」「人員整理をしているのか」と疑問が生じ、仕事の中身がわかりづらい点から名称変更した新聞社が相次いだ。

▽地方支局

全国紙の場合は、全国の県庁所在地を中心に支局や駐在記者を設置し、比較的若い記者を配置しているほか、地方紙であれば、県庁所在地に本社を置き、ほとんど一つの県内に複数の支局や駐在記者を配置している。しかし、東日本大震災後、被災地の取材を若手だけに任せず、中堅やベテランの記者を送りこみ、多方面からの視点で紙面を作る新聞社が増えた。

## 14 記者クラブ制度とは

日本独自の取材スタイルとして、各新聞社の記者が中央省庁や地方の県庁などの主な官公庁に設置された記者室に詰めて、担当する役所や企業の発表を原稿にまとめる作業を行っている。

記者クラブとは、2002年に出され、2006年に改定された、記者クラブに関する新聞協会の「見解」によると、公的機関などを継続的に取材するためジャーナリストたちによって構成される「取材・報道のための自主的な組織」、とされている。[4]

こうした特殊な組織が社会的に認められる背景としては、情報開示に消極的な公的機関に対して、記者クラブという形で情報公開を迫る組織を置いておくことで、「国民の知る権利」に応える目的が存在している。

しかし、こうした記者クラブに対しては賛否両論ある。立法や行政の当事者に対して、「国民の知る権利」に応えるため、一致団結して情報公開を迫り、当局側の目的を入手するにあたり、記者クラブでの効率的な記者会見に出るという形で、基本的な取材ができるという日本独自の形をとっている。外国のメディア（日本への特派員）やフリーランスの記者に対してはもともと排他的な傾向があった。フリーライターの中には、「記者クラブに入れないフリーの記者は不利」との固定観念がある。ただし、ここ20年ぐらいを振り返ると、フリーランスだからといって記者クラブが主催する記者会見に入れないということは少なくなってきている。

とはいえ、新聞社やテレビ局に所属して記者クラブに配属になっている新聞社の社員である記者とフリーランスの記者とは、行政当局への取材などではまだ、差別化が図られているという見方が根強く残っている。

昨今では、新興のインターネット系のメディアが、取材現場、記者会見場に参加している現状があり、記者クラブのあり方、存在感も少しずつ変化してきている。フリーランスの記者を中心に団結して、インターネットの動画サイトなどとも連動しながら、独自に記者会見を設定する動きもみられる。

## 15

# インターネット時代におけるジャーナリズムのあり方

「報道というペンの力で、市民の財産や生命を守る」観点から、「権力を監視」し、「国民の知る権利」に応える、そしてよりよい生活を築くために、「市民社会への提案」をしていくことは、ジャーナリズムの原点といえる。インターネットが盛んになり、情報が氾濫する時代だからこそ、ジャーナリズムの持つ力が強く求められている。

活字メディアとしての新聞や雑誌は、発行部数の面では確実に減少傾向で、今後も続くものとみられる。一方、電子版など新聞社独自の道を切り拓く努力はなされているようだが、「電子版が紙にとってかわる」といえるほど普及はしていないし、新聞社の頭の痛いところであろう。しかし、インターネットにおいてもジャーナリズムの視点、メディアの立場が欠かせないことには違いない。

【第1講の参考文献】

（1）日本新聞協会「新聞の発行部数と世帯数の推移」
http://www.pressnet.or.jp/data/circulation/circulation01.php
（2016年3月27日閲覧）
（2）日本新聞協会「各国別日刊紙の発行部数、発行紙数、成人人口千人当たり部数」
http://www.pressnet.or.jp/data/circulation/circulation04.html
（2016年3月27日閲覧）
（3）朝日新聞（2015年12月17日付　3頁）「税制大綱　色濃い官邸意向」
（4）日本新聞協会「記者クラブに関する日本新聞協会編集委員会の見解」
http://www.pressnet.or.jp/statement/report/060309_15.html
（2016年3月28日閲覧）

# 第２講

朝日新聞社は2014年、韓国で慰安婦を強制連行したという故・吉田清治氏の証言が虚偽であったと判断し、「吉田証言」に基づいた従軍慰安婦報道が誤報だったことを認めた。また、東日本大震災直後の福島第１原発の放射能漏れ事故当時、所長だった故・吉田昌郎氏に対する「吉田調書」を入手し、報道した。しかし、原発職員らが吉田所長の命令に背き、福島第２原発へ移動した記述が事実誤認だったことを認めた。これらの誤報・虚報は、メディア史上この上ない汚点といえる。(『現代用語の基礎知識2016』をもとに筆者が記述)

## 1 「検証」や「論点整理」の前に「おわび」記事を出すべきだった

2014年8月5日付の朝日新聞一面は、「慰安婦問題の本質　直視を」と題して当時の編集担当の文章を掲載した。「慰安婦問題」について文中で、「慰安婦問題に光が当たり始めた90年代初め、研究は進んでいませんでした。私たちは元慰安婦の証言や少ない資料をもとに記事を書き続けました。そうして報じた記事の一部に、事実関係の誤りがあったことがわかりました。全体像がわからない段階でおきた誤りですが、裏づけ取材が不十分だった点は反省します」と謝罪している。

そもそもこの編集担当役員の文章の目的は何か。編集（取材・執筆）部門を統括する責任者の名前を一面に出して報じるなら、まずは、報道内容に誤りがあったことを第一に述べ、長年の読者に謝罪するのが常識であろう。見出しは「直視を」と書かれてあるが、「直視」すべきは誰なのか。少なくとも読者ではあるまい。直視しなければならないのが、朝日新聞の幹部から「記者」の名刺をもって活動している者、そしてこの一連の「慰安婦問題」すべての記事に関わった現役記者および「元」記者たちであろう。本来なら見出しは「慰安婦記事の一部に誤り、本社として謝罪」とすべきではないか。

文中では編集担当は、当時としては研究が進んでいない分野だったことや、証言や資料が限られた中での取材と執筆であったことを明らかにしている。それならば記事化するにあたり、「とりあえず、このように証言している人もいる」くらいのレベルで小さく扱うべきであった。その上で、疑問を投げかける専門家や反対の立場の声を掲載するなど、一方的な立場からだけに軸足を置いて情報を発信すべきでは決してなかったはずだ。

しかし、詳細は後述するが、この「専門家」の証言については、朝日の記事によると確認できただけで16回も記事にしたとのことである。しかも、現段階でこの人はすでに亡くなっている。朝日新聞はもっと早く検証し、訂正、謝罪をすべきだったはずだが、発表のタイミングがあまりにも遅かったといわざるを得ない。

私たち国民は、メディアでさえもこのように、長年にわたり過ちを犯すということを認識し、少しでも正確な情報をつかむ力を養うことが大事な時代だと理解すべきだろう。

## 2 問題なのは吉田氏証言が虚偽だったことではなく、虚偽を見抜けたかった記者、新聞社の側だ

「吉田氏が済州島で慰安婦を強制連行したとする証言は虚偽だと判断し、記事を取り消します。当時、虚偽の証言を見抜けませんでした。済州島を再取材しましたが、証言を裏付ける話は得られませんでした。研究者への取材でも証言の核心部分についての矛盾がいくつも明らかになりました」というのは、2014年8月5日付の朝日新聞朝刊だ。慰安婦問題について同社が検証結果をまとめた記事の中で、いくつかのテーマに分けて「読者のみなさまへ」と書かれた囲み記事の一つである。

記事によると、吉田氏というのは、吉田清治氏という故人で、著書などで「日雇い労働者らを統制する組織である山口県労務報国会下関支部で動員部長をしていた」と語っていた人のようだ。初めての掲載は1982年9月2日の大阪本社版朝刊社会面で、大阪市内での講演内容として、「済州島で200人の若い朝鮮人女性を『狩り出した』」と報じたが、当時の大阪社会部記者は、「講演での話の内容は具体的かつ詳細で全く疑わなかった」と話したようだ。

ここで問題なのは、「話の内容が具体的かつ詳細」だったとしたら、取材の仕方として、その人の言っていることを全部信じてよいのかということだ。とくにそれまで同じような研究や調査を他にしている人がいないのなら、なおさら、報道そのものは慎重になるのが普通である。対論や疑問の声をあえて掲載するなどするのが報道の常識であり、「その人の言われるまま」に記事を掲載するのは、当時の担当記者が、取材の基本をわかっておらず、新聞社としてのチェック機能も働いていなかったといわざるを得ない。

吉田氏発言をもとに書かれた記事は、その後の日本と韓国をめぐる両国民の歴史認識だけでなく、1993年に当時の河野洋平官房長官が、慰安婦の募集や移送、管理に強制性を認めて「お詫びと反省」を表明する、いわゆる「河野談話」を発表し、政治や外交問題に影響を与えた可能性が高いと言わざるを得ない。

これら朝日新聞の検証記事をどう読み解くか。吉田氏が虚偽の証言をしたことは問題がないとは言えないが、取材者である記者の側がそれを見抜けなかったことが問題である。当時の記者はそもそもどこまで裏づけ取材をしたのか、事実をどこまで確認しようとしていたのかが極めて疑問である。「ガセネタ」を見抜けなかったのでは、と言われても仕方がないだろう。

このような事態が発覚した以上、新聞報道に接する私たち国民は、何を信じればよいのかわからなくなる。国民が、「新聞なんてもともと全部事実ではないかもしれない」ということを前提に新聞報道に接するようになったら、報道の意義がなくなってしまう。朝日新聞の今回の一連の誤報とその発覚は、新聞メディアの信頼そのものを失うきっかけを作ってしまった。朝日新聞の現役記者はもちろんのこと、取材・編集部門に携わってきた「元記者」や「元デスク」「元部長」も、この記事にノータッチだったとしても、他人事では済まされないだろう。私たち国民は、メディアリテラシーの重要さを痛切に感じざるを得ないのではないか。

## 3

## 同業他紙は問題ではない、朝日の中に同じような取材はないか「検証」を

2014年8月5日付の朝日新聞による慰安婦問題の検証記事の中で、紙面の下段部分ではあるが、「他紙の報道は」と同業他社のことを触れている欄がある。これは必要ないだろう。「同業他社も同じようなことを書いていたのであり、間違えたのは私たち

（朝日）だけではありません」とでも言いたいのだろうか。

朝日がこの記事を掲載するにあたり、現時点での認識を尋ねたそうだが、「読売新聞は回答しなかった」とある。読売新聞としては、同業社・朝日の検証に付きあう必要はないわけで、的確な対応をとったといえよう。読売は読売の紙面で、問題があるのかないのか、必要ならば別途、検証すればよいのだ。朝日新聞に「○○新聞だってやっていたではないか」と言われる筋合いではないであろう。まるでいたずらをして叱られた子どもが、言い訳しているようなレベルである。

毎日新聞は、「いずれの記事も、その時点で起きた出来事を報道したものであり、現時点でコメントすることはありません」としている。産経新聞も、「当該記事では、吉田清治氏の証言と行動を紹介するとともに、その信ぴょう性に疑問の声があることを指摘しました。その後、取材や学者の調査を受け、証言は『虚構』『作り話』であると報じています」とコメントしている。産経がそのように報じていた記事をみて、当時、朝日の担当記者はどう感じていたのだろうか。「もしかして自分が聞いた吉田氏の話も虚構ではないか」と少しも疑わなかったのだろうか。極めて疑問だ。

現在でもいろいろな分野で取材をする上で、取材記者の基本動作の一つとして、その道の事実上の「専門家」に意見を求めることはある。確かに記者は「専門家」以上の知識に乏しいかもしれない。しかし、常に「どこまで真実なのだろうか」という視点で取材を多角的に続けることが大事であることは言うまでもない。

今回、問題となっているのは「慰安婦」で、そこに焦点が絞られている。しかし、「強制連行」については必ずしも「慰安婦」の問題ばかりではないであろう。各地で「強制連行」に関する資料が存在したり、その問題を研究したりしている「作家」や「学術研究者」、あるいは自称「研究家」は少なくないはずだ。取材者は、その人が言っていることをどこまで信じてよいのか、執筆して一般の読者に対して記事化する前に、いずれの場面においても自問自答する必要があったはずである。

「専門家」の言われるままに「代筆」するだけなら、「プロの記者」でなくてもできるはずだ。朝日新聞社は、今回と同じような「虚報」が、これまでの取材活動や記事の執筆過程、日ごろの取材に対する意識の中になかったかどうか、報道機関としてきちんと検証する義務があるだろう。

## 4 訂正記事を「検証」という形で報告するのは是か非か

朝日新聞がいわゆる従軍慰安婦問題をめぐる過去の報道に一部誤りがあったとする記事を掲載したことに対し、同業他社は当然、翌日以降の紙面で事実と解説記事を掲載した。8月6日付読売新聞は、記者個人名の解説記事で、「朝日は今回の記事で、『慰安婦として自由を奪われ、女性として尊厳を踏みにじられたことが問題の本質』と指摘した。だが、これは論点のすり替えだ」と論じている。私も朝日の文脈、つまり、「話の持って行きかた」に疑問を感じている。

これまで、一般記事において、文字の誤りや事実誤認などがあった場合、いわゆる囲み記事で「訂正」記事や「お詫び」記事を掲載するのが、新聞のルールとされてきた。検証記事も大事だが、それを載せれば「訂正」や「お詫び」記事を省いてよいというものではないだろう。囲み記事としてきちんと「訂正」や「お詫び」を載せることが、何よりも長年の愛読者に対する一つのけじめとなる。

検証記事は一見、読者のために詳細に解説しているようにみえるが、「訂正」や「お詫び」など謝罪の言葉を前面に打ち出した印象はほとんど見られない。まずは、「訂正」または「お詫び」の囲みをきちんと掲載した上で、改めて検証記事を載せるというのが報道の順序であったはずである。

ここで感じるのは、何ページも紙面を割いて「検証記事」を新聞に載せ、「商品」という形で販売しているちぐはぐさだ。読者は新聞社側のミスが原因の「検証記事」に対してまで、購読料を支払わされていると解釈できるのではないだろうか。

## 5

## 朝日慰安婦報道をめぐる、週刊誌の鋭い指摘

朝日新聞の従軍慰安婦問題を検証する記事が出た8月5日というのは、お盆休みが始まる直前だった。週刊誌がお盆休みをとり、事前に2週間分まとめた合併号を発行するのが通常である。印刷会社や製本所などが夏休みをとることが影響しているのだろう。朝日の検証報道は、この合併号がほとんど発行され尽くしてから、つまり、時期的にみて2週間程度待たなければ、週刊誌による朝日批判の記事が掲載できないというタイミングだった。

これは一見、週刊誌の批判逃れに、「結果的に」つながるように見える。朝日新聞にとって意図的かどうかはわからないが、8月5日という日は、すぐに週刊誌の批判にあわずに済むタイミングだったといえよう。

しかし、2週間、いや、事実上は1週間から10日程度だったとは思うが、お盆明けの週刊誌各誌は、朝日新聞の慰安婦報道の検証記事をめぐって、きちんと充実した形で「調査報道」をして、読者が抱えていた朝日新聞に対する疑問への一定の回答を掲載する結果となった。少なくとも、大手の週刊誌は次々と朝日批判を展開した。4大週刊誌といえる『週刊文春』、『週刊新潮』、『週刊現代』、『週刊ポスト』の記事は、掲載直後に朝日のライバル全国紙が行ったのとは、また違った角度や視点から行われており、極めて興味深いものばかりであった。今回はまず、『週刊文春』(8月28日号28〜32頁)をもとに論じたい。

同誌記事では、朝日新聞が「検証記事」を掲載した8月5日の夜に、朝日新聞の社長が同業社の幹部や政治家と懇談をしていた際のエピソードがまず紹介されているが、当時の社長は慰安婦報道問題について謝罪や辞任の必要はないという意向を示したそうである。

同誌記事で注目したいのは、今回の朝日の検証記事掲載までには、当日に朝日紙面1面の見解を述べた、編集担当役員のもとにいる編集幹部が検証作業を主導していたことだ。特報部や政治部、社会部などから10人ほどの取材チームが結成され、今回のような検証記事にたどりついたようである。

しかし、私は2つの問題点を指摘したい。まず、人事面についてだ。現社長が辞めるべきか、辞めないでよいのか、という議論は、社長本人や朝日社内が決める問題であり、少なくとも人事について、外部の人があれこれいう問題ではないかもしれない。しかし、当時の社長以下、改めて認識しなければいけないのは、社会的責任の大きさだ。さすがに昨今のメディアでは、「社会の木鐸」などの意識をもって仕事をしている記者は皆無に等しいかもしれないが、それでも新聞というメディアは長年にわたって日本の政治や外交に大きな影響を与えてきた。社会的責任は、この問題とされた記事の掲載に関わったすべての朝日新聞記者とその記者のOBにあるということを意識すべきである。また、新聞社の社長は「事実上の」公人とみてよいから、世間の厳しい目にさらされるべきであろう。

そして、2つめは、週刊文春の記事でも触れられているが、8月5日付の朝日の検証記事の中で、「掲載当時は研究も乏しく、挺身隊と慰安婦という言葉が混同されていた」といった主旨の「検証」がなされている点に着目したい。

例えば、どんな分野にしろ、学術の研究者を対象に、最新の研究結果などについて記者が取材に行き、記事化することは多々あるだろう。しかし、学者や研究者の研究や理論づけというものは、いろいろな「事実」や現象、フィールドワークの調査結果、あるいは自然科学であれば、実験結果などがある程度出そろってから理論づけて論証していくということがかなりの部分を占めるはずである。

つまり、学者や研究者の「研究」や「論証」よりも、新聞記者が「旬な」時事問題を取材し、「報道」することの方が先んじてしまう現象は大いにありうることなのである。記事として掲載した後、事実と違うことが判明したとしたら、「まだ、研究者の研究がきちんとまとまっていなかったから」と研究者に責任をなすりつけていいわけがないだろう。

事実、あるいは事実に迫る取材活動をしたのなら、その報道内容は、正確に伝えられるべきであり、そのすべての取材、執筆、掲載過程における責任はすべて取材記者に帰属し、さらにはその記事を掲載した新聞社側に全面的な責任がある。「当時、研究者の研究が進んでいなかったからだ」、などと研究者のせいにしては決していけない。取材者および報道機関としての責任を伴う活動というのは、研究者の世界とはまったく別の次元で動いているものである。それを「混同」して読者に検証記事として示してはならないのである。

## 6 読者への裏切り行為、朝日は同業社の批判を真摯に受けるべき

朝日新聞の慰安婦問題検証記事について、『週刊新潮』（8月28日号）は、「全国民をはずかしめた『朝日新聞』七つの大罪」との見出しをたてて検証記事を特集した。記事の中では、「外部からの批判に耐え切れず、仕方なく検証記事を掲載したにすぎない」と断じている。政府側が「河野談話」の見直しなどを明言し始めたことがきっかけになっているようだという主旨の、匿名ではあるが、「同社中堅幹部」の話として掲載している。客観的にみても、日本国内の政治や外交情勢から、今回のような検証記事を載せなければならなくなったのは間違いないようである。

『週刊新潮』の記事ではもう一つ、注目に値する指摘が行われている。最終的に読者

投稿の「声」欄で掲載に至ったものの、読者の反応が、8月5日からなかなか掲載されなかったというのだ。私は、8月5日の朝日新聞の検証記事をみて、読者として幻滅を感じた者の一人である。朝日新聞には長年にわたり「朝日一筋」で購読を続けている読者が少なくない。それだけ、記事の中味や記者やデスク、管理職の「質」以上に、看板の力、「ブランド力」がある新聞ともいえよう。そうした長年の読者からは、報道直後から問い合わせや意見、クレームなど様々な反響があったであろうことは、外部からも察しがつくことである。

しかし、8月5日に検証記事を載せたまま、しばらくの期間、読者からどのような反応がどれだけあったのかについて、全く報道していないことに疑問を感じる。この現象をみるだけでも、一連の検証記事は決して完璧だったとは言えず、むしろ「不合格」と言える。

『週刊新潮』の記事の中での、ある大学教授の指摘に通じることであるが、これがもし食品メーカーの不祥事だったらどうだろうか。冷凍食品の材料にパッケージの表示どおりのものを使っていなかったとか、賞味期限・消費期限切れのものを製品に混ぜていた、などといったら、新聞としては徹底的に追及したはずである。人の口に入る食品を扱う会社は厳しく断罪するが、活字の世界の話なら謝罪もしなくてよいということなのか。これでは極めて「身勝手」と評価されても反論はできないだろう。取材する立場として、もし、不祥事を起こした企業や公的機関の幹部が記者会見を開いて、「それは私の在任中に起きた話ではないから」などと開き直ったとしたら、記者はさらに追及を強めるはずである。新聞社とて同じではないか。どんな意見が寄せられているのか、耳が痛いかもしれないが、早い時期に、正直に、正確に紹介し、さらに、新聞社としてそれに対する見解を述べるところまで行ってこそ、何よりも朝日新聞の「看板」を信用して、購読料を支払ってきた読者への誠意だったというものではないだろうか。

## 7 朝日の問題は組織的、構造的な欠陥、記者OBこそ反省すべきだ

朝日新聞の慰安婦問題検証記事について、『週刊現代』はお盆休み明けの8月30日号と9月6日号とで連続して取り上げている。とくに9月6日号では、「朝日新聞の罪と罰」という大きな横見出しの中で、朝日新聞が長年出版してきた週刊誌の「元編集長」が、別の新聞社の元常務と対談形式で登場している。この「元編集長」は1941年生

まれという略歴が掲載されており、すでに定年を迎えて相当の年月が経過していることがわかる。

一見、古巣に反旗を翻したかのようにみえる。しかし、どこかおかしい。同様に、今回の朝日新聞の慰安婦問題に対して、朝日新聞の複数のOB記者が他メディアで、「朝日の対応はけしからん」といった内容で発言しているのを目にする。全体的にみて極めて違和感を覚える発言が少なくない。

当時の慰安婦の記事について、例えばこの「元編集長」は、「自分がデスクの立場になったと想像してこの記事を読んでみると、明らかに取材不足の内容です。取材が充分でなく、それが原因で反論や批判が寄せられたなら、取るべき態度は二つでしょう。徹底的に議論を繰り広げるか、潔く誤りを認めて謝罪するかです（後略）」などと発言している。

『週刊現代』の特集に顔写真入りで登場する「元編集長」は、この慰安婦関連の記事が実際に掲載され続けていた当時、一時的に週刊誌や単行本を出す出版局で職責を果たしていたとしても、基本的には、まさに取材・執筆・編集している編集局の、いわば朝日新聞の「ど真ん中」にいた人であることには違いないだろう。「記事が出たとき、この記事はおかしいのではないか」と声をあげていたのだろうかと、疑問が残る。もちろん彼、個人を責めるつもりはない。

ここで、新聞社で働いたことのない人のために、新聞の特性について説明しておく。新聞記者が原稿を書き、デスクという立場の人がチェックしたら、すぐに新聞記事として掲載されるかといえばそうではない。一般の人々が製作しているミニコミ誌ではないので、何段階にも組織的なチェック機能が存在する。

例えば、記者が現場で取材して執筆した原稿をチェックして直したり、場合によっては再取材や補足の確認作業を命じたりする人が「デスク」と言われる人である。新聞社によって職位の呼称に若干の差があるようだが、新聞であれば、部長の下の「次長」と呼ばれる人が基本的にはデスクだ。これが雑誌になると「編集長－副編集長」というラインの呼び方になる。

また、新聞社は分業体制が確立されているので、新聞の記事に見出しを付けたり、紙面のレイアウトをする、いわゆる「内勤」の記者がいる。もともと「整理部」と呼ばれ、レイアウトする記者を整理記者と呼んでいた。前述したが、その後、「整理」という言葉ではどんな仕事をしているのか、外部の人には分かりづらいといった理由からかどうかは知らないが、「編集センター」などと呼ぶ新聞社がこの10年ぐらいの間にだいぶ増えた感じがする。

整理記者はたいてい、その日の紙面で1ページを受け持ち、担当したページに割り当てられる予定の原稿をすべて読みながら見出しを考え、レイアウト（紙面の割り付け）作業をする。整理記者には、あくまでも形式的な問題ではあるが、編集局長がもつ新聞の編集権限が与えられているといってもいいすぎではないだろう。もちろん、実際はそんなに「偉い」わけではなく、「形式的」なレベルである。その整理記者を、社会面とか政治面など、それぞれの「面の担当」ということで「面担《めんたん》」と呼ぶ新聞社もある。その上司にあたる「デスク」が取材部門と同じように存在し、原稿や見出しの付け方、レイアウトの仕方などをチェックしている。

さらに、文字の間違いや文章の内容に誤りがないかどうかをチェックする校閲記者というのが存在する。その上には、もちろん校閲の「デスク」が存在して、さらなるチェックをしている。整理や校閲のそれぞれの部には当然、部長や部長代理も存在する。

新聞紙の束ができるまでには、さらに多くの人が関わっている。部長たちだけで申し合わせて新聞が発行できるわけではなく、その上のポストとして、当日の全紙面の責任者である事実上の編集総括責任者、つまり、編集（報道）局長やそれに準じる立場の人間が存在して、レイアウトの出来上がった紙面を、当日紙面の「編集長」として細かくチェックしているのである。

また、新聞社によっては、普通の製造業でいえば品質管理の部門に匹敵するのかもしれないが、校閲担当者とは別に、紙面委員などといった、紙面のチェックをいろいろな角度から行っている部署の人間が存在する。

そして、いよいよ試し刷りであるゲラ刷りが各部署に配布されると、その場に残っている記者は、自分が執筆した原稿に対する見出しとの整合性などをチェックしながら、もう一度、自分の原稿に誤字脱字や事実誤認がないかなど、最終的な確認作業を行う。もし取材などで社内にいなくても、例えば、一昔前ならファックスで、自分の記事の部分を同僚などに送ってもらう作業をしていた。その後、インターネットが普及してからは、ノートパソコンやスマートフォンなどを通じて、自分の記事を外出先からでもチェックできる環境が整っている。その際、自分の原稿だけではなく、その日のトップ記事には何が選ばれたのか、他の記事も同時にチェックするのが「基本動作」といってもいいだろう。

つまり、私が言いたいのは、今回の朝日新聞の慰安婦の記事のように、吉田さんという「専門家」の証言をもとに書かれた記事が、今回の朝日の検証記事によると、最低でも16本あることが判明したということだが、それぞれの段階で、その記事の存在を知っていた朝日新聞の関係者は、多かれ少なかれ、前述したようなそれぞれの立場の、極めて多くの人がその「関係者」として存在していたということを忘れてはならないのである。「私ならそんな原稿は通さなかった」などとは言えず、たとえ部署が違っても異論を唱えられる環境には十分就いていたのであり、当時、在籍していたデスク以上の立場の人間には、多かれ少なかれ責任があるのではないだろうか。つまりは、前述の「元編集長」のように、「私が当時、慰安婦関連の記事をチェックする立場だったら、そんな記事は通さなかっただろう」などといった主旨のことが何故言えるのか、私は不思議でならない。

慰安婦問題を折りにふれて複数回、朝日新聞全体の紙面で取り上げていることを、「全く知らなかった」とは言えないだろう。どうして、「この一連の記事、公表して大丈夫なの？」と指摘できなかったのだろうか。外部の同業者ならともかく、同じ新聞社の仲間であり、同僚として、声を上げる機会はなかったのだろうか。いや、いくらでもその機会はあったはずであることを強調しておきたい。

## 8 朝日新聞慰安婦誤報、「廃刊せよ」は極論ではない

朝日新聞が「従軍慰安婦」問題について2014年8月5日に誤報を認めた記事を大々的に掲載後、メディアの同業者（社）からは非難、批判が相次いだ。これは自然な流れであろう。月刊誌『WiLL』（10月緊急特大号）は「朝日新聞の『従軍慰安婦』は史上最悪の大誤報だった」と題して特集を組んでいる。中でもジャーナリストの櫻井よしこさんをはじめ、3人の専門家による座談会は、「国賊朝日新聞は廃刊すべきだ」（同誌46～62頁）とタイトルがつけられている。

同誌は保守系のジャーナリストや評論家、大学教授らが登壇して意見を述べる月刊誌という印象がある。「国賊」とか「廃刊」という文字は一見、過激な文言のように見えるかもしれない。世の中をめぐる論評については、一般的に「保守系」の意見もあれば、それに対して「革新的」「進歩的」などと呼ばれる論調もあり、それぞれの立場が

尊重されるのが民主主義だろう。しかし、今回の朝日新聞の誤報問題はそのような中立的なことを言っている場合ではないと思われる。

報道関係者の立場を振り返ると、このような考え方ができるはずだ。例えば、与党の自民党の国会議員が不祥事を犯した際などは、徹底的に取材・調査して報道するのが新聞の役割であろう。いろいろな不祥事が原因で、内閣が辞職に追い込まれたり、解散・総選挙にならざるを得なかったりする例は、歴史をみれば決して少なくないはずだ。

与党・自民党やその議員が不祥事を起こせば、国民は民主主義の基本である選挙を通して、一票を投じることで国政に意思表示をする。その結果、与党が惨敗して、それまで考えられなかった野党が第一党となって政権を握ったり、連立政権が誕生したりする例がかつてあったことは記憶に新しい。不祥事を起こせば、その政党という組織は国民の信頼を失い、選挙で得票数を激減させ、政治家でさえ「社会人」としての立場を失う。そういうかたちで責任を取らざるを得ないだろう。

「朝日新聞（の記事）は信用できる」と思って、長年購読していた読者は少なくないはずだ。「インターネットでニュースを見ることはタダ（無料）」であることが常識となった現代においても、まだ、朝刊と夕刊セットで４０００円以上（消費税含む）の購読料を、自分の財布から払ってくれていた読者をだましていた代償が小さくて済むわけがないだろう。

櫻井さんは、同誌の座談会の最後で、「メディアとして責任を取るために一度、朝日の看板を下ろし、廃刊すべきでしょう」と述べておられる。私は決して、櫻井さんの意見が極論だとは思わない。

## 9 朝日「慰安婦」問題の経緯説明がなされなかったのはなぜか

読売新聞は2014年9月3日付けの朝刊で、朝日新聞「慰安婦」報道に対し、「検証　何度も先送り」との見出しで特集した。8月5日の朝日の検証記事掲載以後、1か月が経過した段階でも、マスコミ業界で疑問の声や問題を追及する企画が続いていたのも珍しい。

朝日新聞には何年置きかで、大問題となる「誤報」を伴う不祥事が発覚する歴史があるといえる。読売記事のまとめでは、今回の「慰安婦」報道以外に3つの「誤報」を紹介している。

1つ目は1950年の「伊藤律・架空会見記」だ。指名手配中だった当時の共産党幹部と「単独会見した」と報じたものの、「ねつ造記事と判明しました」と朝日が紙面で報告し、陳謝した。

2つ目は1989年の「サンゴ事件」である。夕刊1面で、沖縄・西表島のサンゴが「KY」と傷つけられたとする写真と記事を掲載したが、後に記者のでっち上げと判明。「新聞人にあるまじき行為であり、ただ恥じ入るばかりです」とおわびをした。

3つ目は2005年の「田中知事取材メモねつ造問題」で、当時の田中康夫・長野県知事を取材したかのようなねつ造メモをもとに、新党結成に関する誤った記事を掲載し、当時の社長が「新聞全体に対する信頼を傷つける結果になった」として「解体的な出直し」を明言し、おわびをしたものだ。

1つ目は、記事を執筆した神戸支局記者を退社処分とし、大阪本社編集局長や神戸支局次長らが更迭された。2つ目は当時の社長が引責辞任し、サンゴを傷つけた当時の写真部員を退社処分とした。また、3つ目はメモをねつ造した長野総局の記者を懲戒解雇し、東京本社編集局長（その後の社長）を更迭したという社内処分を行った。

しかし、「慰安婦」報道にまつわる社内処分については、この読売報道のあった9月

3日時点では公表されていないと同時に、「どうしてそのような記事を長年掲載し続けることになったのか」という読者への経緯説明もなかった。8月5日の記事は「検証」の形にはなっているが、詳細な「経緯説明」とは言いがたいと感じる。

朝日の同業者が批判するのは、立場上、仕方がないことかもしれない。しかし、「慰安婦」記事も含め、前述した4つの報道は不祥事といわざるを得ないだろう。どうして朝日新聞は何年置きかで不祥事が発覚するのだろうか。社長や幹部だけでなく、朝日新聞の記者一人ひとりが自分の取材活動の内容や取材姿勢など、反省してみる必要があるはずだ。

## 10 朝日社長の「社内メール」、本物なら、消費者をなめていたのではないか

朝日新聞の慰安婦報道検証記事が8月5日に掲載されて以後、1か月以上が経過してから、ようやく朝日新聞社長らが記者会見で謝罪した。それ以前の9月初旬に発売された『週刊文春』(9月11日号)では、「(朝日新聞)社内でいま何が起こっているのか?」と題して、朝日新聞内部向けに当時の社長が出した「社内メール」の内容が紹介され

た。一般読者の立場からはこの「メール」が本物かどうかを調べる手段はないが、私が社内にいた経験から、歴代の社長が社員向けにコラムを書いていたのは事実である。今回報じられた内容が本物だとすると、その後、謝罪会見を開いたとしても、新聞社のトップとしてあまりにも「ピントがずれていた」としかいいようがないだろう。

文春記事を引用すると、

《長年にわたる朝日新聞ファンの読者や企業、官僚、メディア各社のトップ、ASA幹部の皆さんなど多くの方から「今回の記事は朝日新聞への信頼をさらに高めた」「理不尽な圧力に絶対に負けるな。とことん応援します」といった激励をいただいていま す》

などといった内容のようであった。「ASA」というのは朝日新聞の販売店のことである。果たして「多くの方」というのは何人くらいなのか。企業や官僚とはどういった人なのか、その「激励」の内容や規模がわかりづらい。例えば、長年、政治部で現場の記者時代からの同業社の知人に「大変そうだな、がんばれよ」といったレベルの声をかけてもらっただけで、「朝日の信頼が高まっている、こんなに激励が寄せられている」と解釈していたとしたら、極めて短絡的な発想だったといえよう。さらに別の例え話をすれば、戦争で完敗状態であるにもかかわらず、「いや、実は勝っているのだ」と現場を激励している構図に似ているのではないだろうか。

このメールの話が事実だったとしたら、朝日新聞内部では、「あの検証記事の方法は、やはりすばらしかったですね」と、点数稼ぎができる社員しかもはや生き残れない社風になってきていたのではないかと考えたくなる。「裸の王様」の周りには「イエスマン」しか集まらないだろう。

『週刊文春』の別の記事では、同誌が報じてきた、朝日新聞の過去のスキャンダルを列挙している。中には、ニュース番組のコメンテーターを務めた朝日新聞記者の、いわゆる「週刊誌ネタ」といわれる「不倫問題」なども含まれる。ただ、今回の慰安婦検証問題は、決してこのような「不倫スキャンダル」や「ウラ広告費」問題など、一般読者に時間とともに忘れられる話と同じレベルではないだろう。朝日新聞トップが「人のうわさも75日」では決して済まない問題であるということを、8月5日の検証記事以来、どこまで認識してきていたのか、極めて疑問である。少なくとも、1か月以上も経過して、結局、社長の記者会見を開き、全世界に謝罪するお粗末な結果になったことから振り返ると、朝日新聞社には危機意識というものがほとんどなかったといえよう。「そのうち世間は忘れるだろう」といったレベルで、読者、つまり消費者をなめていたに違いない。経営トップの辞任どころか、新聞社そのものの存続にも関わるであろうことは、言うまでもないであろう。

## 11 池上さんコラム連載拒否とその対応、さらに露呈した、朝日新聞の危機管理の弱さ

朝日新聞は、8月5日の慰安婦問題の記事に対する検証記事を掲載後、ジャーナリストの池上彰氏の連載「新聞ななめ読み」の掲載を拒否し、さらなる波紋を起こした。長い間続いている連載コラムだが、池上氏は朝日新聞の慰安婦報道検証記事をコラムの中で批判したところ、朝日新聞社側が掲載を拒否し、数日して一転、掲載した。自分の社に都合の悪い話を書いたコラムを掲載しないなどという態度は、報道機関としてやってはならないことであり、その考え方自体が極めて短絡的な発想によるものだと推察できる。

朝日は9月6日付の紙面で、「池上彰さんの連載掲載見合わせ　読者の皆様におわびし、説明します」という縦長の細い見出しを第二社会面の左側につけ、事情を説明し

た。この見出しの文字数は異例の長さであり、朝日の「慌てぶり」が窺える。朝日が掲載を見送ったことで、池上さんは「掲載されないなら、朝日新聞との信頼関係が崩れたこととなり、連載も続ける状況にない」と述べた。これにはさすがに朝日の愛読者からも批判の声が上がった。もちろん、同業の新聞や雑誌も、さらなる批判記事を書く結果となった。さらに、今回ばかりは社内の現役記者が自分のツイッターで外部に向けて批判を展開するという事態となり、さらにそれがテレビの朝の番組でも取り上げられ、波紋が波紋を呼んだ形となった。そして、9月11日の当時の社長の謝罪会見の中で、社長が「言論の自由の封殺であるという思いもよらぬ批判があった」「責任を痛感している」と頭を下げる結果となった。

朝日の6日付けの「おわびと説明」の記事に戻ると、「8月5、6日付朝刊で、慰安婦問題特集を掲載して以来、本社には言論による批判や評価が寄せられる一方で、関係者の人権侵害や脅迫的な行為、営業妨害的な行為などが続いていました。こうした動きの激化を懸念するあまり、池上さんの原稿にも過剰に反応してしまいました」などと釈明していた。

それを受けて、11日の社長の会見に同席した当時の取締役編集担当が、池上さんのコラムの掲載見合わせを判断したことは、「結果として間違っていた」とミスを認めた。

そもそも6日付説明にあるような、「脅迫的な行為があった」などと理屈を述べることは、池上氏に大変失礼である。池上氏のジャーナリストとしての素朴な批判を掲載することが、脅迫的な行為や営業妨害的な行為をさらに助長するかもしれないと、朝日側が判断したかのようにも読める。このような理屈を「おわび」とか「説明」という見出しの中で平然と述べることは、話を平気ですりかえる朝日の社風がここでも現れたと言えるかもしれない。同時に新聞社として、8月5日の記事掲載以降、朝日新聞に対する同業者や世論の極めて批判的な動きに動揺を隠し切れなかったとも受け取れる。

こうした対応をすればするほど、朝日新聞社としての危機管理能力の低さを証明してしまう結果となった。朝日新聞社という組織は、社外から批判が高まってから急いで対応をとることしかできないほど、機能不全を起こしているのだろう。先輩たちが敷いてくれた線路の上に平穏無事に「電車」を走らせる、マニュアルどおりの対応は得意とするところなのかもしれない。しかし、8月5日以降の同社の対応は、極めて稚拙と言わざるを得ない。

新聞社として、こういった「非常時」こそ、朝日新聞の底力を見せる必要があったにもかかわらず、それがついにできずに、社全体で「とにかく嵐が去るのを待とう」と時間の経過を心待ちにしているかのようにも受け取れる。しかし、新聞の読者といった枠組を超えて、現代日本の消費者たちは賢くなっているということを、朝日新聞社の幹部は肝に銘じるべきだろう。そう簡単に今回の出来事を忘れ去るほど、日本人は単純ではない。今回の朝日新聞の一連の慰安婦報道の「騒動」は、日本のマスコミ及びジャーナリズムの「負の歴史」として、また、マスメディア研究のための材料としても受け継ぐ必要があるだろう。

## 12

## 朝日新聞の「吉田調書」記事取り消し事件、まずは「ストーリーありき」の体質露呈

2011年3月に発生した東日本大震災直後の東京電力福島第一原子力発電所の事故対応をめぐり、朝日新聞が2014年5月20日付の紙面で、「福島第一原発にいた東電社員らの9割にあたる、およそ650人が吉田昌郎所長（当時、故人）の待機命令に違反し、10キロ南の福島第二原発に撤退した」という記事を掲載した。しかし、9月11日になり、当時の社長が記者会見を開き、「命令違反で撤退」の記事を取り消すとともに、

東電福島第一原発で働いていた所員や国民に謝罪する結果となった。要するに「命令違反」などはなかったのだ。慰安婦報道問題に引き続いての不祥事発覚は、朝日新聞がどれだけ記事の取材や報道というものを軽視してごまかしを続け、仕事に対して「なめて」取り組んできたかを証明するものと言えよう。

会見では、「読者の信頼を大きく傷つけた」として社長が謝罪するとともに、取締役編集担当の解任などを発表した。これまでにも、「サンゴ落書きでっちあげ事件」や長野総局記者の「虚偽メモ事件」など、個人による不祥事は何年おきかで明るみに出てきたが、これほど朝日新聞の「まずはスクープありき」で記事を「練り上げて」しまう組織的な体質には、唖然・呆然とするしかない。朝日新聞社全体が報道機関としての認識をほとんど持たない組織であると言っても過言ではないだろう。

また、慰安婦報道問題に絡んで、ジャーナリストの池上彰さんのコラムを掲載しなかった問題についても会見で触れられ、掲載見送りは、今回解任されることになった取締役編集担当が判断したことが明らかになった。さらに、慰安婦問題に対して8月5日付の紙面で検証報道をしたものの、すぐに会見を開かなかったことにも触れ、「訂正するのが遅きに失した」などと弁明した。

「吉田調書」に関する記事は署名記事であり、誰が偽の「スクープ」を書いたかは判明している。「吉田調書」記事については、「記者の思い込みやチェック不足などが重なったことが原因だと考える」などと朝日は弁解しているが、新聞社というのは、あらゆる立場からチェックが入る仕組みになっている。いくら「特ダネ」だからといって、また仮に膨大な量のリストだったからといって、担当デスクやその他関係者は、全部とはいわないまでも、「本当に命令違反だったのか」「命令違反だと解釈できる部分は、どんな表現だったのか」などとチェックを入れるはずである。百歩譲っても、「そもそも吉田さんという人は、どんな口調で調べに応じていたのだろう」と興味をもってもいいはずであり、実際、調書の現物を見た人間は極端に限られていたわけではなかったのではないかと推察する。

朝日新聞の記者が「調書」をライバル社より先に入手し、単に「独占的に入手した」というだけではスクープにはならない。「何か見出しとして大きく報じられる要素はないか」とひねりだしたのが、5月20日の記事だったのではないだろうか。

反省すべきは朝日の幹部だけではない。テーマは違っても結局は似たようなことをやりながら現在の地位を築いてこなかったか、現役記者一人ひとりが振り返る、よい機会ではないだろうか。

## 13 若手記者が受け継ぐ「まずはストーリーありき」のDNA

長野県の県庁所在地にある長野総局の若手記者が2005年8月、当時の田中康夫知事に直接会って取材をしたかのように社内でメモとして報告し、それが実際に政治面の記事として掲載されてしまった朝日新聞長野総局記者による「虚偽メモ事件」があった。朝日新聞の組織構造や体質が如実に出た不祥事の一つに数えられている。ここでお知らせしたいのは、ほぼ同時期に、東京総局においても意味不明な記事が全国版の夕刊社会面に掲載され、執筆した記者が何度も法務部に呼ばれて事情を聴かれていた不祥事である。しかも、取材先の当事者からはクレームが何度も来て、上司にあたる当時の東京総局長が深々と頭を下げ、「表沙汰」にならないようもみ消していた。この裏には、今回の朝日新聞による「吉田調書」誤報事件と全く同じ、事実の報道よりも、「まずはストーリーありき」の体質（DNA）が脈々と受け継がれていることを証明する事実である。

「事件」は2005年の夏に遡る。全く記事とは関係ない八王子支局長だった私は、東京総局長の事実上の「土下座」レベルの謝罪に同行させられ、半日にわたり取材を中断させられた。この総局長自身も、高校野球が行われていた甲子園に東京代表校やその取材記者の激励のために向かっている途中、新幹線を名古屋で途中下車し、すぐに対応を迫られていた経緯があることからして、極めて異常な緊急事態が発生していた、と言える。

問題となった東京総局の記事とはこのような内容だ。2005年7月29日の朝日新聞夕刊社会面に4段の記事が掲載された。これには、『多摩ニュータウン建て替え計画住民、組合役員訴えへ「補助金申請　手続き不正」』という、一般の読者にはすぐには馴染みにくそうな見出しがついていた。内容は、「東京都多摩市の多摩ニュータウンで進むマンション群の大規模建て替え計画をめぐり、住民間でトラブルが起きている」という書き出しで始まった。記事の続きを読むと、「『不正に建て替えの補助金を申請した』として、一部の住民が管理組合理事長らを相手取り、補助金の返還を求め、同月29日にも東京地裁八王子支部（現在は立川支部に移転）に提訴する構えだ」とある。

ここまで読んでやっと、これから住民同士の民事裁判が提訴されるかもしれないという内容で、「住民が民事裁判の訴えを起こす（提訴する）」というニュースを前もって知らせているいわゆる、「特ダネ」記事の扱いであることがわかった。確かにこのころから、全国的に少子高齢化が進み、東京の郊外にある多摩ニュータウンのような40年以上前に建設ラッシュが進んだ地域では、マンションや団地そのものの老朽化が進み、建て替え問題があちこちで発生していた。とはいえ、そもそも建て替えとなると莫大な費用がかかり、そのこと自体が社会問題になっていた。

それを考えると、一見、社会性、公共性をはらんだニュースであるように見える。しかし、この裁判を扱った裏では住民同士の感情的な問題が絡んでいて、そう簡単に記事化して社会に「ニュース」として知らせ、読者に問題提起することができるほどの段階にはない内容だった。

提訴の内容は、ニュータウン内にある区画の住宅群をめぐり、住民アンケートで半分程度しか建て替えなどの一連の計画に賛同していなかったため、一部の住民が計画を白紙に戻すよう管理組合の幹部に求めたが、交渉が不調に終わったので住民2人が提訴に踏み切ったという内容だ。実際、記事に書かれてあるような内容で、「予定通り」裁判所に提訴された。しかし、実際の訴状をみてみると組合関係者である「被告」が本件に関する「公金及び組合費を騙し取った」とか、「都や市を欺く目的で（中略）組合員を騙した。（中略）管理組合費を着服した」などと感情的な表現が入りまじった文章が並んでいた。

ここまで書くと、読者の中には、新聞記者は民事裁判に至るまで何でも記事にするのだろうかと不思議に思う人がいるかもしれない。確かに地方支局などの若手記者の仕事は事件や行政ものに加え、裁判取材も大きな柱になる。地方支局にいる若手記者も、県警本部の取材に併せて刑事事件を立件する地方検察庁や地方裁判所を受け持ち、裁判を傍聴しながら、どんな判決が出たかなどを取材することがある。

ただし、どんな裁判でも取材するわけでは決してない。基本的には容疑者が逮捕された時点から社会的に注目されていた、現在なら裁判員裁判で扱われるようなレベルの殺人事件などの凶悪な刑事事件が中心である。民事裁判といってもたいていは、公害裁判など国や地方自治体、大手民間企業やその他の法人などが被告になっているような社会性のあるものが中心で、例えば、離婚訴訟や金銭の貸し借りに伴う民事事件などは、まず取り扱わないのが普通である。

警察には「民事不介入の原則」というのがあるが、まさにそれに似ている。たまに地方支局などで泊まり番をしていると、新聞社あてに読者が電話をかけてきて、「すごい問題が起きている」とか、「とても許されない行為をしている人間がいる」などと情報提供がなされる場合がある。しかし、たいていの場合、裁判などの民事事件でもめている当事者で、相手方のことを悪く言っているだけの偏った内容のケースが少なくない。そのような場合は、訴えてきている当事者の話は十分承るものの、記事にすることはまずあり得ないのが実際のところだろう。

また、提訴したかどうかについて、民事裁判の内容によっては記事にする場合があるが、これはやはり前述したように被告が公的な機関であるなどの理由に加え、提訴すること自体がニュースであるなど、いくつかの「条件」が必要になってくる。「条件」といっても何か取り決めがあるわけではなく、ケースバイケースで記者やデスクの判断になる。たいていは、弁護人を含む当事者に取材をして、裁判の成り行きを見守りながら、社会の注目を浴びるような場合、最終的な「判決」の時点で記事にするという総合的な視点から判断することが普通だ。

刑事事件は、逮捕の時点では「容疑者」という呼称をつけて報じ、判決が出された時点だけでなく、場合によっては容疑者が起訴されたり、初公判で何か主張したりした際など、裁判の途中経過についても「被告」という呼称をつけて事細かに報道する場合が少なくない。

これに対して民事裁判は、仮に被告が公的な立場だったとしても、裁判の経過や判決の内容を確かめてから慎重に記事にするのが普通である。とくに民間の人同士が「原告」と「被告」に分かれている訴訟の場合、「被告」だからといって必ずしも法に背くことを何かしている「悪人」とは限らず、裁判官がどのように判断するかは個々の事例によるところが大きいからである。また、訴えている側も感情的になっているケースが少なくない。

普通は訴状を読んで、すぐに記事にするか、判決が出されてから記事にするか、記者自身が判断することになる。支局時代からある程度の裁判取材の経験を積んでいれば、たいていの場合、訴状を一読すればニュース性があるか速報性の必要性があるかの感触をつかめるのが普通だといえる。

少なくともここで問題にしている「提訴へ」と書かれた裁判は、普通の記者ならすぐには記事として取り上げず、判決まで様子をみようとする内容であったことが、訴状を読めばすぐにわかる。それは、原告がとても感情的になっている面が少なくないと読み取れることと、弁護人がついておらず、提訴までに法律の専門家の意見を聞いた形跡が見受けられないこと、それに、提訴した時点では被告側の主張がどういうものなのか、ほとんどわからないというのが理由として考えられる。

実際、この裁判の判決は、「原告の訴えを却下する」というものだった。民事事件としては極めて早く「結論」が出ていた。その判決理由は、「原告に本件訴訟を提起する権限を有しない」、つまりは、原告側がそもそも裁判を起こす資格がない、というものだった。「却下」になりそうな、あるいは少しでもその可能性を秘めている訴状の内容かどうかは、私の経験から、ある程度経験を積んだ記者なら読めばわかるものである。というよりも、ある程度経験のある記者ならそれくらいは、「勘」でもいいので感じ取らなければいけない。

しかし、この記者は原稿を書いてしまった。しかも、「却下」に終わるかもしれない民事裁判を取り上げ、さも、「高齢化が進むニュータウンで問題が起きている」といった形でニュースとして「ストーリー」を仕立て上げたのである。まさに、スクープにかこつけた「ストーリーありき」の展開で、話の内容は違っても、慰安婦記事事件や「吉田調書」誤報事件の朝日新聞の不祥事と構図はまったく変わらないのである。

これは単に、判決の結果が「却下」に終わったから問題なのではない。私は夕刊をみて初めてその記事の存在に気づいたが、これから提訴する案件についてわざわざ段を立てて、「特ダネ」扱いとして報じているのは、「少し珍しいな」「変わった記事だな」くらいにしか当初は感じなかった。しかし、この記事に全く関与していない私までもがこの「いざこざ」に巻き込まれ、また、この記事が出来上がるまでの記者の対応やその後、上司が後手の対応しかできない問題に発展するなどとは予測できなかった。その「いざこざ」がどれだけ根が深いものであったかを以下に綴る。それは当時の東京総局長からの電話から始まった。

「今日ヒマ?」

夏の暑い盛りで確か高校野球も熱気で盛り上がっていたころだった。東京総局長のM氏から、「多摩ニュータウンの関係者に会いにいかなければならないのだけれども、ちょっと付き合ってくれないか」という内容の電話が入った。八王子で、行政から裁判、街ネタまでの取材も行う「一人支局長」として赴任していた私は、指示に従うことにした。広大な多摩ニュータウンの一部が八王子市内にもあり、街ネタなどでも話題が尽きない地域だったからだ。ただ、問題となっていた多摩ニュータウンは、多摩市内の一角の部分であり、私の管轄外の地域だった。

私はまず八王子支局からタクシーに乗り、京王線の「南大沢駅」まで行き、そこから京王線で待ち合わせ場所に指定されていた多摩市内の駅に向かった。初めての土地で方角がわからず、地図を開いてみていると、M東京総局長がやってきて「あれに乗って」と指をさした。M総局長は朝日新聞東京総局が入っている日比谷のプレスセンターからハイヤーですでに乗り付けていた。「とりあえず、これ、見ておいて」と数枚の資料を見るように渡された。

私が乗車してもすぐにハイヤーを走らせなかった。しかし、その時点で、この総局長が何かの「もめごと」を抱え、甲子園大会が開かれる兵庫に向かう途中、急きょ、名古屋から引き返してきているらしいことは、八王子の私のところまで記者どうしの情報として伝わっていた。そこで私も、「今日の目的は何なのか、謝罪しにいくのか、単に意見を聞きにいくだけなのか」という点を聞いておけばよかったと後悔している。しかし、言われるままにハイヤーで「現地」までついていった。

最寄り駅からハイヤーで数分足らずで「現地」に到着した。私が多摩ニュータウンの現場をみたのは、実はその時が初めてだった。「ニュータウン」といってもそれは名ばかりで、高度経済成長期の新興住宅地に広がっていたような、昔ながらの「団地」そのものだった。夏の暑い盛りで、普通ならクーラーの室外機の音があちこちから聞こえてくるはずなのが、静まりかえっていた。そこの棟ではほとんどの部屋にクーラーが設置されていなくて、どの部屋もみな窓を開けたまま自然の風を取り入れていた。レースのカーテンだけが揺れていて、そこだけ時間止まっているような、独特な雰囲気だった。

「確か、あそこの棟だったな」

M総局長はすでに何度か訪れていて、「土地勘」があるようだった。二人は小走りにその棟に近づいていった。顔を上げると階段の踊り場のところからこちらへ上がって来るように手を振っている、シニア世代の男性が目にとまった。どこか不満げで怒っているのがよくわかる顔つきで、なんとなく「上から目線」で案内しているように感じた。その時点で私は、相手が怒っていて、私たち二人は少なくとも「謝罪」しにいく立場であることがやっとわかった。

部屋の中へ入ると、男性が2人座っていた。今回の訴状に書かれてある原告だった。原告の提訴内容がそのまま書かれてあるはずなのに、何が不満なのか。2人からいくつか不満な点が挙げられるうち、報道機関として、取材した記者が大きな問題を抱えていることがわかった。

まず、提訴の原稿を書くにあたり、被告側のコメントを求めたいということで、内々に取材記者に渡していた訴状の写しを、デスクが無断で被告側にファックスしてしまったというのである。この訴状は裁判所に提出する前のものであって、いわば準備中の内部資料を記者が特別に預かったものだった。しかし、訴状の「たたき台」ともいえる内部資料を、単にコメントを求めて体裁を整えるだけのために、「被告」になる「予定」の相手に裁判提訴前にファックスしてしまったとしたら、信義違反では済まされないだろう。

最近では少なくなったが、有名企業や公的機関が裁判で訴えられたような場合、相手かたの「その時点」でのコメントを求めることがある。しかし、記者としての基本的な訓練を受けている人なら、仮に被告側のコメントを求める際は、記者の側には訴状があることは明らかにせず、「このような提訴がなされたらしい」ということをほのめかしながら、相手側にもコメントを求めるのが普通だ。そのため被告側もたいていは、「訴状をまだ受け取っていないので、コメントできない」という主旨の回答をするにとどまる。

これでは公平性に欠くのではないか、という意見もあるかもしれないが、あくまでも提訴がなされた時点では、実際に被告側に訴状の郵便が届いていない可能性が高く、仕方のないことであり、また、被告側がさらに主張したいことがあれば、その後の審理の中で、民事裁判であれば準備書面を提出しながら主張を進めていけばいい、ということになるだろう。もちろん、これは報道機関の側の勝手な解釈かもしれないが、実際の裁判取材では以前からよく用いられる手法である。

ここで報道機関の「常識」から考えると、この記事を扱った当時の立川支局のT記者、それに東京総局のYデスク（いずれも男性）はとんでもないことをしたことになる。「まだ訴状を受け取っていないので、コメントできない」と言われたからといって、「それじゃあ、こちらから訴状をファックスするから、詳しくコメントしてください」と言ったとしたら、大問題である。そもそもいつ提訴されるかもわからない、まだ訴状案の段階に過ぎないからだ。

実際、面会した原告の2人は、「どうして裁判所の書記官でもないのに、勝手に訴状をファックスしたりするのか」と怒っていた。これまでの常識からすれば、明らかに取材のモラルから逸脱した行為と言える。仮にこのデスクが、東京都庁など、いわゆる「行政もの」の取材経験が長く、裁判取材の経験が浅かったとしても、である。

ちなみに当事者のT記者は、名古屋社会部から東京総局の立川支局勤務となり、次のステップでは、このYデスクの「古巣」でもある都庁担当になることを希望していた。だからといって、きちんとした取材の手続きを踏まなくていいわけがない。原告2人の話から、この取材記者は記事がでるまで、原告側の男性とはメールでやりとりしていたようだ。原告が私たちに、「T君はもう私たちの前に姿を現さないのですか」と不満を漏らしていた。親切心から情報提供したのに、いざ問題が大きくなると、上司と（私のような）別の記者に謝罪に来させて、自分が姿を現さないことを不満に思っていた。

男性はT記者とのメールのやりとりをすべて、プリントアウトして私たちにみせてくれた。中には、「（新聞に記事掲載のタイミングではないので、）まだ提訴しないでくださいと、原告の2人が裁判所に訴状を提出する時期についてまで、T記者が指定して誘導している文言もみられた。

政治や経済など、新聞は旬なニュースを大きく扱う。特異なニュースや大型の連載企画が入ると紙面が限られ、仮に「特ダネ」であっても紙面がきつければ小さくしか扱われなくなる。

「特ダネ」なら何段かの見出しとともに大きく取り上げられることが大前提になり、それは「特ダネ」をとる記者の側の希望でもある。その点、事件取材で捜査当局が容疑者を緊急逮捕するのと違い、民事裁判の提訴をいつ実行するかは原告の自由に任されている。その記事を「特ダネ」にしたいと思う記者からすれば、自分に都合のいい、つまり、大ぶりに記事を扱ってくれそうな日に提訴してくれた方が、ありがたいと考えたようである。

記事は「提訴へ」と予告記事を書いて、数日して、実際、提訴された。提訴当日、T記者は立川支局で早朝から待ち構えて、原告側らしき人物と電話でコソコソ話をし、安心した表情を浮かべていた。場合によっては記事が提訴より前に出たことがきっかけで、「心変わり」して、実際、提訴をしないとなれば、「誤報」ということになる。あるいは、原告が提訴するつもりで裁判所の窓口に出向いても、書類の不備などで裁判所が正式に受理しなければ、それまた厄介なことになりかねないからである。

この提訴とは別の裁判資料からわかることだが、原告2人の行動により、被告側も住民に対して実際、団地の掲示板などを通じて状況説明などを行ったようだ。被告側は該当する夕刊の記事が「不十分な取材に基づくもの」として朝日新聞社に対する抗議文案などを作成した経緯があったことが窺える。

原告側の話を聞くこと2時間程度。最終的に原告側は今回に限らず、このままニュータウンで起きている問題を取材し続けていくようM総局長に求めた。

「いいですか、こうした（ニュータウンの）問題を今後もきちんと紙面で取り扱っていくこと、取材を続けていくということ、いいですね」

「報道の自由」などと堅苦しいことをいうつもりはないが、どのような取材をするかは取材者側、新聞社側の判断であり、どのようなニュースを紙面に掲載するかは新聞社側に任されているのが、編集権である。このようなことを言われたら、普通は、「公共性があると判断されたニュースに限り、報道します」と念を押すのが報道に携わる責任者の立場だろう。しかし、朝日新聞を代表してきたはずのM東京総局長は声が上ずったまま、「は、はい、書きます」などと返事をしていた。謝罪の言葉こそなかったものの、原告側に全面的に謝罪をしにいったのも同然といえる展開だった。

外へ出ると、総局長は声が上ずったまま私に、「さっさと帰りなさいよ、どうやって帰るのよ」などと、男性なのに女性口調で私に指図をしながら、さっそく本社のさらなる上司と思われる人物に電話をかけていた。当時、東京総局を管轄していた地域報道部（地方支局を管轄する部署）の幹部に経過報告をしていたのだと推察できた。私はハイヤーで送られてきた道を一人で歩きながら駅に向かった。八王子支局に戻ってパソコンのメールを開くと、当時の地域報道部長あてのメールが東京総局長からすでに出され、「ｃｃ」で私のもとにも届いていた。

「なかなかの論客でした。大重についていってもらってよかったです」

しかし、事態は「一件落着」ではなかった。２００５年8月1日付で提訴が受理された民事裁判だったが、その年の年末に裁判所の開廷表を見て驚いた。提訴から約３か月しか経過していない裁判の判決期日が決まっていることを私は知った。

普通なら準備書面のやり取りやその間に今後の裁判をどう進めていくかの打ち合わせなど、最低でも1年以上はかかるのが民事裁判のはずだ。どこか嫌な予感がした。判決期日の12月22日。判決主文が女性裁判官により読み上げられた。「本件訴えをいずれも却下する」。民事裁判だと、損害賠償が認められると文字通りの「勝訴」となる。ただ、原告側が「敗訴」する、つまり「負け方」にも2種類あるのだ。1つは「棄却」で、「（裁判所として）いろいろな側面から検討したけれども、原告の言い分は認められない」と判断される場合である。しかし、「却下」となると、別問題である。事実上「門前払い」で、原告側が訴えている中味そのものを吟味する以前の問題として、今回の裁判ならば「そもそも原告には訴える資格がない」と判断されてしまったのである。

みっともないのは取材してスクープのつもりだったT記者の側だった。判決が棄却はもちろん、却下になると予測されるような裁判は当初から記事にしないのが記者の鉄則である。判決がどうなるかはもちろん、審理の過程でどのような証拠や主張が出てくるかによって総合的に判断されるはずで、判決を聞いてみるまではわからないのが原則かもしれない。しかし、裁判によっては法律の専門家でなくても、裁判傍聴の経験を積んでいれば、訴状を読んだだけで、ある程度の判断はできるのが普通だ。「これはもしかすると原告の訴えが退けられるかもしれないから、判決が出るまで様子をみておこう」という判断もできたはずだ。というよりも、そうした判断をするのが記者としての「見立て」になるのだ。しかし、この夕刊記事は、あくまでも「ストーリーありき」、「特ダネありき」で、普通は記事などにするわけのない民事裁判を「利用」し、T記者は手柄をあげたかったのだ。

判決が「却下」だったことをM東京総局長に電話で伝えた。すると総局長は、

「一番簡単なパターンね」

と、これまた、裁判の基本がわかっていないとみられる対応だった。確かに、却下である限り、その結果と簡単な裁判官の理由を書くだけの数行で済む。しかし、民事裁判で「却下」の判決が出たという新聞記事など、まず見たことがない。「却下なのに書くんですか」と尋ねると、「そりゃ、書かなきゃいけないだろう」と問答無用の言い方だった。


その時点ではすでに「提訴」の原稿を華々しく書いたT記者の姿はなかった。「裁判の担当である八王子支局の担当者（私）が書く以外にはない」という雰囲気だった。それから30分ほどして、当初の原稿をチェックして訴状をファックスしたYデスクから携帯電話が入った。


「今日、例の裁判の判決、あったんでしょう？　原稿、あった方がいいなあ」

彼は記事を通した立場から体裁が悪かったのか、デスク席から離れたところで、個人の携帯電話から私にかけていることがわかった。

「すでに原稿、送ってありますよ」

「えっ？　もう、書いたの？」

デスク席に座っていれば、総局管内のすべての記者が原稿を送稿すると、ワークステーションにそのすべてが集約される。原稿が入ればわかるし、少なくとも当時のシステムからいっても、これからどの記者がどのような原稿を送ろうとしているか、「出稿予定」も書きこまれる状況であった。しかし、「却下」判決が出た以上、このデスクは部下がまわりにいるデスク席からは電話がかけづらく、デスク席から廊下に出て、わざわざ個人の携帯電話から指示を出してきたようだった。

肝心の「特ダネ」を書いたT記者はどうしているのか。私は原稿を書き上げてから、立川支局に判決文のコピーを持参した。自分で提訴の原稿を書いておいて、結果がどうなったのか、どのような理由で判決が出されたのか、当然、当事者である執筆担当記者なら知りたいはずだろうと考えた。

しかし、記者はうつむきながら「そんなの関わりたくない」と、言葉を吐き捨てるようにつぶやいた。全国版の夕刊で「特ダネ」として書いたのなら、その「続報」、つまりこの場合なら判決結果も夕刊に掲載されるのが普通である。しかし、「却下」の原稿はたった15行程度の「べた記事」で、東京都内だけのローカルのページに掲載された。

その後、数日して、裁判の原告の1人が夕刊の社会面で全く別の問題についてコメントを出しているのをT総局長が偶然見つけた。実はこの「論客」だった原告の1人は、当時、住宅問題に詳しい専門家でもあり、住宅事情について取材している本社の記者が、東京総局でのこれら一連のトラブルを知らずにコメントを求めていたのだ。そのコメントが実名つきで夕刊の早版に掲載され、総局長がもめた経緯がある人物であることを伝えて、その人のコメントを削除してもらったようだ。

「あの人のコメント、夕刊に載っちゃってたよ」

と、私のもとに伝えにきたM総局長の体裁悪そうな表情が印象的だった。今回は、単なる民事裁判のレベルで、切り口を少し変えて社会問題として扱おうとする、記者の姿勢そのものには問題ない。しかし、扱う内容が明らかに「却下」になりそうだと判断しなければならない裁判で、それをいろいろこねくり回して、ストーリーをニュース性のあるものに「仕立てる」というやり方だった。

この事件が問題なのは、民事事件で取材開始となると、代理人の弁護士を窓口に取材するのが普通である。弁護士の場合は、原告や被告の当事者本人よりも感情的にならず、客観的な立場から、過去の判例なども絡めて今回の提訴の意味などの解説を聞くことができるからである。

逆に言うと、弁護士もついていないで裁判を起こす「本人訴訟」の場合は、当事者の感情移入が強い傾向があり、訴状も裁判資料の体裁をなしておらず、記者としても、「もう少し裁判の成り行きを見届けよう」と様子を見るのが普通である。しかし、このT記者とYデスクは裁判取材の「イロハ」も知らなかったのか、弁護士もついていない「本人訴訟」で、少し裁判取材の経験があれば、「もう少し様子をみよう」となった話を、どんどん自分の都合のいい「ストーリー」のために「利用」し、スクープ記事に仕立ててしまった。

実際、夕刊に「特ダネ」記事が掲載されても、その最後まで追いかける同業のメディアの姿は全くなかった。他社の記者が訴状を取り寄せ検討したとしても、記事化することをためらうレベルの内容だと判断したに違いない。また、同じ原告が別の裁判で同じような訴えを起こしていたが、これも棄却判決が出ており、記事化するには当然、記者として慎重に扱おうという意識が働くのが普通であった。

しかし、T記者とYデスクは積極的にこの民事裁判を「利用」したのである。これは、テーマこそ違うものの、朝日の記者がスクープに仕立てたいあまり、当事者側（今回は原告側）の懐に入り込み、いかにも「味方」であるかのように装い、本来の事実には目をつぶり、裁判の当事者を記者の「スクープ獲得」に向けて当事者を誘導しながら記事をでっちあげるやり方であり、損害賠償請求にまで発展した慰安婦事件の元記者や東電の「吉田調書」の記事で誤報・虚報を出した記者の構図と極めて似ているといわざるを得ない。

しかも、その後の原告や被告とのトラブルをどうにか内々に済ませようとするM東京総局長やその上の幹部クラスの判断は明らかに問題であり、報道機関として信頼を損ねる事件だったといえる。ちょうどこの問題の直前に起きた、長野総局の元記者による「虚偽メモ事件」は、朝日新聞の信頼を揺るがす事件だった。取材したことのない知事に「会った」ように見せかけて取材メモを作り、それが記事になってしまったというお粗末なものだった。NHKニュースでは懲戒解雇になった記者の実名も報道されたし、社の内外で動揺が広がった。

当時の編集局の幹部も続々と処分を受けていた矢先に、さらに起きたこの「東京総局事件」だったわけで、長野総局に引き続き、同じ東京本社管内の支局で「第二の長野総局事件」の存在が明らかになったら、さらに管理職の処分が増えることとなる。それはどうにか避けたいため、社の編集局幹部は躍起だったことが想像できる。長野総局の虚偽メモ事件の後、当時の社長が「解体的出直し」を宣言した直後の出来事で、少なくともこの東京総局をめぐる「第二の」事件のもみ消しに必死だった。

世間を騒がせた朝日新聞の慰安婦報道は、90年代に中堅クラスで、すでに退社した記者が何本も執筆したものだった。労働組合は朝日幹部の対応を批判した。また、慰安婦記事の対応について批判した池上彰さんのコラムを掲載しなかった直後、現場の若手記者が自分のツイッターに批判メッセージを書くなど、下克上のような異常事態が起きている。この構図は「(当時の) 社長ら幹部」と「改革を求める若手」との対立軸があり、悪代官と若手家臣の黒白はっきりした印象が強い。

しかし、私は、現在の若手記者にも慰安婦記事の元記者や「吉田調書」の誤報・虚報記者のように、まずは、「ストーリーありき」で、コツコツと事実、裏付け、背景を把握しようとはしない朝日の「伝統」や「DNA」を若手や中堅の記者とて十分、受け継いでいる。しかもそれは、長年の愛読者などのためではなく、新聞社社員として自分の功名心と保身のために、裁判などの世の中のニュースを「利用」しているに過ぎないことが明らかなのである。これはもはや、報道機関としての体裁を保てていない状況と言わざるを得ないだろう。

1つは裁判取材に不慣れな記者とデスクが一体となって、本人訴訟の民事裁判を利用して、「知ったかぶり」をして記事を作り上げたこと。2つ目として、どうしてそこまでして朝日新聞社として報道する意義があるのか、原告側に抗議をされても、きちんとした報道機関の立場が示せなかったこと。3つ目として、長野総局虚偽メモ事件の直後とはいえ、とにかく「何事もなかった」ように封印しようとする新聞社幹部の「事なかれ主義」が大いに表れていること。これらの3つの問題は、「朝日ブランド」を大きく傷つけるもので、実は朝日新聞社の遺伝子（DNA）であり、伝統なのではないかとも考えられる。

文中のT記者は、朝日社員のツイッターによると、その後、首都圏の支局のデスクになったらしい。そこは90年代にリクルート報道により、朝日新聞が調査報道のさきがけとなった一連の報道を手がけたことが有名になったほど、事件や裁判が極めて多い支局である。後輩たちに「こうすれば却下になるような裁判でもスクープに仕立てられるんだよ」などと、「ストーリーありき」のテクニックを伝授していないことを願うばかりだ。

## 14

# 「朝日新聞バッシング」をめぐるシンポジウムを傍聴して

２０１４年10月15日、東京の文京区民センターで「シンポジウム　朝日バッシングとジャーナリズムの危機」と題したシンポジウムが開催され、定員４７０人の会場は満員だった。主催は、マスメディアの情報を掲載している月刊誌『創』編集部などで構成される「10・15集会実行委員会」だった。登壇したのは大学教授や医師、ジャーナリスト、新聞労連委員長など、私の見る限り、傍聴者も含め、朝日新聞に日ごろから比較的、親近感を寄せている立場の人の割合が高いと感じた。

確かに朝日新聞批判は8月5日に慰安婦問題の検証記事を同紙が掲載して以来、新聞や雑誌を中心として盛んに行われている。朝日新聞の慰安婦問題の検証記事や東京電力のいわゆる「吉田調書」誤報問題については、本書でも評論を続けてきたところだが、言論の自由、表現の自由を守る立場から、一つの事象についていろいろな見解があってよいと感じる。ただ、朝日新聞に対して、「売国奴」とか「国賊」などと過激で感情的な文言を放つメディアもあり、少し気がかりなところだ。とはいえ、このシンポでは、朝日新聞擁護の意見が目立ち、朝日新聞に対して「甘いのではないか」と私自身が感じるほど、不自然な印象もぬぐい得なかった。

「国賊」などというのは、感情が入りすぎている批判と思える。ただ、「国益を損ねた」という点については、私は別の角度から賛成したい。これは単に日韓関係の外交問題の側面からそう言っているのではない。報道というのは、政治家や大企業など広い意味での「権力（者）」を監視するという、他の民間企業ではもちえない、特別な機能をもっているのである。そうした報道機関を代表する一つの新聞社が、慰安婦問題や「吉田調書」誤報、虚報といった、「醜態」をさらしてしまったこと自体、新聞の信用をなくし、結局は「新聞だって全部正しいことを書いているとは言えないのではないか」というように、国民の信頼をなくしてしまったこと自体が「国益を損ねた」といえるのではないかと考える。

例えば、今回のシンポの中で、元朝日新聞記者だったフリージャーナリストは壇上から、「事実を見極める者として、朝日に携わってきた。しかし、事実を見極めることは難しい」と発言した。本来、事実を見極めるのが「プロの記者」であり、慰安婦問題で吉田清治氏なる人物の証言に振り回されていたとしたら、つまりは「ガセネタ」を見極められなかったと理解でき、それで「プロ」と言えるのかどうか疑問が残る。プロとしての自覚がないからこそ、事実と違うとわかっていながら、あえて記者自ら考えた「ストーリー」に合致するような話の内容を連載し続けたのではないか、と批判されても仕方あるまい。

ただ、吉田清治氏のストーリーをもとに慰安婦問題を書き続けた「元記者」について、新たな職場であった地方の私立大学や家族に対してまで中傷がなされたことは極めて問題であろう。これは民主主義社会のルール違反であり、仮に意見が違う立場だったとしても、言論に対しては言論で対抗するのが、基本的な振舞いではないかと考える。勤務先の大学や家族を誹謗・中傷するのは、決してあってはならない振舞いであると私は考える。

登壇したある精神科医は、「朝日バッシングは『外に敵をつくり叩く』という共通の構造であり、精神医学的な病で、なんら解決にならない」と発言した。つまりは、「心理の置き換えによる不安を抑える(やり方で)、心理的な防衛メカニズム(が働いている)」ということらしい。ただ、問題発覚当時の朝日批判については、単に何らかの世の中の不安と、朝日の慰安婦問題や「吉田調書」記事についての不祥事を置き換えて、自らの不安を抑えようとしている心理的な働き、と解釈しただけでは済まされないのではないだろうか。やはり、慰安婦問題と「吉田調書」誤報・虚報は朝日新聞の一大不祥事であり、民主主義社会だからこそ批判の対象となりうると考える。

また、このシンポでは、「メインイベント」とも呼べる登壇者が2人いた。大阪本社社会部と東京本社社会部で慰安婦記事を検証した若手、中堅記者である。彼らは実名で登壇し、とくにその時点での大阪本社社会部記者は、「大阪社会部長の許可を得てここに来ました」と挨拶していた。会場からは拍手がわき、若手現役記者の勇気ある行動のように伝わっていた。

しかし、表現の自由や言論の自由が叫ばれている中で、朝日の大阪社会部長としてもシンポへの参加を認めざるを得なかったというのが本音のところではないだろうか。しかも、シンポの予告では登壇予定者の中には比較的朝日新聞に好意的とみられる人たちの名前もあり、「朝日ファン」が多数、来場することが予測できた。そこで、「せっかく呼んだのにやはり来てもらえなかった」と司会者からアナウンスされては、さらに朝日新聞の印象が悪くなるので、大阪から東京の会場への出張を許したのではないだろうか。

大阪の記者は当日書いた原稿を壇上でチェックしながら発言し、「まだ今日の記事が（原稿を点検するデスクを）通ってないので、パソコンをみながら失礼します」と、仕事を掛け持ちしながらの登壇であることを強調していた。本当に自ら発言したいのであれば、特別に「有給休暇」をとり、交通費も自費でくるのが筋ではないだろうか（今回は「出張」扱いだったかどうかはわからない）。

また、当時の東京社会部の中堅記者も事実上「飛び入り」で登壇し、「（大阪から来た）彼を一人にするわけにいかない」と発言した。朝日新聞社内でも社内集会が開かれ、今後の朝日新聞のあり方について議論されていることを強調していた。この2人の登壇は、会場に来た人々を感動させていたように私は感じた。2人の発言が終わった際は、会場全体から拍手が沸きあがったのが印象的だった。

しかし、である。この現役記者2人は、ほとんどの登壇者が朝日新聞に比較的好意的な立場であるか、少なくとも真正面から批判するような立場ではない人々であることが確認できたからこそ登壇したのではないかと私は考える。もしも、朝日に批判的な週刊誌や月刊誌の主催のシンポだったら彼らは来なかったであろう。

2時間半余の話の流れをみていて、私はかつて視聴率が高かったテレビ時代劇の「水戸黄門」のストーリー展開と似ていると感じた。藩の悪政の重圧に苦しみながらも、自分の藩を改革しようとする「若手藩士」が登壇したように見えた2人の朝日記者。そして、これまで謝罪会見などで批判の矢面にたっている朝日新聞社長や幹部が「悪代官」である。勧善懲悪的なわかりやすい場面設定は、最後には会場の人たちに「彼ら若手記者を応援してあげよう」という、とくに多かったシニア世代の感動と拍手を導き出していたように感じた。

しかし、忘れてはならないことがある。朝日の不祥事はこれが初めてではない。繰り返しになるが、サンゴ落書き事件をはじめ、2005年に起きた「長野総局記者虚偽メモ事件」では若手記者を解雇し、朝日新聞は「解体的な出直し」を内外に宣言したはずであった。その際、中央省庁のような編集局内の縦割り組織を見直し、政治部や社会部といった部ごとの垣根の高さも取り払おうとした。さらには、「部長」の呼称を「エディター」に変えるなど、目に見える改革が行われたはずだった。

それから10年もたたない2014年。慰安婦問題と「吉田調書」誤報の、2つの「不祥事」が起きたのである。シンポに登壇した大阪の記者が、「社会部長の許可を得てきました」と言ったように、すでに管理職の呼称も「エディター」から「部長」に戻っていたのである。

今回の2つの不祥事を受けて社内の若手記者が、自分のツイッターに現在の心境などをつづり、外部に発信していることが「下克上」であるかように週刊誌などで話題になった。しかし、長野総局事件のときも、ツイッター発信こそなかったものの、社内では社内メールで自分の意見を全社員に向けて主張する機会があり、さらに編集局の幹部がすべての部署を回って、社員の意見を聞く会合も随所で設けられていた。しかし、世間を騒がせる朝日新聞の不祥事は、またもや起きてしまったのである。

私は本書で、朝日新聞の若手記者にも、「ストーリーありき」の体質、DNAが朝日の伝統として脈々と受け継がれていることについて、実例を挙げて紹介してきた。これは単なる「論」ではなく、私自身の見聞きした体験談だからこそ自信をもって主張できるのである。

そういった観点から私は、今回のシンポに参加して不安を覚えた。「あと5年から10年ぐらいしたら、また、世間を騒がせる不祥事が朝日新聞をめぐって発覚するのではないだろうか」。結構高い確率でありうると考えている。朝日新聞の悪い歴史は繰り返される……。単なる杞憂に終わってほしいものである。

## 15 朝日新聞「吉田調書」報道で6人処分　極めて甘い処分内容

朝日新聞社が、2014年11月28日、東京電力福島第一原子力発電所の事故をめぐる「吉田調書」報道で、5月20日付朝刊記事を取り消した、いわば2014年の国内最大のマスコミスキャンダルで、同社は6人の処分を決めたことを翌日の1月29日の朝刊で発表した。記事によると、原稿を出した当時の特別報道部の前部長を停職1か月としたほか、局長や担当次長（デスク）などを停職2週間としたのだそうだ。肝心の取材チームにいた前特別報道部員と前デジタル委員は「減給」で済ませたとのことである。

これらの処分は極めて甘いと言えよう。停職2週間などというのは、昔のヤンキー高校生が校則を破り、隠れてタバコを吸っているのがばれて停学処分を受けるレベルに過ぎない。まして、私はこの取り消し記事は、自信をもって「ねつ造」であると断言したい。そのねつ造記事を書いた現場の記者やその監督者が、減給や停職2週間で済むのだろうか。

これがもし、中央省庁の官僚や政治家の不祥事だったら、朝日新聞は記事や社説でどのように追求するだろうか。当然、「甘い処分」と指摘するのではないだろうか。さらに、処分内容を記した記事の横に、同社取締役編集担当の署名で、「重い教訓と受け止めます」と解説記事と、見解のような文章が掲載されている。そこではこれまでの社長を含む幹部の処分や第三者機関から厳しい指摘があったことを紹介したほか、どのようにこの「ねつ造」記事を検討し、判断したのかが解説されている。新聞社側は「ねつ造ではない」と言いたいらしい。記事を引用すると、

《そうした状況も踏まえ、社内調査の結果、取り消した記事は、意図的なねつ造ではなく、未公開だった吉田調書を記者が入手し、記事を出稿するまでの過程で思い込みや想像力の欠如があり、結果的に誤った記事を掲載してしまった過失があったと判断しました》

そもそも、公平中立な立場で、政治家や官僚、大企業などの動向に注目し、不正を正す立場の記者に「思い込み」や「想像力の欠如」があってはならないし、決してそのような人間を記者職に据えてはならないだろう。

さらによく考えてみれば、「調書を入手し、記事を出稿するまでの過程で思い込みや想像力の欠如があり、結果的に誤った記事を掲載する」ことこそ、まさに「ねつ造」と

言わねばならない。第三者委員会は、当時未公開だった「調書」を入手したこと自体は評価すべきだったと判断したかもしれないが、事実に対して「ストーリー」を勝手につけてしまった時点で、報道に携わる人間であることを放棄したも同然なのである。もちろん、デスクを始めとする上司たちにも同じ責任があることは言うまでもないであろう。それでは、どうすればよかったのか。「調書」の内容を誠実に淡々と書いて掲載するか、あるいは調書の記事の掲載自体を見送るという選択肢もあったはずである。

本書ですでに指摘しているように、朝日新聞の現場記者による「ストーリーありき」の体質は限りなく存在する。役員の文章にあるようなに「信頼を得られるよう」になるまでは、計り知れない時間と労力が必要であろう。今回のレベルの処分で済ませようとする朝日新聞関係者に対して、その後の社会の目は想像以上に厳しいに違いない。

## 16

## 朝日新聞・慰安婦報道をめぐる第三者委報告書公表 不祥事報告を掲載した新聞紙まで「有料」なのか

朝日新聞社をめぐる慰安婦報道を検証する第三者委員会が、2014年12月22日に報告書を公表した。23日付の同紙朝刊1面の前文によると、第三者委員会は、虚偽だった

「吉田調書」の誤報を長年放置し、取り消す対応が遅れたことを「読者の信頼を裏切るもの」と批判し、8月に過去の記事を取り消した際に謝罪をしなかったことは経営陣の誤った判断だと指摘した。さらに、ジャーナリストの池上彰さんのコラム掲載を見送ったのは、当時の社長の判断によるものと認定した。その上で、「思い込みをただし、意見が分かれる問題では継続的報道の重要性を再確認するよう提言した」としている。

23日付の同業社の各紙朝刊では、この第三者委員会の報告書について、内容と解説などがある。当事者である朝日新聞においては、前述した記事に加え、「池上さんコラム問題の経緯」、「記事訂正とご説明」、「記者会見の内容」、「報告書（ポイントと要約版）」などが何ページにもわたり延々と掲載されている。

ここでまず主張したいのは、このような不祥事の事実とそれを検証する第三者委員会の議論の推移、訂正やおわびなどについて、これほどまでに紙面を割いて載せていることを朝日新聞は「当然」と見ているのだろうか。

もちろん、慰安婦問題などの誤報、虚報は、メディア史上に残る「汚点」であることは間違いなく、朝日新聞社側に説明責任が確実にある。ただし、見方を変えれば新聞は商品なのだ。つまり、有料である。今回のような第三者委員会の報告のまとめや解説などを、一束の新聞の3分の1程度の分量を費やしておきながら、「商品」として販売し、読者から購読料を徴収してよいのだろうか。朝日新聞は、2014年の8月5日に発覚した慰安婦問題と東京電力福島第一原子力発電所の「吉田調書」誤報をめぐる検証記事、それに加え、例えば、「訂正記事」を新しい体裁で掲載することにした「お知らせ記事」などは、不祥事さえなければ存在しなくてよい記事だったはずである。

朝日新聞の訂正やおわび、それに関連する記事を読みたくて、読者は朝日新聞を購読しているわけではあるまい。今回の一連の不祥事に関する記事の分は、少なくとも購読料から差し引くのが社会の常識ではないか。例えば、食品や家電メーカーで不良品が出た場合、商品の代金や送料は返金するのが常識である。新聞とて同じではないか。朝日新聞社はそのあたりをまずは検討する必要があったのではないだろうか。

## 17 朝日新聞・慰安婦報道をめぐる第三者委報告書公表関連同業社の記事からみえる、新聞社の傲慢さ

朝日新聞社をめぐる慰安婦報道を検証する第三者委員会が2014年12月22日に報告書を公表した件について、翌日の23日付朝刊で同業社が報じた記事をみると、記者会見

がどれだけ一方的で他社の疑問に答えない態度だったかが窺える。また、第三者委員会の中からも、朝日の対応について疑う意見が出ていることがわかり、いずれについても私は、朝日新聞の傲慢な態度の結果であると考えている。

例えば、23日付の毎日新聞社会面によると、第三者委員会の会見当日、同社の取締役広報担当は当時の社長のコメントを示しながら、「第三者委の報告書の内容を真摯に受け止める。ご理解ください」と話すだけだったという。さらに呆れたことに、「質問は1人1問に限る」「報告書に書いてある」などと対応したそうである。

もし、政治家や官僚、大企業のトップが記者会見でこのような態度をとったなら、朝日の記者とて例外なく、もっときちんと詳しくコメントするように詰め寄るはずである。そのような対応を朝日新聞自ら行ったとなると、これはもはや朝日新聞は報道機関ではないということを自ら証明したことになるだろう。記者会見で極力、コメントを差し控えるという態度は、少なくとも、不祥事が発覚した際の組織の危機管理、リスクマネジメント能力を欠いた対応と言わざるを得ない。

また、同日付の産経新聞によると、第三者委員会は「謝罪をしなかったのは、報道機関としての役割や一般読者に向かい合う視点を欠いたもので、新聞の取るべきものではない」と批判した。さらに、第三者委員会の委員長は会見で、「（8月の）検証記事は、読者に説明するために出したというより、さまざまな朝日新聞に対する慰安婦問題での攻撃を受ける中で出した、自己防衛的な側面が大きい」と苦言を呈したそうである。これでは不祥事を起こした政治家や大企業と全く変わらない対応である。

今回問題となっている朝日新聞の慰安婦問題と、別件ではあるが、東京電力福島第一原子力発電所の放射能漏れ事故をめぐる「吉田調書」に関する誤報、虚報といった、朝日新聞に絡んで発覚した二大不祥事とその対応は、まさに朝日新聞がジャーナリズムを追及する報道機関では決してないことを証明したに等しいと言えると、私は断言したい。

## 18 第三者委員会報告書を受け、朝日新聞社長会見

朝日新聞社の社長が2014年12月26日、慰安婦報道を検証する第三者委員会の報告書が出たことを受け、記者会見を開いた。さらにそれを受けて27日の朝刊1面で「みなさまの声に耳を傾け続けます」などと、長い見出しとともに社長の署名記事が掲載された。ただ、朝日新聞関係者の「謝罪」もここまでくると「マンネリ化」しているような

印象である。「マンネリ」というと分かりづらいかもしれないが、内容が抽象的なのである。社長は、「経営と編集の関係」「報道のあり方」「慰安婦報道」の3つの柱からなる改革の取り組みを発表したが、どれも当然のことばかりである。

3つの柱はさらに13面で詳報されている。まず、「経営と編集の関係」として、「編集の独立尊重　原則不介入」ということであるが、当然のことである。ただ、朝日関係者が注意すべきなのは、この「経営」というのは「取締役」などの役員とか経営陣というだけでは決してあるまい。「販売」や「販売店」、「広告」など、いわゆる営業畑も「編集」部門と対称軸の「経営側」にあることを忘れてはならない。要するに販売担当や販売店、広告部門の人間が、編集・報道部門に口を出してきたら、これこそ「編集の独立尊重」などは決して実現できないであろう。

万が一、広告部門の人間が、「広告の出稿に影響するので、（広告主の関連事項を）記事としても扱ってほしい」と編集部門に言ったり、まして、新聞を配る販売店の関係者が自分たち（販売店そのものや販売店を経営している企業）が関係する団体や人のことを記事にするように、記者に圧力をかけたりすることなどは（ここではひとまず、「仮の話」としておくが）、決してあってはならない。そのようなことが少しでもあれば、編集の独立などはとうてい尊重されない。この文章の冒頭で「当然のこと」と私は述べたが、実はケースによっては難しいことかもしれない。だから「編集の独立」を本当に尊重するためには、記者以外の社員（販売や広告担当の社員および販売店店主）らも含めた、本気の意識改革が必要となる。どこまで実現できるかがカギである。

あとの2つの話は、これまた、「当然のこと」に過ぎない。「編集のあり方」は「読者の視点で事実に謙虚に」とある。これは決して、「読者と一緒に紙面を作ること」ではないことに注意しなければならない。報道機関は、学生や地域住民の「同人サークル」ではない。あくまでも取材者が先頭に立って取材・執筆を行う必要がある。読者目線というのは忘れてはならないが、編集の現場に「読者」という報道の「素人」を入れる必要は全くない。そこのところを勘違いしてはならないだろう。

そして、3つ目の「慰安婦報道」である。吉田氏という「証言者」のウラをとろうとせず、鵜呑みにして報道し、その報道が「間違いかもしれない」と同業社も含む各方面から指摘があったのにもかかわらず、長年放置してきたことが問題となったのだった。

今後の具体策として書かれてある「取材班」を作ればよいと言うものではなく、あくまでも記者1人ひとりが「事実に迫る努力をして」、「事実のみを報道する」ことに徹する必要がある。別件で問題となった、東京電力福島第一原子力発電所の放射能漏れ事故に関する「吉田調書」をめぐる同社の誤報・虚報に見られたような、「まずは、ストーリーありき」の報道姿勢は徹底的に消滅させるべきである。

ただ、今回の社長会見を報じる記事をみて感じたのは、朝日新聞が「ただひたすら謝り続ければよい」というものではないことである。プロの記者として訓練され、取材をしたからこそわかる、「一般読者」には決して判断できない「事実」について、自信をもって報じてこそ、取材者および報道の役割であることを忘れてはならないだろう。

こうした踏み込んだ表現が、今回の「3つの改革」には全く見られなかったことはとても残念である。このような抽象的なきれいごとしか言えないというのは、また不祥事を招きかねない体質が変わっていないとも言えるのではないだろうか。

## 19 〝お役所〟レベルに終始した朝日新聞の「行動計画」

前段で言及した通り、朝日新聞の慰安婦問題と東京電力福島第一原子力発電所放射能漏れ事故に関する「吉田調書」をめぐる「ねつ造」事件に対し、第三者委員会が

2014年末に検証結果を発表した。そして年が明けた2015年1月5日に記者会見を開いた上で、翌6日付の紙面で、「朝日新聞社　信頼回復と再生のための行動計画」を発表した。1面には社長が「ともに考え、ともに作るメディアへ」と題したコラムを「ですます調」の文体で掲載した。さらに中面1ページ全部を使い、「理念」と「具体的な取り組み」を掲げている。しかし、これら大幅な紙面を割いた文章ではあるが、ほとんど中味がないと言わざるを得ない。

まず、理念についてであるが、①「公正な姿勢で事実に向き合います」、②「多様な言論を尊重します」、③「課題の解決策をともに探ります」（丸数字は筆者が加筆）とある。これらは報道機関として当然やるべきことであり、いまさら強調するほどの問題ではない。そもそもどうして「慰安婦」と「吉田調書」という大規模な2種類の不祥事を起こしてしまったのか、当の記者やデスクはどういう心境で「ストーリー」を作ってしまったのか、その原因追及と対策が全く書かれていない。

次に「具体的な取り組み」が5つ挙げられている。（イ）パブリックエディターの導入、（ロ）多様な意見を載せるフォーラム面、（ハ）訂正記事を集めるコーナー新設、（ニ）調査報道をさまざまな形で充実、（ホ）読者と対話する車座集会の開催（イからホの記号は筆者が加筆)、などとしている。

報道機関は権力を監視し、一般市民では追及できない「事実」を報じる取材記者の組織であると、私は考える。これではもはや朝日新聞社は地方自治体やその首長、または民間の調査会社のレベルになり、報道機関としての体裁を放棄したのではないか思えてくる。

(イ)について、「パブリックエディター」という、横文字を取り入れたのは興味深い。朝日側が「またすぐに忘れかねない」問題ともいえる。2005年の長野総局記者による虚偽メモ事件という不祥事発覚の際、中央省庁のような部局間の垣根を取り払おうと、「部長」の呼称をやめ、「エディター」などという、仕事内容すらわからない呼称を導入した。しかし、数年で「部長」に戻してしまった経緯が現実にある。こうしたカタカナ表記の「造語」は、実態がわかりづらく、すぐに忘れ去られる可能性が高いといえる。

計画によると、「掲載した記事に対するご指摘・ご意見をきちんと受け止め、より迅速に報道に生かす体制を強化するため」にこの制度を立ち上げるとのことである。本来は、どうしたら二度と同じ「過ち」を起こさずに済むかを宣言すべきであるのに、このようなカタカナの造語であいまいに事態を終結させようとしていると思われても致し方あるまい。

さらに、(イ) についてであるが、言うまでもなく、取材・執筆はあくまでもプロの記者が率先して行う必要がある。かつてインターネットが盛んになり始めた当時、「市民記者」などという言葉が流行したが、そのような立場はもはや消滅している。普通の市民に取材や執筆などは無理であることが証明されたのである。計画ではこのパブリッククエディターは、「記事を書く編集部門から独立した立場で報道内容を点検します。社外から寄せられる声を一元的に集め、編集部門に対して説明と改善を求める役割です」と説明されている。

「エディター」とは一般に編集者と訳すはずである。社外の「市民」に編集などを任せる必要は全くない。よく、行政機関が何か新しい制度などを作りたいと考えると、「パブリックコメント」をインターネット上で募集する。しかし、そのコメントをみても、参考とするに耐えうるような、レベルと質の高い意見はほとんど見られない。行政側も「とりあえず、市民に意見を言ってもらう機会を作っている」としか理解できない。

行政機関が市民の声を形式的に、アリバイ作りのように聞くだけならまだしも、それを報道機関がまねてどうするのか。これでは報道の自由や表現の自由が脅かされる可能性が極めて高いといえる。「検閲」は日本国憲法が禁止していることを忘れてはならない。取材者側も「パブリックエディター」の顔色を意識しながら、これまでなら普通に掲載していた内容でも「少し見合わせようか」などと後ろ向きの考えが生じないか心配である。

（ロ）については、これまでの読者投稿欄などと何が違うのかわかりづらいし、結局は同じことなのではないかと感じる。また、（ホ）についても地方自治体の首長や政治家が行う手法であるが、新聞社がそこまでやる必要があるのか疑問である。さらに（ハ）について、この効果がどこまであるのか不明である。単に「恥の上塗り」になりかねないとも思える。少なくとも、「訂正記事を出さないためにはどうしたらよいのか」を考えるのが先ではないだろうか。リストラの一環でこの10年ほどの間に、文字の間違いや文意、内容を吟味する「校閲」部門を極度に縮小してきたシワ寄せが出てきているのだが、朝日新聞幹部は、根本的な問題を見てみぬふりをしてきれいごとを言っているに過ぎない。

（二）について、「情報技術を駆使して公表された資料から問題点を分析する『データジャーナリズム』など、デジタル時代に対応した新しい調査報道スタイルも追求します」などと述べている。調査報道とは、公表された資料も分析するかもしれないが、捜査当局などとは別の立場から、記者が現場で取材を進めて事実確認をして、最終的に「スクープ（特ダネ）」に結びつけることである。新聞社や新聞記者は、単に調査会社やシンクタンクではないはずである。

「吉田調書」事件は、記者が特ダネに結びつけるため、文献を普通に読めばそのようには解釈できない「ストーリー」をねつ造したことが問題だった。そのようなルール違反をしなければ、特ダネは読者が大いに期待するところであろう。「リクルート事件の際に力を発揮できた調査報道から四半世紀経ち、単なる『昔の自慢話』ではなく、正しいスクープを取れるよう努力して現場取材を続けます」とどうして言えないのだろうか。

今回の行動計画は、「朝日新聞は報道機関を辞めます」と宣言しているようなものであると解釈できる。これからの日本の報道は、もはや朝日以外の新聞社に期待するしかなさそうだ。

## 20 元朝日新聞記者の「提訴」に対する私の疑問点

慰安婦問題の記事を書いた元朝日新聞記者が、「『記事はねつ造だ』との批判を繰り返され名誉を傷つけられた」として、大学教授と『週刊文春』を発行する文芸春秋に計1650万円の損害賠償などを求める訴訟を2015年1月9日、東京地裁に起こした。1月10日付の朝日新聞によると、訴えを起こしたのは植村隆氏で、訴状では植村氏は1991年、韓国の元慰安婦の証言を記事化し、8月と12月に新聞掲載されたが、これらの記事について、大学教授は雑誌などで、①「女子挺身隊の名で連行された」と書いているが、その事実はなく、経歴を勝手に作った、②元慰安婦がキーセン（妓生）の育成学校にいた経歴が書かれておらず、身売りされて慰安婦になった事実に触れずに、強制連行があったかのように書いた、③植村氏の義母は、元慰安婦らが日本政府を訴えた裁判の韓国の支援団体幹部で、結果的に裁判が有利になる捏造記事を書いた、などと指摘した（以上、朝日新聞1月10日付37頁より引用）とされている。

言うまでもないことだが、提訴をした以上、裁判は公平に行われるべきで、我々には裁判の推移を見守るしか術がない。また、このような民事裁判の場合はとくに、刑事裁判とちがい、「原告＝善、被告＝悪」というわけでは決してない。

ところで、植村氏はどうして裁判に踏み切ったのか、疑問が残る。表現の自由が認められる言論界に生きる限り、どうして「言論に対しては言論で」という姿勢を貫かなかったのだろうか。当時は北海道のある大学の非常勤講師で、現在は朝日新聞記者ではない植村氏だが、だからこそ、新聞社のしがらみから脱し、自由にものを言う権利があるはずである。「この雑誌についてはこの部分が違う」ということを、雑誌などメディアの場で述べて議論したり、あるいは、その機会がないのなら、自ら反論や手記を載せた本の出版を優先する選択肢もあったはずではないだろうか。

提訴を伝える朝日の記事では、提訴の内容のほかに、植村氏が記者会見をして胸中を語ったことが報じられている。それによると、家族や周辺まで攻撃が及び、「私の人権、家族の人権、勤務先の安全を守る」ため訴えたそうである。非常勤講師として雇っていた大学までが、脅迫行為などに苦しみ、一時は植村氏をこれ以上、雇用しないと考えた時期もあったようである。ただ、こうした家族や大学などへの「攻撃」については、文芸春秋や大学教授側がどれだけ関与したと言えるのか、あるいは裁判でその因果関係をどれだけ立証できるかがカギになったはずだ。

言い換えれば、大学や家族を誹謗中傷人物がまさに名誉毀損で訴えられるべきなのであり、それが脅迫行為に該当するのではないか。つまり、損害賠償を求める相手は文芸春秋や大学教授ではなく、脅迫行為をしているとされた人物だったのではないか。

記事によると、記者会見で植村氏は、「私は捏造記者ではありません。不当なバッシングには屈しません」と語ったそうである。それならば、裁判より先に自分で本などを記して、思う存分、これまでの「バッシング」に反論すべきだったのだ。その判断を司法に委ねてしまってよかったのか。代理人に170人近い弁護士がついていたそうだが、記者として言論界に生きてきた植村氏の問題である。自身の執筆活動が正しかったのかどうかの判断を、裁判官や弁護士に任せてしまってよかったのか、疑問に残る。植村氏が記者として正当な行為をしてきたという証明は、逆に民事裁判という枠組に組み入れてしまうと、かえって不鮮明になるのではないだろうか。裁判取材も経験した私の立場からの意見をここで主張しておきたいと考える。

21

## 植村隆氏の反論著書『真実』（岩波書店刊）は残念な内容だった

朝日新聞の慰安婦報道問題について、当事者である元朝日新聞記者、植村隆氏の著書『真実　私は「捏造記者」ではない』（２０１６年2月26日、岩波書店）は、せっかくの記者本人による検証作業が行われたのかと思ったが、そのほとんどが検証作業に充てられておらず、「話のすり替え」とも思える表現が目立った。読者が知りたいのは、「どうしてそのような記事を書くに至ったのか」「現在からみて訂正すべき点はどこにあるのか」「批判記事に対する反論とその論証」などではないかと考える。

しかし、自分が大学の専任教授の就任を見送られたり、現在も自分を批判するメディアと闘っていることを強調したりするなど、本来あるべき慰安婦問題をめぐる取材過程や記事の内容についての検証がほとんどみられないのは、残念極まりないことである。

定価は１８００円（税別）であるが、学術専門書でもなく、一般書であり、内容や判型、分量からすると１５００円（税別）程度でよいのではないかと考える。

この本の構成は、「第1章　閉ざされた転職の道」、「第2章『捏造』と呼ばれた記事」、「第3章　韓国・朝鮮との出会い」、「第4章　反転攻勢、闘いの始まり」、「第5章『捏造』というレッテルが『捏造』」、「第6章　新たな闘いへ向かって」と6章あり、あとがきまで入れると235ページにわたり文章が書かれてある。しかし、大学時代の下宿の話や朝日新聞に入ってから韓国・朝鮮の話題や韓国・朝鮮人が多く住む町とかかわってきたことなどが詳しく書かれてあるものの、どうして今回問題となっている記事を書くまでに至ったのか、どうして特定の人の証言をそのまま原稿に書いたのかといった点についてはほとんど書かれていない。

確かに第1章に書かれてあるように、大学教授への就任が見送られたことは、大学教授への転身を夢みていた経緯からは「お気の毒」である。しかも、就任予定の大学にまで脅迫めいたメールや電話があったとされることについては、マスメディアとは関係ない、一つの私立大学までもが標的になったことは残念な結果だ。それに第6章にあるように、事実上の応援団とともにこれからも闘っていくという姿勢そのものについては、文面から強く読み取れるものである。

しかし、第1章や第5章にあるような、同業他社からの批判やその取材の仕方にどれだけ問題があるのかを批判したところで、何の解決にもならないばかりか、「話のすり替え」と言われても仕方ないのではないだろうか。同業他社を批判するなら、「○月○日の記事の○行目の○○という表現については、△△と表記すべきだ」というように、逐一、記事の詳細にわたるまで、反論と代案を出すべきだ。記者の取材姿勢や印象を前面に出しただけでは、「嫌な思い、怖い思いをした」というレベルに終わってしまうのではないだろうか。

細かい内容については、朝日の記事とそれを検証している同業他社の論調に任せたい。しかし、この本は単に自分の書いた記事の背景や記事の内容について検証するというより、「あとがき」に書かれてあるように、応援してくれる人や弁護団に対する礼を述べるために書かれてあるという印象を私は持った。「あとがき」によると、本の印税は弁護士費用に充てるということだが、裁判闘争で単に自分を守るための費用は自分のポケットマネーから支払うべきではないだろうか。少なくとも全体的には、自分が書いた記事と当時の取材活動について、検証作業をもっと緻密に行うべきであった。

22

## 朝日新聞ベテランOB記者、長谷川熙氏の『崩壊　朝日新聞』は名著だ

朝日新聞のベテランOB記者、長谷川熙氏の『崩壊　朝日新聞』（2015年12月29日、ワック）は、丹念かつ精密に検証作業を記した数少ない名著と言える。

長谷川熙《ひろし》氏。朝日新聞時代は経済記者として活躍し、定年退社後も「アエラ」を中心に経済記事などを丹念に書かれていた、私に言わせれば数少ないプロの「ベテラン」記者の1人といえる。「ベテラン記者」とは、単に年齢を重ねていたり、在社中に管理職をいくつも続けて「偉く」なったりした人では決してない。長谷川氏に出会ったのは1990年代半ば。私が同業他社から朝日に移籍し、アエラに配属になった頃であった。すでに長谷川氏は定年退職後ではあったが、専門の経済記事以外にも事件や歴史ものなどの取材活動で「現場主義」を貫いておられた人物である。朝日の記者で尊敬できる人は誰かと聞かれれば、私は「誰もいない」と自信をもって即答するであろうが、長谷川氏は例外かもしれない。

長谷川氏は、もとは経済記者でありながら、社会問題にも体を張って現場に行かれて

いる、というエピソードをアエラの同僚から聞いたことがあり、私も尊敬していた。学者のような風貌から一部の部員は「教授」と呼んでいたが、机上の論理で理屈だけを述べている巷の「教授」とは一線を画しており、本物の学者の世界ですらフィールドワークが珍しい時代から、現場取材をこつこつと重ねて検証していき、スクープ化するといった、長年の朝日の記者が「苦手」とする作業を（念のためだがこれは嫌味である）、ジャーナリストとしての当然の姿だと言わんばかりに果敢に取材活動をされていた。その長谷川氏がわざわざアエラを辞めて1冊の検証本を書かれたことを知り、早速、拝読させていただいた。

『崩壊　朝日新聞』は、1933年生まれの現役記者が書かれたこともあり、著書に出てくる社内の関係者はもはや歴史上の人物とも言える人も多数いて、20代から30代の若手記者が読んでもピンとこない話もないではない。しかし、全体を通して、精密な取材と検証を貫いておられる姿は今もご健在だと断言できる。

この名著は、「第一部　過去を『悪』と見る条件反射」、「第二部　視野が狭くなる伝統」、「第三部　方向感覚喪失の百年」と大きく3部に分かれ、さらに各部門の中で章立てになっている。私が興味をもったのは「第三部」の中の「第一章　歴史を読み誤り続けて」の中にある「大阪本社社会部の歪み」の項目（202〜205頁）である。書かれてあるエピソードとして、アエラのある記者が職場で、「朝日新聞に左翼でない人間なんているのかなあー」と発言したことが書かれてある。「一つの処世術として、思い付いては懸命に社内の風潮に迎合していたのかもしれない（後略）」と分析している。そのように、長谷川氏ですら「訝《いぶか》った」とする言動が当然のこととして起こりうる朝日新聞の社風がよくわかるエピソードである。

長谷川氏のこのエピソードは1988年のアエラ創刊当時のもののようであるが、私がアエラに赴任した1996年当時においても、似たような現象を私自ら体験している。当時、アエラ編集部はもともと社長室直轄の「アエラ発行室」から、単なる出版局の一部署として「格下げ」された直後であった（のちに出版局は「出版本部」と名称変更され、さらには「朝日新聞出版」として分社化されるなど、どんどん格下げされていった）。

アエラ編集部から朝日新聞労働組合の幹部の1人を選出する順番が回ってきた。そして、組合の専従となると記者活動が思うようにできなくなると考えたのかは知らないが、就任を嫌がる男性記者（私よりも年上の先輩記者であった）を説得し、組合に送り出すこととなった。部員たちで彼の壮行会を開くというので、私は取材を終えて、1人だけ遅れて宴会会場に行き、自分が座れそうな場所を探していた。そうすると編集長代理の男が（新聞社では部長以上は組合員を脱退する慣例で次長、つまりデスククラスは組合員である）、「お前の座る席なんかない」と発言した。当時、同業他社から移籍したばかりの私に対する差別行為であった。

さらに別の先輩記者、のちにアエラ編集長から出版子会社幹部になるまでの男が、「いいんだよ、無理して組合に入らなくったって……」と言い放った。

これから1人の先輩記者を組合に送り出し、力を合わせて部全体を盛り上げよう、という趣旨の会であると私は認識していた。しかし労働者の人権を守るはずの組合に関する壮行会で、ある種の「差別行為」が平然と行われるとは、唖然、呆然としたのは言うまでもないことである。この「編集長代理」だった男はのちに、朝日新聞の関連の福祉事業団体の事務局長まで務める人間である。病気にかかって闘病生活を送り、長期にわたり不安に思っている患者さんや看病を続けている家族たちの心理状態などは、こういった男には到底理解できなかったであろうと断言したい。

このエピソードは、長谷川氏の著書に出てくる話とは次元の違うことかもしれない。

しかし、朝日新聞社員の差別意識にもとづく、思想の異常さの一端を表すエピソードとして忘れ得ない事実である。

２０１４年に朝日新聞の慰安婦をめぐる虚偽報道と福島原発の「吉田調書」をめぐる捏造記事の２大問題が発覚して以後、朝日のＯＢが発言する機会が増えた。中には『朝日新聞　日本型組織の崩壊』とする文春新書を出版したにもかかわらず、著者名を公表せず、「朝日新聞記者有志」などと名乗る「小心な」自称記者らもいた。それに比べれば、何度もいうが、長谷川氏の著書は名著であり、そもそも「物を言う」ときにはこれだけの覚悟を決めて発言する姿勢こそ、「言論の自由」や「表現の自由」を守る大切な心構えだと感じた。

# 第 3 講

メディアの中で、とくに報道機関は、「機関」と表記されるものの、見方を変えれば民間企業であり、記者たちの多くはフリーランスを除きサラリーマンである。しかし、権力に対する緊張関係をとる限り、どのような部署においても普通のサラリーマン以上にモラルが求められる。時として甘えや軽はずみな言動が信頼失墜に結びかねない。責務に忠実になるためには、プライドとともに自制心が必要となることは言うまでもないだろう。

## 1 製薬企業の「講演会」と医療記者の関係

製薬企業の売り上げ上位10社が前年度、医師らを対象に開いた、薬などに関する講演会で、講師の医師に支払った謝金の総額は約110億円になったことが読売新聞の集計で判明し、2014年11月3日付の同紙で報じられた。同紙記事によると、中には年に50回以上講演を行い、1000万円を超える謝金を受け取った医師も10人以上いたとのことである。高い医療費を払っている患者の立場からすれば、見逃せない実態といえる。

製薬企業65社が前年度、医師らを対象に開いた講演会が極めて多かったことが同紙記事に紹介されている。現場の医師が最新の情報を得る貴重な機会とも位置付けられるが、情報が偏ったものになれば、患者の処方にも悪影響が出かねないという同紙の見方には賛成したい。

加えて、このインターネットが盛んな時期に「講演会」という形式が本当に必要なのかという疑問も出てくる。私の記者としての経験では、「講演会」の中には、報道関係向けの「プレス発表会」といった類のものも含まれるのではないだろうか。医療担当の記者を招いて、特定の薬の特徴について、専門の医師が講師として登壇し、記者の知識を深め、専門の医師とのネットワーク作りにも役に立つというのが、記者側からの位置づけかもしれない。しかし、私が何度かプレス発表会に出席してみて、「どうして誰でも知っている病気について、東京からはるかに離れた地方都市の大学教授を東京に招き、講演会を開くのか」、あるいは、「なぜ講演会場が都内の高級ホテルなのか」と疑問に感じたことがたびたびあった。

しかも、発表会は夕方から夜に行われ、記者にもコーヒーや、時にはサンドイッチが出された。地方都市から招いている大学教授は、講演会が終わる時間には、地元の地方都市への航空機の最終便には間に合わないため、そのまま夕食と高級ホテルの宿泊が製薬会社側から用意されているのだろうということは十分推察できた。

製薬業界は医師への接待について、数年前に上限を設ける取り決めをしたはずだ。今回の報道のように、研究・開発費のほかに、「講演会」や「説明会」といった枠組みでの大量の資金提供が行われているのは、形をかえての広い意味での「接待」にあたるのではないかと、私は考える。講演会や接待費用は、病気や怪我をしたときに患者が支払う薬価として跳ね返ってきているはずだ。とくに難病と認定され、これといった特効薬がない病気の人は、長期的に単価の高い薬を購入しなければ、さらに症状が悪化する場合もある。

医療費の高騰が社会問題になる中、インターネットなどが盛んな時代に、費用を大幅に削減できるやり方がないのか、製薬業界は真摯に検討する余地がある。また、一方で、メディア関係者の側もコーヒーや軽食つきの「記者会見」「プレス発表」に率先して出て行くのではなく、製薬会社側に予算を使わせずに済む方法はないものか、検討する必要がある。メディア関係者のメディアリテラシーの考え方やモラルが必要になっているのではないだろうか。

## 2 「まずはストーリーありき」の朝日体質、新人養成への考え方が原因か

2014年を振り返ると、これまでみてきたように理化学研究所の「STAP」細胞の論文ねつ造事件と並び、朝日新聞の従軍慰安婦と東京電力福島第一原子力発電所の放射能漏れ事故に関する「吉田調書」についての誤報・虚報事件は、メディアの歴史に残

る汚点であったといえよう。

とくに「吉田調書」問題では、まずは「ストーリーありき」の、報道機関としての朝日新聞のあるまじき行為が発覚した。取材を丁寧に行わず、「ストーリーありき」で記事を仕立ててしまう朝日新聞社の体質は今に始まったことではなく、80年代後半以降だけをみても「サンゴ落書き、記事ねつ造事件」や「長野総局虚偽メモ事件」などがメディア史に残る汚点ともいえるが、これほど問題視されなくても、こまごました「ストーリーありき」の記事ねつ造体質は、前述した通りだ。

総合誌『ＷｉＬＬ』（２０１５年2月号）で、ジャーナリストの櫻井よしこさんと元朝日新聞編集委員が「『朝日問題』で問われる日本のジャーナリズム」と題して対談を行っている。その中で記者の育成システムについて元編集委員が問題視している部分に興味深い点があった。

元編集委員は、日本のジャーナリズムの問題について、

「取材のネタを貰おうと権力との関係を縮めすぎることにあると思っています。明日に発表になることを一日早く報じる『抜き』です。黙っていても発表することをうちに先に下さいと言って、情報をもらう。貰った記者は提供者に対して悪くは書けないし、

提供者もそう思っているからリークする。情報をぽろぽろ貰っている記者がよく抜くのでデキる記者と評価され、出世していく。しかし、そうした記者と優秀な記者は別だと私は思っています」

などと述べている。ここにはおかしな点が2つあるので、詳述したい。まず、仮に明日発表する内容のネタであっても、記者は「ネタをちょうだい、ちょうだい」とおねだりばかりしているわけではない。そのネタを貰うのに自分なりに取材や調査をして、最終的に確認している場合も少なくないのが実情である。「特ダネ」とは、当局者から「ネタを貰う」だけでは決してない、もっと厳しい世界なのである。

そして、もう一つ。情報を貰った記者は提供者に対して悪くは書けない、というのも極めて短絡的な発想である。仮に情報を「貰った」ことが事実であっても、万が一、情報提供者やその人が所属する組織の側が、ネタの内容とは別に何か不祥事を起こしたとする。情報を「貰った」記者は提供者側の不祥事について、筆を緩めるのであろうか。もし、「ネタを貰った以上、筆を緩めなければならない」などと考えている記者がいるとしたら、レベルが低いと言わざるを得ない。万が一、提供者側の組織の不祥事があったら、徹底的に調べ上げ、どのメディアよりも追及の力を緩めないのが記者の仕事である。

もし、情報提供者側が「あれほどネタをあげたのに、よくも不祥事を大きく書きやがって」などと、「恨み節」を言ったとしても、それは筋違いである。それが記者の仕事なのだから、それを情報提供者側も取材者側も理解し、納得した上で、「ネタを貰う(あげる)」という作業が取材活動の一つとして含まれるのである。

確かに新聞などの「特ダネ」は、当局側から「ネタを貰う」だけでつかめるものでは決してないだろう。いわゆる調査報道といって、独自に調べ上げる手法については、幾多の実績が各メディアによって積まれている。

しかし、この発言だけをみても、実は元編集委員は「ネタを貰った」ことすらないのではないか、と疑いたくなるほどの幼稚な発想である。

さらには、彼は記者の新人教育が地方支局で警察回りから始まることについて、「間違いではないかと思っています」などと述べている。彼は、

「サツ(警察取材、あるいは警察回り)に強い記者が優秀なのかというと、懐に飛び込める記者を作るからです。捜査官と一緒に犯人を捕まえるマインドになる。警察という権力を監視するのではなく、警察のストーリーに乗って警察から情報を貰い、他紙よ

りも先に書く記者が優秀な記者と見られる」と述べ、批判的な立場をとっている。「(捜査側などいわゆる権力者の)懐に飛び込む」ことは極めて困難なことである。しかし、懐に飛び込むことができる、あるいはその努力を怠らない記者はその分、視野が広くなり、記事の内容にも説得力が伴うのは事実である。

逆に櫻井さんは、

「社会部は逮捕令状が出たのか出ないのかなど、一つひとつのハードファクツを抑えながら取材を進めていく。政治部にありがちな忖度《そんたく》以前に、事実を抑える訓練を受ける。たとえば令状一枚、紙一枚が出たか出ないかで天地ほども事情はことなるのだということを体に叩き込まれる(後略)」

と「警察回り」に賛成している。ここで私が不思議だと思うのは、新聞記者の経験がない櫻井さんの方が、数十年も新聞社にいた元編集委員よりも、取材現場のことをよく理解されていることである。私も多くの体験から櫻井さんの意見の方が的確で、より事実に即していると考える。元編集委員の彼の意見について、私は青臭く、書生のような未熟な考えと言わざるを得ない。実は彼は相手の懐に飛び込んだこともなければ、まともな特ダネを自力で取った経験もないのだろうか、と疑いたくなってしまう。

実際、「懐に飛びこむ」ことすらできない記者は、自分勝手に「想像」をめぐらすしか選択肢がなくなる。そのうち、「新人でもあるまいし、現場なんかに行っても仕方がない」などと自分の記者としてのセンスのなさを棚に上げ、自分の「できの悪さ」を正当化し、「評論家」のようになっていくのである。私は現場取材が必要な事件やテーマが発生した際、朝日新聞の中で、極めてピントのずれた指示しか出せないデスクや部長、支局長クラスに何人も出会ってきた。櫻井さんの言うように、たった1枚の令状が出たか出ないかを確認する努力すらしないため、彼のような、「ネタを貰ってばかりだと批判すらできなくなる」などと言い始める人間がばかりになるのである。

もちろん、権力者の懐に飛びこむだけが「取材現場」ではない。元編集委員の述べているように、地方都市で農政や漁業、学校統合や過疎の問題など、社会事象すべてに「現場」はある。しかし、後者のような現場ばかりを歩いて表面だけを見ているだけでは、記者の職責を果たしているとは言えないと私は考える。

そして、である。「令状一枚が出たか出ないか」といったレベルの取材ができない記者が朝日新聞の中に多いからこそ、「吉田調書」に関する記事で、「まずはストーリーありき」の発想や行動が生まれたのだと、私は確信している。たった1枚の令状が出たか出ないかといった確認作業がどれだけ困難で、かつ大切かを理解していれば、「吉田調書」をめぐる朝日新聞の虚報は生まれなかったであろう。「吉田調書」虚報事件は、朝日新聞の悪しき「伝統」から、起きるべくして起きた事件であるといえよう。

## 3 記者の飲酒とモラル アルコール癖が悪くてもデスクや支局長になれる

「酒は飲んでも、飲まれてはいけないよ」

ある日、多摩地域のある業界の関係者と喫茶店で情報交換をしている際に、このようなことを言われた。

新聞記者の取材活動の大きな柱の一つに、国政選挙や地方選挙の取材がある。選挙取材が始まって各候補の選挙事務所に取材にいくと、「日ごろ、こういう人たちはどういった生活をしているのだろう」と思いたくなるような、各候補の「応援団」が現れるものだ。自民党候補だったら、以前なら地元の建設業の社長やその従業員などが、あるいは野党候補であれば地元の有力企業の労働組合の関係者たちが、各候補の選挙演説の際に動員をかけられ、演説の場を盛り上げながら遊説を手伝っている光景がみられたそうだ。

選挙取材の中で、最終的にどの候補にどれだけの票が流れそうか、記者が受け持ちの選挙区の情勢を取材しながら「票読み」をすることが、選挙期間中の取材記者の最大の任務になる。この「読み」がぶれていると、選挙区に密着できずに取材がいい加減であったことや、そもそも記者としての「勘」やセンスを疑われるほど、社内的には問題視されるのが普通である。

そこで、選挙が近づくと、日ごろはなかなか会う機会がなくても、地元の各業界の事情をよく知っている人となるべく接触して、情報交換したりするのも記者の仕事となる。例えば、労働組合に近い人でも、その時点、その時点で、選挙応援に対する対応が違う。政党レベルで全面的に与党と野党が対決姿勢になれば、「絶対に味方の候補に投票しよう」と支持者は団結するが、同じ労働組合系の候補者が立候補していても、選挙の情勢によっては労組全体として選挙に対してあまり「乗り気」ではなく、「自主投票」に任せよう、などという取り決めをしている場合もある。「票読み」はそうした各業界や団体の温度や「風」を読むセンスも大事になってくる。

「風」を読むためには、地元の業界の動向などに詳しい人が、記者にとっての「キーマン」になる。こうした事情を知っている人とどれだけ親しくなれるかも、記者の大切な仕事の一つといってよいだろう。実は彼らにとっても、自分たちとは全く立場の違う新聞記者が、今回の選挙戦をどのように取材しているのか、どういう方向で選挙情勢を分析しているのか、「それとなく知りたい」という部分が少なからずあり、記者としてその時点での自分の「見方」や「感じ方」を相手に伝えながら、情報交換することも少なくない。

あるとき、その「キーマン」として記者個人はもちろん、歴代の朝日新聞の支局長も仲良くさせてもらってきた人から、冒頭に記したような「酒の飲み方」について、指摘を受けたことがあった。しかし、私はもともと「大酒飲み」ではなく、この人とも酒席を共にしたことはなかった。そこで、私はピンときた。

「Y支局長のことですね。やはりご迷惑をおかけしたのでしょうか」

私が尋ねると、相手はうなずいた。

「あんな、他人に迷惑をかけるような飲み方しちゃいけないよ、あれじゃや、朝日の信用がガタ落ちだよ。よくあんな人を支局長にしておくよね」

とあきれた形で話してくれた。自分が情報を得たい立場にもかかわらず、相手に酒席につき合わせておきながら、その上、相手よりもはるかに酒に酔ってタクシーで送ってもらったらしい。社として「有力な」取材先に非常な迷惑をかけていたようだ。

ここで知っておいてほしいのは、新聞記者には昔から大酒のみが多いことである。男性はもとより、女性でも「ザル」と言われるほどの「飲みっぷり」のいい人がたくさんいる。私が若手のころでも、周りの先輩たちはほとんどが大酒飲みだった。私も捜査関係者の人たちと仲良くなるにつれて、それまでほとんど飲んだことのないような日本酒などの酒量が増していき、3年ほどで10キロ太ったのを覚えている。

ただ、このY支局長とこれまで出会ってきた大酒飲みの先輩記者たちとでは、大きく違うことが一つあった。Y支局長以外の本当の「先輩」たちは、「仕事がよくできた」上で、酒もたくさん飲んでいたということである。

「あいつは缶ビールを飲んでいるときほど、文章が冴えているんだよ」

などと年上の先輩から皮肉られるほど、酒を飲んでも引き締まった文章を書くとか、あるいは捜査関係者と酒を飲みながら情報交換していても、「警察よりも先に犯人を見つけてしまった」など、ドラマに出てきそうな物語や「武勇伝」をもっている人たちが少なくなかった。新聞協会賞などを自ら受賞しながら、酒を大いに飲んで身体を壊して、結局、若くして亡くなってしまった大先輩も、残念ながら少なくない業界なのである。

ただ、このY支局長は、日ごろの仕事ぶりを見る限り、「武勇伝」をもっているほど、記者としてのセンスは良くなかったのは事実である。Y支局長は、もともとは本社の社会部の警視庁担当で、殺人事件などを受け持つ捜査1課を担当していた時期があったという。

最近では、自ら進んで「事件記者」になりたいなどと考える若い世代は、どの新聞社にも極めて少なくなったようだ。しかし、30年以上前であれば、警視庁を担当する事件記者のなかでも捜査1課を担当するのは、「花の一課担（イッカタン）」などと呼ばれていた。警察とほとんど同じ生活パターンになるため、事件に振り回されながらの不規則な生活で、「夜討ち、朝駆け」取材に明け暮れる日々となる。それでも、やりがいを感じていた記者は少なくなかった。

花形の警視庁の担当に選ばれるのは、支局時代から事件取材で「特ダネ」を多くとり、頭角を現していたような記者が選抜されるのが、どの新聞社も普通だが、もちろん、「例外」はつきものである。このY支局長が警視庁の「イッカタン」だったころ、どれだけ「ドジな」記者だったか、その直属である、警視庁キャップを経験した元新聞社幹部が話していたのを思い出す。

「キャップ」というと、普通の民間企業だと聞き慣れない言葉だが、新聞社の本社の部長の下に「デスク」と呼ばれる次長職のポストがある。各新聞社により若干のばらつきがあるが、その下で、各持ち場の仕切り役を担うのが「キャップ」と呼ばれる役職である。ただ、朝日新聞の東京本社では長年、警視庁キャップは社会部次長を兼ねていて、他の持ち場の責任者よりもはるかに責任のあるポストに位置づけられてきた。かつてその立場にいた人物と話をする機会を持った。その人はこのY支局長について、「あいつは、警視庁のときはどうしようもなかった」と語り始めた。

事件記者は慣例として、捜査の進展状況などを確認するため、捜査幹部が自宅に戻っている時間帯を狙い、早朝や深夜に非公式に訪問することが、主な仕事の一つとなっている。最近の若い世代の人たちは、深夜まで何時間も残業をさせられるような民間企業のことを「ブラック企業」と呼んでいるそうだが、「夜討ち朝駆け」があるような新聞社の仕事は、彼らの価値観からすれば「ブラック」ということになるのかもしれない。この20年ほどは新聞社も日本の不景気の影響を受け、交通費や車両費にあたる経費節減のため、新聞社によっては「夜討ち朝駆け」の自粛にまで乗り出した社もあったようである。

それはともかくも、基本的に「夜討ち朝駆け」は、昔も今も変わっていない記者のスタイルになっている。夜討ち、つまり「夜回り」をして、どんなことが聞けたのか、上司であるキャップに報告することが義務になる。最近はメールでのやり取りが盛んなようだが、昔は当然、電話が主流だった。

Y支局長の事件記者時代に話を戻そう。ある事件が発生し、捜査本部が設置され、事件や捜査の進展状況を確認するべく、Y支局長（捜査一課担当の記者当時）がある捜査幹部の自宅に夜回りしたときのことだった。深夜にキャップのもとへY記者から連絡が入ったらしい。そのときの様子を元キャップはこう述懐していた。

「Yは夜回り先から電話してきてさあ、さも何か情報をつかんだように小声で報告してきたんだよ。『○○さん（=元キャップの名前）、○○さん、大事なご報告があります』って言うから、『どうしたんだ?』と聞き返したら、『捜査一課長が寝ました!』って言うんだよ。『そりゃ、一課長だって寝るだろう!!』って言ってやったんだ」

普通、捜査幹部に対しては、事件の「見立て」や進捗状況、今後の捜査の見通しなどを、平日の昼間、警視庁などのオフィスにおいて、公式な立場では聞けないようなことを聞き出しておく。場合によっては今後の見通しとして、自分や自社の取材チーム（この場合なら警視庁内の記者クラブ詰めの記者たち）の判断材料として話やデータを積み重ねておくこともある。また、例えば、新聞社としてある程度の容疑者が特定できていて、捜査幹部に対してそのデータの「裏（裏付け）を取る」作業ができて、すぐに速報する必要がある場合など、ケースにより深夜まで確認作業をとりに走る理由はまちまちである。

ただ、この元キャップが言いたかったのは、当時のY記者が警察幹部宅を夜回りしても、「大してネタを拾って来られなかった」ということだろう。

しかし、見方によっては、このY記者は重要な情報をもっていたとも解釈できる。私は警視庁そのものを担当したことはないが、若いころ、別の県の警察本部を担当したことがある。例えば、どの地域であろうと、凶悪な殺人事件などが発生すると、現場の捜査員の人たちは捜査本部に泊まり込みで捜査を続ける。事件現場を管轄する警察署の柔道場などに貸布団が何十人分も敷かれ、そこで仮眠をとりながら、現場と捜査本部を行き来する大変な毎日が続く。当然、捜査を指揮する立場の「捜査一課長」が捜査員たちと泊まり込みを続けるというのも珍しくはない。もしも、このY記者が夜回りをしたのは、何か全国ニュースでも取り上げられるような凶悪事件が発生した直後であり、捜査一課長が事件後に初めて帰宅した、というのなら、とても重要な意味をもっている可能性がある。

数日間、泊りこみで帰宅もままならなかった一課長が、久しぶりに自宅に帰ってきたのだったら、たぶんいろいろな同業の記者が取り囲み、「容疑者の見当はついているのか」など、捜査の進展状況を聞くのが普通である。何も聞けなかった場合は、前述のY記者のように「状況」だけを報告するしか選択肢がないだろう。

一方、これまでずっと帰宅できなかった一課長が「寝た」という情報そのものについても、いろいろな解釈ができる。「まだ、今後捜査は長期に及びそうで、難航している」という理由から、ひとまず着替えを取りに自宅に帰ったという場合もあるだろうし、または逆に、「ある程度、容疑者の見当がついて、逮捕までのメドが立った」から帰宅して寝ることができた、ということなのかもしれないのである。

この元キャップのように、単にY記者から「捜査一課長が寝ました」という報告を受けて、「そりゃ寝るだろう」とさらりと言い返すだけのやり取りでは、事件記者は到底務まらない。他の捜査幹部や現場捜査員の動きはどうなっているのか、ただちに同じく捜査一課を担当している、別の捜査員宅や地元の警察署や現場を張っている記者に様子をうかがわせるなど、状況を見極めるのがキャップの仕事になる。「そりゃ寝るだろう」と済ませてしまうのでは、Y記者だけでなく、その先輩格のキャップまでもが、事件記者失格と言わざるを得ないであろう。

しかし、この元キャップとY記者との「凸凹コンビ」はその後、立身出世を遂げた。キャップはその後、社会部長から新聞社の役員に上り詰めた。その相乗効果なのか、「部下」だったY記者も、甲府支局のデスクや東京本社の販売局を経て、私の直属の上司に当たる立川支局長に就いたのだった。

多摩地域はあまりニュース性がないところではあるが、朝日としては十年ほど前までは約100万部の発行部数を誇る都内の中で、シニア層を中心に、都内の4割程度の読者がついている重要な地域だった。その多摩地域の統括的な立場にあるのが立川支局である。その「仕切り役」がY支局長だったわけだが、選挙取材一つをとってみても、情報交換できる「キーマン」に対して酒を飲んで迷惑をかけるだけのことしかできなかったのである。

新聞社の支局は、基本的に記者が詰めている取材活動の拠点である。そこには地域に密着した「街ネタ」になるような情報がたまに寄せられるほか、地元の販売店の従業員が一般市民とトラブルになっていることなどについて、市民から苦情が寄せられることもある。

私が多摩地域に赴任していた際も、「『新聞を購読してほしい』と販売店の従業員から依頼があったが、『その余裕はない』と断ったところ、従業員から自宅前の郵便受けをぼこぼこに蹴っ飛ばされ破損させられた」との苦情が支局宛に届いたことがあった。

「できれば警察に届けたい」という意向のようだったが、これはさすがに社として対応しなければならないと考え、直属の上司であるY支局長に電話した。ところが、夕方であるにもかかわらず、すでに飲酒しており、ほろ酔いの口調でロレツが回らない状態でピントのずれた返答してきたことさえあった。全くアテにならないY支局長は放っておいて、身内である同じ社内の販売店であろうと、他人の所有物を破壊するとは問題であると思い、私は、

「あなたの話している内容が本当なら、警察に届けてください」

と相手には端的に伝えたことを覚えている。

それはともかくも、何か、トラブルが起きたり、有力な情報交換先である取材先に会ったりする際、支局長だろうと一記者だろうと、その時点から「新聞社の顔」として責任ある、毅然とした行動が求められるはずである。しかし、このY支局長は40万読者の地域を統括する支局長としてはまるで能力がなかったのである。

実は後になってわかったことだが、警視庁で「凸凹コンビ」を組んでいた元警視庁キャップは、このY支局長を相当かわいがっていたようで、Y支局長によると、元キャップは仲人的な存在であり、妻である人物とは、記者職ではないものの、社内結婚だったようである。警視庁「イッカタン」だったころの思い出話をしていた元キャップは、

「Yがみんなに迷惑かけているんだろう」

と後輩たちを前にニコニコしながら語り、「使いモノにならなくてもかわいい後輩」という印象が伝わってきた。

ふつうならそのような単なるアルコール依存の人間は管理職として、いや記者としても不適格である。Y支局長のようなだらしのない、飲酒で問題を起こすような人物でも、「同じ釜の飯」を食べた元キャップが偉くなれば、ある程度のポストにはつけたのかと思うと、これこそ「情実人事」ではないか、と私は考える。

公平中立を守るはずの報道機関であってさえ、「アルコール依存」で責任感のない人間に対して情実人事が横行しているかと考えると、落胆せざるを得ない。中にはY支局長に何度も酒席につき合わされた支局の記者も少なくないようである。「部下である限り、つきあうのが当然」と思っていた反面、「何かトラブルを起こしたら大変だから見守っていよう」という意識が働いていたのかもしれない。

そうした後輩の心遣いをよそに、Y支局長が飲むのは決まって生ビールであった。

「もうこれで止めますから、もう1杯だけくださーい」

と繰り返しながら10杯以上飲むのが普通だった。私は取材先の人から話を聞くまで、てっきり酒癖が悪いのは同じ社内の人間の前だけで、「内弁慶」なのかとばかり思っていた。

しかし、現地記者や支局長が代替わりしても、情報交換ができる貴重な取材先として親しく付き合うに値する人に対しても、失礼な態度を平気でとるY支局長は社会人として失格と言わざるを得ない。「普通の」企業だったら、人事異動や評価そのものに影響するかもしれない。新聞社、とくに朝日はまだ、そういう意味でもきわめて甘い点があったのだ。

Y支局長のような人物でも、元キャップのように人事異動や昇格の面で「引っ張って」くれる人物さえいれば、重要ポストに座ることができるというのは、「朝日ブランド」を最終的には傷つけている行為といえる。それ以前の問題として、「権力の監視役」である記者のモラルがこのY氏には全く見受けられない。

こうした実情を長年、朝日を「ひいき」にしている読者が聞いたらどう思うか、少しは考えたことがあるのだろうかと、報道に携わる人間のモラルについて改めて考えざるを得ない。

## 4 文春新書の『朝日新聞　日本型組織の崩壊』は一読の価値あり　筆者はぜひ、実名で出版すべきだった

2015年1月下旬、文春新書から朝日新聞の体質を明らかにした『朝日新聞　日本型組織の崩壊』が出版された。慰安婦問題や「吉田調書」問題のほか、朝日新聞と朝日新聞記者の体質などが描かれている。著者は「朝日新聞記者有志」となっているが、私の推察では、出版当時、50代前後の比較的ベテラン世代がまとめているものとみられる。若手であれば、そのような話は知らないだろうというエピソードも含まれ、若手で

は判断できないであろう事柄がいくつも登場するからである。

全体の印象としては、朝日新聞の記者一人ひとりが悪いのではなく、長年培われてきた伝統やカルチャーを問題視しているようである。ただ、伝統やカルチャーは記者一人ひとりが作り出すものであるし、よく、「組織構造の問題」などと言われるが、組織は人間が作っていることを忘れてはならないであろう。少なくとも「組織」に問題があるのなら、組織を構成する「人間」に問題があることを忘れてはならない。この本の筆者が、朝日新聞社員一人ひとりの問題を「会社組織のせい」にしようという意図が少しでもあるのなら、それ自体が非常に問題であろう。

さて、私が興味をもったのは、朝日新聞社を物語る象徴的な言葉である。第1章の「内側から見た朝日新聞」の中に出てくる、「新人時代から人事に敏感に」(31頁)、「好き嫌いだけで決まる人事」(33頁)という項目である。この本の筆者は、「読売の記者が三人集まれば、事件の話をする。毎日の記者が三人集まれば、給料の話をする。朝日の記者が三人集まれば、人事の話をする」というが、これを筆者は、「昔からそんな業界ジョークがあるほどに、この〝朝日体質〟は知られている」と説明している。実際、原稿の内容や取材の質など、どうしたら「特ダネ」が取れるかと悩む以前に、人事のことを気にしているのが、朝日新聞記者の体質であることは間違いない。同時に社内外の人物について、学歴や給料が自分より「上」か「下」かについて、しょっちゅう気にしているのも朝日新聞記者の特色といってよいだろう。

私が90年代に初めて、朝日新聞社員として異動・転勤を経験したときのことである。雑誌の編集部から九州を守備範囲とする西部本社管内に転勤が決まった。朝日新聞は組合などとの協定の関係で、人事発令の1か月前には内示がなされることになっている。例えば、4月1日の異動なら、遅くとも3月1日には社内で公表される。私がいたころは、「2月の最終の週の金曜日の夕方」に公表されるのが慣例となっていた。局長会議や部長会議が行われ、その終了直後に、4月の大規模な人事が社内で一斉に公開されたのである。

逆算すると、管理職は2月の半ばごろまでには、該当する本人に対して異動の内示を終えていなければならないことになる。毎年、「この日までに（本人）内示がなければ、その時期の異動はないとみていい」という、「Xデー」のようなものが自ずと決まり、大半の社員が意識しているのである。

さて、私の異動についてだが、所属長から2月上旬に異動と転勤の内容を内示されていたものの、その際、「誰にも言わないように」と口止めされていた。人事案件なのだから当然だと私は考えた。

人事の噂話が飛び交う微妙な時期である2月の半ば、私と同じ部署を少し前に異動になり、別の部署に所属していた「元デスク」と東京本社近くの信号で偶然再会し、本社まで数分、会話をしながらいっしょに歩いていた。「元デスク」氏は私の部署で誰が異動に該当するのか、私に探りをいれてきた。

「○○さんは、そろそろ異動するんじゃないかなあ」「○○君も（同じ部署にいるのが）長いよね」。いろいろ私を質問攻めにしてきたが、私は本当に同僚の誰が異動対象者なのか知らなかったし、はっきり言って興味もなかった。それで私は、「私にはわかりませんねー」と正直に答えた。もちろん、自分自身が異動対象であることも言うわけがなかった。

いよいよ、異動発表の日の夕方になった。人事異動が全社の各部署で発表となり、たいていの社員が仕事が手につかない光景がみられた。そうしたら、前述した「元デスク」がものすごい形相でやってきて、「お前、自分が異動じゃないか」と私を怒鳴りつけたのである。後になっても、「もっと正直にならなければだめだ」などと、私が何か隠し事やうそをついて、人間として罪になるような相当悪いことをしていていたかのように、怒りまくっていたのである。

そのとき、私は初めて、朝日新聞社の「カルチャー」の一つを学習したのである。少なくとも上司から口止めされている人事異動の内容でも、自分の案件も含め、発表前でもぺらぺらと話さなければ、朝日の社員として「素直」とは見なされないということである。それまでの私の社会人としての「常識」は、人事案件は発表まで口外してはならず、まして、上司から口止めされたことは、たとえ人事でなくても意地でも言わないのが普通であった。周囲では真実に近い「噂」が駆け巡っていたとしても、黙って仕事に集中するのが「社会人の常識」と考えていた。

どこの会社の記者であっても、人事に全く無関心である人などいないかもしれない。確かに人事の話は、朝日新聞社員でなくても酒の席で盛り上がる内容であることには違いない。しかし、それは記者としていくつも特ダネをとったり、読者に支持される特集記事をまとめたりするなど、最低限の仕事をした上での話であろう。しかし、朝日新聞社は違った。仕事の出来、不出来よりも、「人事」が優先するような社風なのである。

それはなぜか。同書にあるように、「好き嫌いだけで決まる人事」や「カースト制度なみの社員格付け」（37頁）があるからにほかならないだろう。そのような話に没頭できるのは、それだけ給与水準が高く、社員の大半が「平和ボケ」して危機意識がないからではないかと、私は考えている。

保守的な思想をもっている人や団体が朝日新聞を批判している文献とは違い、内部からの見方をある程度鮮明に浮き彫りにしている点で評価できる。しかし、一点だけ疑問がある。筆者はなぜ「記者有志」と名乗っているのか。朝日新聞に本当に「表現の自由」があるのなら、筆者は実名で書くべきだった。それができない理由があるのなら、その点についても、この新書を手にした読者に丁寧に説明すべきだったと考える。

## 5 朝日新聞の訂正記事の多さと稚拙な理由はもはや致命的だ

近ごろの朝日新聞には、訂正記事が目立つ。これは「正々堂々と誤りを認める」ことさえ実行されればよいというものではない。訂正が多いということは、記者個人と会社全体の危機管理、つまりはリスクマネジメントができていないだけではなく、記者個人の能力が極めて低下している証拠と言わざるを得ない。２０１４年に発覚したいわゆる「慰安婦報道」や「吉田調書」問題といった、朝日新聞社をめぐる2種類の不祥事をきっかけにして、訂正記事を掲載する場合、同社では「どうして誤ったのか」という理由付けまで掲載するようになったが、その理由そのものがあまりにも稚拙であり、救いようがない。

例えば、とある日の訂正記事によると、「14日付『介護福祉士受験　義務化を先送り』の記事で、介護現場で3年以上働いた人が受験するために16年度から義務付けられる研修時間を『450時間から320時間へ大幅に短縮する』とあるのは誤りでした。短縮する事実はありませんでした。資料を読み誤り、確認が不十分でした。訂正します」などと記されている。資料を読み誤る、というよりも資料をきちんと解読する能力が欠けているのではないか、と私は推察する。しかも、執筆しているのは取材記者である。不明な点があるのなら、発表資料を発行した官庁なり企業、団体なりに対して補足取材をしたり、読んだだけではあやふやな点を再度、担当者に「念を押す」作業をしたりしないのだろうかと、不思議になる。資料を一読しただけで、原稿をまとめているのなら、取材記者は不要であるし、そもそも記者自身が報道の仕事を甘くみていると言わざるを得ないだろう。

もう一つ例がある。ある日の第三社会面に出た訂正記事によると、「4日付朝刊社会面で読売演劇大賞の結果を報じた記事で『大賞・最優秀演出家賞に……上村聡史さんが選ばれた』とあるのは「大賞・最優秀作品賞に『伊賀越道中双六』(国立劇場)が選ばれた」の誤りでした。上村さんは最優秀演出家賞でした。広報資料を読み違えました。『読売演劇大賞に上村聡史氏』の見出しとともに訂正しておわびします」とある。

これまでの訂正記事に比べれば、両者とも丁寧に訂正しておわびしているように見える。しかし、後者の訂正記事もまた、取材記者がきちんと広報資料を読んでいなかったことが原因らしい。広報資料をきちんと解読することは取材の「いろは」である。しかも、単に「読む」だけではなく、それをもとに広報担当者や、場合によっては当事者、この場合なら賞を取った人にも確認し、コメントを求めるのがマスコミ業界の常識である。

このような訂正がでるということは、取材の「いろは」を守らず、単に発表された資料を読んで作文しているだけなのであろう。新聞の見出しというものは、その記事の重要な部分を抜き出すのが基本である。その見出しまでをも訂正するということは新聞としてもはや致命的である。

こうしたレベルの低い新聞は、大きな不祥事でなくとも、読者離れがどんどん進むであろう。粗悪品が多い食品メーカーの食品を誰も食べなくなるのと同じである。そもそも、このような稚拙な原因による訂正記事を1か月に何度も載せなければならないような新聞は、読者から購読料をとってはならないのである。

昨今の朝日新聞社の記者教育および人事はどうなっているのだろう、と首をかしげたくなる。このような基礎的な取材活動もできない「なんちゃって記者」が、本社勤務をしながら全国版の原稿を書いているのかと思うと情けない限りである。記者教育と要員配置、人選びの現状を根本的に変えなければ、いつまでたっても朝日新聞のブランドは落ち続けるであろう。

## 6 「3・11」以前、朝日新聞の東京電力に対する気配り編集はジャーナリズムにあらず

1997年に東京都渋谷区で発生した東京電力OL殺害事件は、事件発覚後、無期懲役が確定した元被告が一転、無罪となるなど、警察側の捜査の仕方などが社会問題となった。しかし、ここで問題にして改めて検証したいのは、朝日新聞の当時の東京電力に「気配り」をした報道姿勢である。私は2000年の春から約2年半、新聞記事のレ

イアウトや見出しを考える整理部という部署に籍を置いていた。最近はどの新聞社も「編集センター」などと呼称を変えているが、現場で取材して原稿を執筆する記者に対して、内勤の記者が新聞の編集者である整理記者として存在する。私が見出しをつけていた記事の中で、東電ＯＬ殺人事件のニュースがいくつか存在した。ノンフィクション作家の佐野眞一氏の執筆した『東電ＯＬ殺人事件』はベストセラーにもなったのでご記憶の方も多いと思う。

ここで検証したいのは、当時の朝日新聞の曖昧な基準に基づいた、見出しの付け方であった。当時、新聞やテレビ、雑誌などで、東電ＯＬ殺害事件は、東電の優秀な女性社員が渋谷の歓楽街で殺害された衝撃的な事件として話題を呼んでいた。しかし、私が原稿に見出しをつける作業を整理部員として行っていた際、不可思議な指示が上司であるデスクから出された。

「(東電ＯＬ事件については) 東電という言葉は使わないでくれるかなあ。東京電力は我が社のスポンサーですから」

と信じられない内容の指示が一方的になされた。朝日新聞の大型広告主でもある東京電力の看板に傷がつかないよう、イメージが悪くならないようにと、新聞社側が見出しを意図的に変えていたのである。不思議に思った私はデスクに尋ねた。

「それではどのような見出しがいいのですか。事件の内容からして『東電』という文字なしには考えられません」

と質問した。そうしたらデスクが代案を出した。

「『電力ＯＬ殺人事件』でいいだろう」

私は「電力ＯＬ」などという日本語が成立するのだろうかと疑問を感じながらも、その指示に従った。

整理部というのは、形の上では新聞の編集長として、編集局長に与えられた編集権限をそれぞれの面の担当（朝日では「面担」と呼んでいた）に一任するという構図になっている。もちろん、ただの新聞社の一社員に過ぎない整理部員一人ひとりに編集権限が本当に与えられているわけではなく、形の上だけの話である。デスクといっても見出しの文言がおかしい場合などに指摘するだけで、たいした権限はない。各部の部長や編集局長、朝日の場合は局長の下に局次長というのがいて、当時は、そのあたりのランクの社員が事実上、当日の担当ページの「編集長」を任されていた。当然、見出しの付け方などは上層部の判断も伴っており、私に対するデスクの指示は、少なくともデスク一人だけの独断でないことは想像がついた。

それにしても、新聞の見出しというのは、原稿の内容に忠実でなければならないのが鉄則であるが、「電力ＯＬ」などという日本語には極めて違和感があった。本書を執筆しはじめた時点（２０１５年3月5日）で朝日新聞のデータベースを引くと、「電力ＯＬ」で検索できる見出しは、6件程度である。「東電ＯＬ殺害事件」としている記事は多数ある。ただし、現在のところ、「東電ＯＬ」とされていた見出しが、男女平等を意識してなのか、「東電社員」と改められているのが確認できる。昨今は「ビジネスマン」と言わずに、「ビジネスパーソン」などと表現する社会情勢なので、「ＯＬ」という単語も使われなくなっている傾向にある。「オフィスレディ」という言葉は、少なくとも私は女性に対して軽視する言葉ではないと考えるが、言葉の価値や言葉に対する考え方の変化はどの時代にも存在し、男女共同参画社会という時代背景が影響しているものと思われる。例えば、昨今、「モーレツ社員」などと言う言葉が死語になっているのと似ていると感じる。少なくともこの項では、「東電ＯＬ」を「東電社員」と言い換えている社会的風潮についてはひとまず置いておきたい。

データベースを見る限り、わざわざ「東電ＯＬ」を「電力ＯＬ」と言い換えた気配り

郵便はがき

料金受取人払郵便

八王子局承認

615

差出有効期間
2020年８月31日
まで

１９２８７９０

０５６

〔受取人〕
東京都八王子市
追分町一〇―四―一〇一

揺籃社 行

●お買い求めの動機
1, 広告を見て（新聞・雑誌名　　　　　　　　　　）　2, 書店で見て
3, 書評を見て（新聞・雑誌名　　　　　　　　　　）　4, 人に薦められて
5, 当社チラシを見て　6, 当社ホームページを見て
7, その他（　　　　　　　　　　　　　　　　　　　　）

●お買い求めの書店名
【　　　　　　　　　　　　　　　　　　　　】

●当社の刊行図書で既読の本がありましたらお教えください。

## 読者カード

今後の出版企画の参考にいたしたく存じますので、
ご協力お願いします。

書名〔　　　　　　　　　　　　　　　　　　　　〕

お名前《ふりがな》　　　　　　　　　　　　　年齢（　　歳）
　　　　　　　　　　　　　　　　　　　　　　性別（男・女）

ご住所　〒

TEL　（　　）

E-mail

ご職業

本書についてのご感想・お気づきの点があればお教えください。

## 書籍購入申込書

当社刊行図書のご注文があれば、下記の申込書をご利用下さい。郵送でご自宅まで1週間前後でお届けいたします。書籍代金のほかに、送料が別途かかりますので予めご了承ください。

| 書　　名 | 定　価 | 部　数 |
|---|---|---|
| | 円 | 部 |
| | 円 | 部 |
| | 円 | 部 |

は、担当デスクやその時々により、判断がまちまちで、実は「いい加減」であったと私は考える。実際、データベースを見るだけでも、東電ＯＬ殺害事件に関するニュースすべてが「電力ＯＬ」になっているわけではないのである。

２０１１年の東日本大震災とその翌日の東京電力福島第一原子力発電所の放射能漏れ事故の大惨事を経験するまでは、「東京電力には逆らえない」と考える朝日新聞社員が少なからず存在したことを、私は記憶にとどめておきたいと考える。

「3・11」以後、朝日新聞をはじめ、ほとんどのマスコミが東電批判を繰り返しているのは周知の事実である。しかし、そのような大惨事が起きなければ、東京電力や原子力の安全性について疑問を投げかける記事などが書かれることはほとんどなかったであろう。この件について、記者を経験した私も含め、少なくとも「3・11」以前から記者職に就いていた人間は反省すべきだと考える。

それにしても今から振り返ってみても、「東電は我が社のスポンサーだから」と見出しに「東電」の文字を入れさせない整理部デスクの発言は、呆れるレベルの出来事と言わざるを得ない。そこには、「ジャーナリズム」などという概念はすでに存在しないのである。「整理記者」という言葉こそあれ、単に新聞社の社員であり、サラリーマンなのである。

原子力エネルギーの問題や大震災について考える際、新聞社および新聞記者のあるべき姿とは何なのか、まだ検証すべき点はたくさん残っていると考える。

## 7 週刊文春のスクープ続きに、ジャーナリズムの基本姿勢をみる

2015年から2016年にかけて週刊文春がスクープを連発した。元内閣府特命担当大臣への金銭授受証言や元プロ野球選手の覚せい剤疑惑、若手議員（当時）の不倫疑惑など全国紙が後を追いかける構図が続いた。ジャーナリストの森健氏がヤフーニュースを通じて、「なぜスクープを連発できるのか　新谷学・週刊文春編集長を直撃」と題する記事を2016年3月7日に配信した（http://news.yahoo.co.jp/feature/119）。

新谷氏によると、例えば元大臣の金銭授受疑惑については、約1年前の2015年2月に典型的な口利きの情報が入り、半信半疑ではあったが、ウォッチを継続し、何度も続けた張り込みが奏功して撮影に成功したそうだ。「『いや、そんなのありえないで

しょ』と聞き流していたら、実現しなかった」と振り返る。情報提供が入り、コツコツと現場に足を運んだ記者の姿が想像できる。これまでにもこうした地道な調査報道によるスクープは、新聞をはじめ、昨今の報道関係者が忘れている基本動作かもしれない。

確かに、昨今の新聞や出版業界の不況からすれば、時間と経費がかかるスクープ取材が敬遠される傾向にあるかもしれない。しかし新谷氏は、「スクープを狙っているからです。『スクープをとるのが俺たちの仕事だ』と現場の記者は思っている」と、同業他社との意気込みの違いを説明している。これを聞いて、他の新聞社の部長や雑誌の編集長は心を入れ替えるべきではないだろうか。

配信記事の中では、メディア業界の常識についてもいくつか触れられている。例えば、たいていの雑誌の編集部をみると、正社員の記者と契約記者の身分が分かれていて、契約記者が取材して「データ」をとってきて、社員の記者がデスクワークでまとめる作業をするケースが多い。しかし、週刊文春ではそうした身分の分け隔てなく、「いいネタをとってきた人が『書き（執筆）』となり」、精鋭部隊が投入されるのだそうだ。こうした要因配置についても見習うべき点は多いかもしれない。

また、いわゆる情報提供としての「タレこみ」は多いが、情報を金銭で買うことはしない、と新谷氏は断言している。最初からカネ目的で情報を持ち込む人は断るそうである。「スクープを連発するからには、何か裏があるのかもしれない」という同業他社のいわばヤッカミとも思える誤解に対しても、胸を張って否定しているのである。「告発者がいる場合には、丁寧にやり取りをする過程で、証拠や動機を確認しながら、証言内容にブレがないかを精査していく」という。精密に取材活動を続けている姿勢が窺える。これも本来なら取材者としての基本動作なのだが……。

昨今の新聞社では、記者のサラリーマン化が問題視されているといってよい。給与や自他の人事異動のことばかりを気にする者が少なくなく、本来のジャーナリズムのあるべき姿を追いかける記者が少なくなったことが、『週刊文春』に「スクープ独壇場」許したのではないか、と私は考える。世の中には朝日をはじめ「なんちゃって記者」が多いのである。

新聞社の社会部や雑誌の編集部にスクープをとらない雰囲気が蔓延すると、いずれは、スクープとして権力の不正や横暴を糾弾する精神やスキルを後輩に教えることができる人間すらいなくなるのではないだろうか。そうなったときこそ、メディアが死亡診断書に自ら署名するときと言っても過言でないだろう。

# おわりに

▽新聞で新聞社の人事情報

毎年春先になると新聞で目に付く記事がある。「○○新聞社人事」という新聞社の人事情報である。政治家や中央省庁の管理職の人事を載せるのは国民の注目すべき話題であり、また、特定の業界を取り仕切ったり、地方の行政官のトップを務めたりする人が誰なのかという情報を伝えるのも、地味ではあるが、メディアの役割の一つといえる。また、民間企業の人事については、全国紙はせいぜい役員、普通は代表取締役社長が誰かを顔写真つきで載せる習慣になっている。しかし、自前の新聞社となると、同業他社を含め、部長クラスまで懇切丁寧に載せることが、これまた習慣になってきていた。

新聞社の関係者は誰が管理職に就くのか、自分がかつて現場を一緒に取材した同業他社の記者がどれだけ「出世」しているかも含め、興味津々といったところかもしれない。他の民間企業については、経済専門紙や業界紙の紙面なら部長クラスや支店長、営業所長まで載せるかもしれない。しかし、新聞社については部長クラスまで細かく載せるのは、それだけ新聞社の記者自身が人事異動にとてつもなく興味をもっていることが伺える。もちろん私自身も現役の新聞社社員だったころは、人事に一喜一憂していたのも事実である。

こうした現実について、考え方を変えてみると、やはり報道機関としての新聞社は他の業界と違い、政治家や官公庁など「公職」に近い職業だとも言える。だからこそ、全国紙の記者が地方支局に赴任する際にも、地域ニュースの話題のページには必ずその新聞社の誰が赴任してきたのか、人事情報を載せるのだろうと考えている。それだけ公職に近い職業だからこそ、不祥事や誤報や虚報は許されないし、社会的責任が伴うことを当事者は忘れてはならないであろう。

▽本書は筆者の全責任で出版

そういう観点から、本書はすべて私、筆者の全責任で執筆・出版した。私の理論、評論、事実として体験したことをすべてが私の責任のもとで書かれてある。そして、本書の特徴は現役取材記者として実務経験のある筆者が、メディアリテラシーを語ったらどうなるか、その評論を掲載したものである。実務経験者だからこそ自信をもってかける内容だと考えている。

数年前、ある私立大学のメディア論を専門とする教授と話をする機会があった。その人は、「研究とは、学術学会の関係者のためにするものだ」と断言していたのを覚えている。要するに、研究者は社会のためになるかどうかは別物であると豪語している、と私は理解した。確かに、医学や宇宙工学、農学など自然科学の分野であれば、その研究は人々が健康な生活を送り、幸福追求が達成できるように貢献するのが目的かもしれない。だからといって人文・社会科学が理論構築だけをしていて、社会や人々ためにならなくてよい、などということは決してないはずである。学術の分野は人文・社会・自然科学などどの分野についても社会の役に立ち、一般国民の生活を豊かにすることに寄与しなければならない。まして、政府や各種団体などからの研究補助金などをもらっている研究者ならば、なおさらである。

私は学術の世界が論文を中心に成立している現状については大いに賛成であり、異を唱えるつもりは全くない。しかし、「学問は社会のためにならなくとも学会のために尽くせばいい」などと豪語している教授がいることを教え子や学費を納めている保護者が知ったら唖然とするのではないだろうか。

この教授は実務経験者教員についても触れていた。最近は、新聞社やテレビ局の記者経験者が大学の教壇に立つことが珍しくなくなった。ある時、この教授のもとに採用が決まったメディア出身の教員が、「授業とはどのようにするのでしょう」と聞きにいったそうである。教授はすかさず「それぐらいわかって就任したんでしょ」と言ったそうである。

授業の仕方がわからないままに教壇に立とうとした人物が、本当にいるのかもしれない。しかし、私はこの話を聞き、ある有名な若手国会議員についてのエピソードを思い出した。あるベテラン議員がこの若手議員が初当選した際、「新人議員の中で、『国会議員として何か読んでおくべき本はありますか』と私に聞きにきたのは彼一人だけだ」とテレビのインタビューで褒めていたのである。もちろん、本当に参考書となる本を探していたのかもしれない。しかし、激務続きの国会議員が本などじっくり読んでいる暇がないのも事実であろう。要するにこの若手議員はベテラン議員のところへ挨拶に行き、「先輩として尊敬しています。いろいろ教えてください」と表敬の意味で推薦本を題材にして聞きにいったのではないかと、私は理解している。

これと同じく、前述した教授のもとを訪れた実務経験者教員は、たぶん、「あなたを大学人の先輩として尊敬しています」という意味で挨拶に来たのであり、本当に年間30回の授業をどのように進めてよいのか途方に暮れて来た、というわけではなかったはずである。

▽実務の立場を踏まえ執筆

いずれにせよ、理論づくしの学問が今の時代に不要だとは決して言わない。しかし、現実社会の実務を知っているからこそ、自信をもって理論を肉付けすることができるのも事実であろう。そうした立場からメディアリテラシーを語るとどうなるか、というのがこの本の目的である。

本書を手にとる学生の皆さんをはじめ社会人の方にはぜひ、SNSなどメディアから多種多様な情報を得る際、どのように対処したらよいのかを念頭に読んでいただきたい。実社会には一つだけの理屈や模範解答があるわけはない。だからこそ自分で考え、さらなる書物や新聞、テレビやインターネットの情報に触れて事実に近づく努力をして、さらに、情報に対する「免疫」をつけた上で鉄壁の社会人になってほしいと願ってやまないのである。

本書を書き終え、メディアをとりまく現状は刻々と変化しており、「第1講」はもちろんのこと、「第2講」や「第3講」に書き切れなかったエピソードは山ほどある。ぜひ本書の続編を「新版」や「第2版」、「改訂版」という形で将来、再度の出版を試みたいと考えている。

末筆になったが、本書執筆にあたっては揺籃社の山﨑領太郎氏に企画段階から編集作業に至るまで一貫してお世話になった。ここに心からお礼を申し上げたい。

著者　大重　史朗

2017年2月吉日

大重史朗（おおしげ・ふみお）

1964年生まれ。早稲田大学卒業後、産経新聞、朝日新聞などで記者を続け、2007年、ジャーナリストとして独立。その後もニュース週刊誌『AERA』で社会問題や医療・福祉に関する取材を経験。現在、信用調査会社の情報紙に毎週、社会時事問題を取り上げたコラムを執筆している。そのほか、首都圏の大学や専門学校、予備校などを中心に「現代社会論」や「キャリアデザイン論」、「小論文」の授業を担当している。

立教大学大学院21世紀社会デザイン研究科修了（修士・社会デザイン学）。日本マス・コミュニケーション学会、日本出版学会などの会員として研究活動を続けている。

揺籃社からはこれまでに『移民時代の日本のこれから――現代社会と多文化共生――』(2014年)、『大学生・新社会人のためのニュース解体深書――時事問題はこうして読み解け！――』(2015年）を出版した。

★本著についてのご意見は次のメールアドレスにお寄せください。ご意見に対するお返事は必ずできるとは限りませんので、ご了承ください。mediareviewtokyo@yahoo.co.jp

**実践メディアリテラシー**
――“虚報”時代を生きる力

---

2017年3月25日　初版第1刷発行

著　者　大重史朗
発行所　揺　籃　社
〒192-0056 東京都八王子市追分町10-4-101 ㈱清水工房内
TEL 042-620-2615　URL http://www.simizukobo.com/

---

　ISBN978-4-89708-374-2 C0236